学教育系列丛书·二

张宇概率论与数理统计9讲

○ 主编 张宇

张宇数学教育系列丛书编委（按姓氏拼音排序）

蔡燧林 陈静静 崔巧莲 高昆轮 韩晴 胡金德 贾建厂 雷会娟 刘硕

柳叶子 史明洁 王成富 王慧珍 王燕星 蔚晨 吴金金 徐兵 严守权

亦一（笔名） 曾凡（笔名） 张乐 张青云 张婷婷 张宇 郑利娜 朱杰

北京理工大学出版社

图书在版编目(CIP)数据

张宇概率论与数理统计 9 讲 / 张宇主编. — 北京 ：北京理工大学出版社，2021.1(2021.3 重印)

ISBN 978 - 7 - 5682 - 9471 - 3

Ⅰ.①张…　Ⅱ.①张…　Ⅲ.①概率论 - 研究生 - 入学考试 - 自学参考资料　②数理统计 - 研究生 - 入学考试 - 自学参考资料　Ⅳ.①O21

中国版本图书馆 CIP 数据核字(2021)第 005034 号

出版发行 / 北京理工大学出版社有限责任公司

社　　　址 / 北京市海淀区中关村南大街 5 号

邮　　　编 / 100081

电　　　话 / (010)68914775(总编室)
　　　　　　(010)82562903(教材售后服务热线)
　　　　　　(010)68948351(其他图书服务热线)

网　　　址 / http://www.bitpress.com.cn

经　　　销 / 全国各地新华书店

印　　　刷 / 河北鹏润印刷有限公司

开　　　本 / 787 毫米×1092 毫米　1/16

印　　　张 / 10.5　　　　　　　　　　　　　　　　　责任编辑 / 高　芳

字　　　数 / 262 千字　　　　　　　　　　　　　　　　文案编辑 / 胡　莹

版　　　次 / 2021 年 1 月第 1 版　2021 年 3 月第 2 次印刷　　责任校对 / 刘亚男

定　　　价 / 32.80 元　　　　　　　　　　　　　　　　　责任印制 / 李志强

前言 2022版

在这个前言里,我想谈三点.

第一,《全国硕士研究生招生考试数学考试大纲》在 2020 年 9 月做了重要修订,本书全面贯彻落实了此次大纲修订的内容.值得指出的是,在新大纲的要求下,客观题在试卷中的占比增加,与本书配套的《张宇考研数学题源探析经典 1000 题》加大了客观题的占比,有利于考生做好训练.但话说回来,真正学懂知识才是根本,题型形式的训练,多在习题集,更多在模考试卷中体现.

第二,教育部考试中心作为命题单位,其关于考研数学试卷难度的最新阐述:"作为选拔性考试,选拔什么样的人是最重要的,标准一旦确定,就应坚持,试卷更加注重的是区分度.得分率低不见得就是坏事,要弄清原因,如果是题目问题,自然要调整命题思路;但如果是考生没有达到相关课程的要求,就应该在教学、学习和复习上多下功夫."考生必须在数学上真学东西,学真东西,只有在充沛的时间里,付出足够的努力,深刻理解知识,熟练掌握方法,才能在未来的考试中脱颖而出,取得好的成绩.

第三,考生要高度重视本书每一讲开篇的知识结构,全面掌握这个知识结构,这对于解好数学题是至关重要的.

张宇

2020 年 12 月于北京

前言 2021版

以《张宇高等数学18讲》为代表的考研数学36讲(包括《张宇高等数学18讲》《张宇线性代数9讲》《张宇概率论与数理统计9讲》(以下简称《36讲》))正式出版已有十年了.人们说,十年磨一剑,这第十版,理应在这套书的发展历程中具有里程碑式的意义.

十年间,《36讲》从汇总课堂讲义出版时的名不见经传,到现在成为广大考研考生错爱的畅销书.在感谢读者厚爱和支持的同时,我深感责任重大、战战兢兢、如履薄冰,总是在思考如何把书写得更对得起读者.十年间,考研人数从一百多万增长到现在的三百多万,几乎增长了两倍.我深切感受到考研群体的快速壮大给考研命题和教学带来的巨大影响,总是在思考,如何在新的形势下把书写得更符合新的命题和教学趋势.十年间,我从一个意气风发、不知天高地厚却充满闯劲和干劲的年轻教师,到现在步入不惑之年、岁月的沧桑爬满了面颊的教书匠.在慨叹时光飞逝的同时,更多的是,深知自己能力的不足和感谢学生给予的信任和帮助.

这第十版,我做了全新的编写,这不是一时之举,而是十年间不断积累、总结和创新的成果,是十年间与学生沟通、交流以及教学相长的成果,是十年间顺应考试发展变化的成果.这些成果汇聚成了这第十版,但愿能够在新的起点上给读者更大的帮助.

第十版有如下三大特色:

第一个特色,是每一讲开篇列出的知识结构.这不同于一般的章节目录,而是科学、系统、全面地给出本讲知识的内在逻辑体系和考研数学试题命制思路,是我们多年教学和命题经验的结晶.鉴于有不少读者对线性代数、概率论与数理统计课程不甚熟悉,因此,列出的知识结构更是细化至具体概念、公式与定理等,以期对读者有更大帮助.希望读者认真思考、反复研究并熟稔于心.

第二个特色,是对知识结构系统性、针对性的讲述.这也是本书的主体——讲授内容、例题和习题.讲授内容的特色在于在讲解知识的同时,指出考什么、怎么考的问题(这在普通教材上几乎是没有的),并随后附上"见例＊＊",让读者读完讲授内容后可以立即演练,加深理解.本书对知识结构的讲述把抽象内容和具体实例紧密结合,非常有利于读者快速并深刻掌握所学知识.

第三个特色,是本书所命制、编写和收录题目的较高价值性.这些题皆为多年参加考研命题和教学的专家们潜心研究、反复酝酿、精心设计的好题、妙题. 它们能够在与考研数学试题无缝衔接的同时,精准提高读者的解题水平和应试能力. 同时,本书集中回答并切实解决读者在复习过程中的疑点和弱点.

感谢十年间一些命题专家们给予的支持、帮助与指导,他们中有的老先生已年近九旬;感谢十年间各版编辑老师们的辛勤工作与无私奉献,他们中有的已成长为可独当一面的专家;感谢十年间各位考生的努力与信任,他们中有的已硕士毕业、博士毕业并成为各自专业领域的佼佼者.

希望读者潜心研读本书,在考研数学中取得好成绩.

张宇

2019 年 12 月于北京

目 录

第1讲
随机事件和概率

- **古典概型求概率**
  - 随机分配问题
    - ① 每盒容纳任意多个质点
    - ② 每盒容纳至多一个质点
  - 简单随机抽样问题
    - ① 先后有放回
    - ② 先后无放回
    - ③ 任取

- **几何概型求概率** —— $P(A) = \dfrac{A \text{ 的度量(长度、面积)}}{\Omega \text{ 的度量(长度、面积)}}$

- **重要公式求概率**
  - 用对立
    - ① $\overline{A \bigcup B} = \overline{A} \bigcap \overline{B}, \overline{AB} = \overline{A} \bigcup \overline{B}$
    - ② $P(A) = 1 - P(\overline{A})$(思想方法)
  - 用互斥
    - ① $A \bigcup B = A \bigcup \overline{A}B = B \bigcup A\overline{B} = A\overline{B} \bigcup AB \bigcup \overline{A}B$
    - ② 若 B_1, B_2, B_3 为完备事件组,则 $A = AB_1 \bigcup AB_2 \bigcup AB_3$
    - ③ $P(A\overline{B}) = P(A - B) = P(A) - P(AB)$
    - ④ $P(A + B) = P(A) + P(B) - P(AB)$
    - ⑤ $P(A + B + C) = P(A) + P(B) + P(C) - P(AB) - P(BC) - P(AC) + P(ABC)$
    - ⑥ 若 $A_1, A_2, \cdots, A_n(n > 3)$ 两两互斥,则 $P\left(\bigcup_{i=1}^{n} A_i\right) = \sum_{i=1}^{n} P(A_i)$
  - 用独立
    - ① $P(A_1 A_2 \cdots A_n) = P(A_1)P(A_2)\cdots P(A_n)$
    - ② $P\left(\bigcup_{i=1}^{n} A_i\right) = 1 - \prod_{i=1}^{n}\left[1 - P(A_i)\right]$
  - 用条件
    - ① $P(A \mid B) = \dfrac{P(AB)}{P(B)}$
    - ② $P(B) = \sum_{i=1}^{n} P(A_i)P(B \mid A_i)$
    - ③ $P(A_j \mid B) = \dfrac{P(A_jB)}{P(B)} = \dfrac{P(A_j)P(B \mid A_j)}{\sum_{i=1}^{n} P(A_i)P(B \mid A_i)}$
  - 用不等式或包含
    - ① $0 \leqslant P(A) \leqslant 1$
    - ② 若 $A \subseteq B$,则 $P(A) \leqslant P(B)$
    - ③ 由于 $AB \subseteq A \subseteq A + B$,故 $P(AB) \leqslant P(A) \leqslant P(A + B)$
  - 用最值
    - ① $\{\max\{X, Y\} \leqslant a\} = \{X \leqslant a\} \bigcap \{Y \leqslant a\}$
    - ② $\{\max\{X, Y\} > a\} = \{X > a\} \bigcup \{Y > a\}$
    - ③ $\{\min\{X, Y\} \leqslant a\} = \{X \leqslant a\} \bigcup \{Y \leqslant a\}$
    - ④ $\{\min\{X, Y\} > a\} = \{X > a\} \bigcap \{Y > a\}$
    - ⑤ $\{\max\{X, Y\} \leqslant a\} \subseteq \{\min\{X, Y\} \leqslant a\}$
    - ⑥ $\{\min\{X, Y\} > a\} \subseteq \{\max\{X, Y\} > a\}$

$$\text{事件的独立性} \begin{cases} \boxed{\text{定义}} \text{——若 } P(AB) = P(A)P(B)\text{,则事件 } A \text{ 与 } B \text{ 相互独立} \\ \\ \boxed{\text{判定}} \end{cases}$$

① A 与 B 相互独立 $\Leftrightarrow A$ 与 $\overline{B}$ 相互独立 $\Leftrightarrow \overline{A}$ 与 B 相互独立 $\Leftrightarrow \overline{A}$ 与 $\overline{B}$ 相互独立
② 对独立事件组不含相同事件作运算,得到的新事件组仍独立
③ 若 $P(A) > 0$,则 A 与 B 相互独立 $\Leftrightarrow P(B \mid A) = P(B)$
④ 若 $0 < P(A) < 1$,则 A 与 B 相互独立 $\Leftrightarrow P(B \mid \overline{A}) = P(B \mid A)$
$\Leftrightarrow P(B \mid A) + P(\overline{B} \mid \overline{A}) = 1$
⑤ 若 $P(A) = 0$ 或 $P(A) = 1$,则 A 与任意事件 B 相互独立
⑥ 若 $0 < P(A) < 1, 0 < P(B) < 1$,且 A 与 B 互斥或存在包含关系,则 A 与 B 一定不独立

一　古典概型求概率

称随机试验 E 的每一个可能结果为**样本点**,记为 ω. 样本点的全体结果组成的集合称为**样本空间**,记为 Ω,即 $\Omega = \{\omega\}$.

若 Ω 中有有限个、等可能的样本点,称为**古典概型**,设 A 为 Ω 的一个子集,则

$$P(A) = \frac{A \text{ 中样本点个数}}{\Omega \text{ 中样本点个数}}.$$

1. 随机分配问题

随机分配也叫**随机占位**,突出一个"放"字,即将 n 个可辨质点随机地分配到 N 个盒子中,区分每盒最多可以容纳一个和可以容纳任意多个质点,不同分法的总数列表如表 1-1 所示.

表 1-1　将 n 个质点随机分配到 N 个盒中

分配方式	不同分法的总数
每盒可容纳任意多个质点	$N^{n①}$
每盒容纳至多一个质点	$P_N^n = N(N-1) \cdot \cdots \cdot (N-n+1)②$

① 每个质点均可放到 N 个盒子中的任何一个,即有 N 种放法,于是 n 个可辨质点放到 N 个盒子中共有 N^n 种不同放法.

② 质点可辨,且一个盒子至多容纳一个质点,故 n 个质点放到 $N(N \geqslant n)$ 个盒子中的所有不同放法即从 N 个元素中选取 n 个元素的排列数 P_N^n.

见例 1.1.

例 1.1　将 n 个球随机放入 $N(n \leqslant N)$ 个盒子中,每个盒子可以放任意多个球. 求下列事件的概率:$A = \{$某指定 n 个盒子各有一球$\}$;$B = \{$恰有 n 个盒子各有一球$\}$;$C = \{$指定 $k(k \leqslant n)$ 个盒子各有一球$\}$.

【解】 这是随机占位的问题,设想 n 个球,N 个盒子是可分辨的(例如编号),由于每个盒子可以放任意多个球,因此每个球都有 N 种不同的放置方法. 将 n 个球随机放入 N 个盒子的一种放法作为基本事件,则基本事件总数为 N^n,事件 A 所含的基本事件是 n 个不同球的一种排列,故

$$n_A = n!, P(A) = \frac{n!}{N^n}.$$

事件 B 中的基本事件可设想为先从 N 个盒子中选出 n 个(共有 C_N^n 种不同方法),而后把 n 个球随机放

入这 n 个盒子中,每盒一球(共有 $n!$ 种不同放法),因此 B 中基本事件数

$$n_B = C_N^n \cdot n!, P(B) = \frac{C_N^n \cdot n!}{N^n}.$$

事件 C 的基本事件可以设想为先从 n 个球中选出 k 个球(有 C_n^k 种不同选法),再将这 k 个球随机放入指定的 k 个盒子中,每盒一球(有 $k!$ 种不同放法),最后将余下的 $(n-k)$ 个球随机放入其余的 $N-k$ 个盒子中,每个球都有 $N-k$ 种放置方法,因此共有 $(N-k)^{n-k}$ 种不同放法,故

$$P(C) = \frac{C_n^k k!(N-k)^{n-k}}{N^n} = \frac{n!(N-k)^{n-k}}{(n-k)!N^n}.$$

【注】许多问题的结构形式与分球入盒问题相同,都属于随机占位问题,例如生日问题(n 个人生日,相当于 n 个球随机放入365个盒子中,每盒可以放多个球);住房分配问题(n 个人被分配到 N 个房间中去,每个房间可住多个人);乘客下车问题(n 个乘客在 N 个车站下车的各种可能情况);等等. 对这些问题的求解都可以用"将 n 个球等可能地投放到 N 个盒子中"的思路来考虑.

比如12个人 $\omega_1,\cdots,\omega_{12}$ 回母校参加校庆,每个人在365天哪一天出生等可能. 则

$$A_1 = \{\text{生日分别为每个月的第一天}\};$$

$$B_1 = \{\text{生日全不相同}\}; \overline{B_1} = \{\text{至少有两人生日相同}\};$$

$$C_1 = \{\text{有且仅有三个人的生日分别在劳动节、儿童节、中秋节}\}.$$

A_1, B_1, C_1 就对应着题中的 A, B, C,只不过此时 $N = 365, n = 12, k = 3$.

2. 简单随机抽样问题

设 $\Omega = \{\omega_1, \omega_2, \cdots, \omega_N\}$ 含 N 个元素,称 Ω 为**总体**. 如果各元素被抽到的可能性相同,自总体 Ω 的抽样称作**简单随机抽样**,突出一个"取"字.

简单随机抽样分为先后有放回、先后无放回及任取这三种不同的方式. 在每种抽样方式下各种不同抽取方法(基本事件)的总数列表如表 1-2 所示.

表 1-2 　自含 N 个元素的总体 Ω 中 n 次简单随机抽样

抽样方式	抽取法总数
先后有放回取 n 次	N^n [①]
先后无放回取 n 次	$P_N^n = N(N-1) \cdot \cdots \cdot (N-n+1)$ [②]
任取 n 个	C_N^n [③]

① 既考虑抽到何元素,又考虑各元素出现的顺序,每次从 Ω 中随意抽取一个元素,并在抽取下一元素前将其放回 Ω. 于是每次都有 N 个元素可被抽取,即有 N 种抽取方法,抽取 n 次,即 N^n.

② 既考虑抽到何元素,又考虑各元素出现的顺序,凡是抽出的元素均不再放回 Ω,于是每次抽取时都比上一次少了一个元素,抽 $n(n \leqslant N)$ 次,即

$$P_N^n = N(N-1) \cdot \cdots \cdot (N-n+1).$$

③ 任取 $n(n \leqslant N)$ 个是指一次性取 n 个元素,相当于将 n 个元素无序且无放回取走,其抽取法总数为

$$C_N^n = \frac{P_N^n}{n!}.$$

见例 1.2,例 1.3.

例 1.2 袋中有 5 个球,3 个白球,2 个黑球.

(1) 先后有放回取 2 球;

(2) 先后无放回取 2 球;

(3) 任取 2 球.

求取的 2 个球中至少 1 个是白球的概率.

【解】用对立事件思想,计算"两球全黑"的种数,再用总数减去它.

(1) $5^2 - 2^2 = 21$(种).

(2) $5 \cdot 4 - 2 \cdot 1 = 18$(种).

(3) $C_5^2 - C_2^2 = 9$(种).

下面计算概率.

(1) $\dfrac{5^2 - 2^2}{5^2} = \dfrac{21}{25}$.

(2) $\dfrac{5 \cdot 4 - 2 \cdot 1}{5 \cdot 4} = \dfrac{9}{10}$.

(3) $\dfrac{C_5^2 - C_2^2}{C_5^2} = \dfrac{9}{10}$.

【注】本题中的(2)与(3)概率相同,如何理解?

$\dfrac{2 \cdot 1}{5 \cdot 4} = \dfrac{C_2^2 \cdot P_2^2}{C_5^2 \cdot P_2^2} = \dfrac{C_2^2}{C_5^2}$,左边上下有序,右边上下无序,相当于把顺序"消掉"了,故"先后无放回取 k 个球"与"任取 k 个球"的概率相同.由于(3)较方便,因此要求计算(2)时,可按(3)来计算.

例 1.3 袋中有 100 个球,40 个白球,60 个黑球.

(1) 先后有放回取 20 球,求取出 15 个白球,5 个黑球的概率;

(2) 先后无放回取 20 球,求取出 15 个白球,5 个黑球的概率;

(3) 先后有放回取 20 球,求第 20 次取到白球的概率;

(4) 先后无放回取 20 球,求第 20 次取到白球的概率.

【解】(1) $p_1 = \dfrac{40^{15} \cdot 60^5 \cdot C_{20}^{15}}{100^{20}}$.

(2) 按照"任取 20 个球"来计算,即 $p_2 = \dfrac{C_{40}^{15} C_{60}^5}{C_{100}^{20}}$.

(3) $p_3 = \dfrac{40}{100}$(有放回取球,每次抽取的样本空间没有变化,故每次取到白球的概率始终为 $\dfrac{40}{100}$).

(4) 看作随机占位问题.设有 100 个盒子,每个盒子中放 1 个球,则要求第 20 个盒子中放入白球即可.

故 $p_4 = \dfrac{C_{40}^1 \cdot 99!}{100!} = \dfrac{40}{100}$.

【注】$p_4 = p_3$.例 1.3(4) 是抓阄模型,即使无放回,每次取到白球的概率也不会变,可理解成依概率摸球.类比的例子:

① 设有 100 个灰球,白的成分:黑的成分 $= 40:60$,每次取到球中白的成分是 40%;

② 设有盐水,盐的成分:水的成分 $= 40:60$,每次取一勺盐水取到盐的成分是 40%.

二 几何概型求概率

引例:天上掉馅饼.

假设明天早上 9:00,天上会掉一个馅饼(当作质点)到你所在学校的操场上,请你用食堂的饭盆去接,如图 1-1.

图 1-1

两个问题:一是你站在哪里接呢?二是你要带多大的饭盆和什么形状的饭盆呢?认真思考后,不难得出如下结论.

第一个问题的答案:站在何处去接馅饼都可以. 这里就要求读者懂得一个重要思想——**等可能性思想**——我们没有任何理由认为,这个馅饼更有可能落在操场区域中的某个位置,只好认为它落在此区域中的任何位置都具有相等的可能性. 这个思想在很多问题中都有重要应用,比如说:一个袋子中有 10 个同质球,其中有 1 个白球,9 个黑球,现在请你从该袋子中随机取出 1 个球,问取出的球是白球的概率. 我们会毫不犹豫地回答:$\frac{1}{10}$. 这里用到的就是这个思想:由于球是同质的,我们没有任何理由认为取到某个球具有更大的可能性,只好认为取到 10 个球中任何 1 个球都具有等可能性,所以取到白球的概率自然是 $\frac{1}{10}$.

第二个问题的答案:你所带的饭盆大小至关重要,但是饭盆是什么形状却无关紧要. 为什么?因为馅饼落在操场区域的任何位置都具有等可能性. 于是,读者容易想到,如果饭盆的面积是操场面积的 $\frac{1}{1000}$,那么接到馅饼的概率就是 $\frac{1}{1000}$;如果饭盆的面积是操场面积的 $\frac{1}{2}$,那么接到馅饼的概率也就是 $\frac{1}{2}$;如果饭盆面积和操场面积一样大,那么毫无疑问,馅饼 100% 能接到. 至于是用圆形还是矩形,甚至是奇形怪状的饭盆,如图 1-2 所示,是无关紧要的(这里要注意一点:如果饭盆面积和操场面积一样大,饭盆和操场形状自然是一样的,这是特殊情况). 这里又可以把第一个问题所述的等可能性等价地,或者说更加专业地描述:**馅饼落到操场区域的任意子区域上的概率与该子区域的面积大小成正比.**

图 1-2

若 Ω 是一个可度量的几何区域,且样本点落入 Ω 中的某一可度量子区域 A 的可能性大小与 A 的几何度量成正比,而与 A 的位置与形状无关,称为**几何概型**.

$$P(A) = \frac{A \text{ 的度量(长度、面积)}}{\Omega \text{ 的度量(长度、面积)}}.$$

见例 1.4.

例 1.4 把长度为 a 的线段在任意两点处折断为三线段,求它们可以构成一个三角形的概率.

【解】 这是几何概型问题.

设该线段被分成的三段长分别为 x,y 和 $a-x-y$,则必有 $0 < x < a, 0 < y < a$ 及 $0 < x+y < a$. 这相当于在 xOy 平面上,点 (x,y) 落于三角形 AOB 中,如图 1-3 所示. 故样本空间的度量可以用此三角形的面积 $S_{\triangle AOB} = \frac{1}{2}a^2$ 来表示.

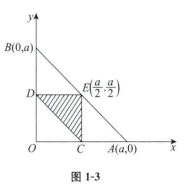

图 1-3

设 A 表示"三线段能构成三角形",则事件 A 发生当且仅当三线段中任意两线段的长度之和大于第三段之长. 此时必有 $0 < x < \frac{a}{2}$, $0 < y < \frac{a}{2}$ 及 $\frac{a}{2} < x+y < a$. 这相当于在 xOy 平面上,点 (x,y) 落于三角形 CDE 中. 故事件 A 的度量可以用此三角形的面积 $S_{\triangle CDE} = \frac{1}{2}\left(\frac{a}{2}\right)^2$ 来表示. 故所求概率为

$$P(A) = \frac{S_{\triangle CDE}}{S_{\triangle AOB}} = \frac{\frac{1}{2}\left(\frac{a}{2}\right)^2}{\frac{1}{2}a^2} = \frac{1}{4}.$$

三 重要公式求概率

1. 用对立

① $\overline{A \bigcup B} = \overline{A} \bigcap \overline{B}, \overline{AB} = \overline{A} \bigcup \overline{B}$.

② $P(A) = 1 - P(\overline{A})$(思想方法).

2. 用互斥

① $A \bigcup B = A \bigcup \overline{A}B = B \bigcup A\overline{B} = A\overline{B} \bigcup AB \bigcup \overline{A}B$.

② 若 B_1, B_2, B_3 为完备事件组,则 $A = AB_1 \bigcup AB_2 \bigcup AB_3$.

③ $P(A\overline{B}) = P(A-B) = P(A) - P(AB)$.

④ a. $P(A+B) = P(A) + P(B) - P(AB)$.

  b. $P(A+B+C) = P(A) + P(B) + P(C) - P(AB) - P(BC) - P(AC) + P(ABC)$.

  c. 若 $A_1, A_2, \cdots, A_n(n > 3)$ 两两互斥,则

$$P\left(\bigcup_{i=1}^{n} A_i\right) = \sum_{i=1}^{n} P(A_i).$$

3. 用独立

① 若 $A_1, A_2, \cdots, A_n$ 相互独立,则

$$P(A_1 A_2 \cdots A_n) = P(A_1)P(A_2) \cdots P(A_n).$$

② 若 $A_1, A_2, \cdots, A_n (n > 3)$ 相互独立,则

$$
\begin{aligned}
P\left(\bigcup_{i=1}^{n} A_i\right) &= 1 - P\left(\overline{\bigcup_{i=1}^{n} A_i}\right) \\
&= 1 - P\left(\bigcap_{i=1}^{n} \overline{A_i}\right) \\
&= 1 - \prod_{i=1}^{n} P(\overline{A_i}) \\
&= 1 - \prod_{i=1}^{n} [1 - P(A_i)].
\end{aligned}
$$

4. 用条件

① $P(A \mid B) = \dfrac{P(AB)}{P(B)} (P(B) > 0).$

② $\begin{aligned}[t] P(AB) &= P(B)P(A \mid B)(P(B) > 0) \\ &= P(A)P(B \mid A)(P(A) > 0) \\ &= P(A) + P(B) - P(A+B) \text{(由 "2.④")} \\ &= P(A) - P(A\overline{B}) \text{(由 "2.③")}. \end{aligned}$

【注】当 $P(A_1 A_2) > 0$ 时,$P(A_1 A_2 A_3) = P(A_1)P(A_2 \mid A_1)P(A_3 \mid A_1 A_2).$

③ $A_1, A_2, \cdots, A_n$ 为完备事件组,$P(A_i) > 0 (i = 1, 2, \cdots, n)$,则

$$P(B) = \sum_{i=1}^{n} P(A_i)P(B \mid A_i).$$

【注】③ 称为**全概率公式**. 全概率公式是用于计算某个结果 B 发生的可能性大小. 如果一个结果 B 的发生总是与某些前提条件(或原因、因素、前一阶段结果)A_i 相联系,那么计算 $P(B)$ 时,我们总是用 A_i 对 B 做分解:

$$B = \Omega B = \bigcup_{i=1}^{n} A_i B,$$

故
$$
\begin{aligned}
P(B) &= P\left(\bigcup_{i=1}^{n} A_i B\right) \\
&= P(A_1 B) + P(A_2 B) + \cdots + P(A_n B) \\
&= P(A_1)P(B \mid A_1) + P(A_2)P(B \mid A_2) + \cdots + P(A_n)P(B \mid A_n) \\
&= \sum_{i=1}^{n} P(A_i)P(B \mid A_i).
\end{aligned}
$$

④ 承接 "③",若已知 B 发生了,执果索因,有

$$P(A_j \mid B) = \frac{P(A_j B)}{P(B)} = \frac{P(A_j)P(B \mid A_j)}{\sum\limits_{i=1}^{n} P(A_i)P(B \mid A_i)}, j = 1, 2, \cdots, n.$$

5. 用不等式或包含

① $0 \leqslant P(A) \leqslant 1$.

② 若 $A \subseteq B$, 则 $P(A) \leqslant P(B)$.

③ 由于 $AB \subseteq A \subseteq A+B$, 故 $P(AB) \leqslant P(A) \leqslant P(A+B)$.

6. 用最值

当遇到与 $\max\{X,Y\}, \min\{X,Y\}$ 有关的事件时, 下面一些关系式是经常要用到的:

① $\{\max\{X,Y\} \leqslant a\} = \{X \leqslant a\} \bigcap \{Y \leqslant a\}$;

② $\{\max\{X,Y\} > a\} = \{X > a\} \bigcup \{Y > a\}$;

③ $\{\min\{X,Y\} \leqslant a\} = \{X \leqslant a\} \bigcup \{Y \leqslant a\}$;

④ $\{\min\{X,Y\} > a\} = \{X > a\} \bigcap \{Y > a\}$;

⑤ $\{\max\{X,Y\} \leqslant a\} \subseteq \{\min\{X,Y\} \leqslant a\}$;

⑥ $\{\min\{X,Y\} > a\} \subseteq \{\max\{X,Y\} > a\}$.

见例 1.5 至例 1.9.

四 事件的独立性

1. 定义

设 A, B 为两个事件, 如果 $P(AB) = P(A)P(B)$, 则称事件 A 与 B **相互独立**, 简称 A 与 B **独立**.

【注】(1) 设 $A_1, A_2, \cdots, A_n$ 为 $n(n \geqslant 2)$ 个事件, 如果对其中任意有限个事件 $A_{i_1}, A_{i_2}, \cdots, A_{i_k}(2 \leqslant k \leqslant n)$, 有

$$P(A_{i_1}A_{i_2}\cdots A_{i_k}) = P(A_{i_1})P(A_{i_2})\cdots P(A_{i_k}),$$

则称 n 个事件 $A_1, A_2, \cdots, A_n$ 相互独立.

(2) 考研中常考的是 $n=3$ 时的情形. 细致说来, 设 A_1, A_2, A_3 为三个事件, 若同时满足

$$P(A_1A_2) = P(A_1)P(A_2), \tag{①}$$
$$P(A_1A_3) = P(A_1)P(A_3), \tag{②}$$
$$P(A_2A_3) = P(A_2)P(A_3), \tag{③}$$
$$P(A_1A_2A_3) = P(A_1)P(A_2)P(A_3), \tag{④}$$

则称事件 A_1, A_2, A_3 **相互独立**. 当去掉上述 ④ 式后, 称只满足 ①、②、③ 式的事件 A_1, A_2, A_3 **两两独立**.

见例 1.10.

2. 判定

① A 与 B 相互独立 $\overset{(*)}{\Longleftrightarrow} A$ 与 $\overline{B}$ 相互独立 $\Leftrightarrow \overline{A}$ 与 B 相互独立 $\Leftrightarrow \overline{A}$ 与 $\overline{B}$ 相互独立.

【注】(1) 仅证(∗),由 A,B 独立,有 $P(AB) = P(A)P(B)$,于是

$$P(A\overline{B}) = P(A) - P(AB) = P(A) - P(A)P(B)$$
$$= P(A)[1 - P(B)] = P(A)P(\overline{B}),$$

故 $A,\overline{B}$ 独立,其余证明同理.

(2) 将相互独立的事件组中的任何几个事件换成各自的对立事件,所得的新事件组仍相互独立.

② 对独立事件组不含相同事件作运算,得到的新事件组仍独立,如 A,B,C,D 相互独立,则 AB 与 CD 相互独立,A 与 $BC - D$ 相互独立.

【注】直接使用,无需证明.

③ 若 $P(A) > 0$,则 A 与 B 相互独立 $\Longleftrightarrow P(B \mid A) = P(B)$.

【注】证 ($\Rightarrow$) 由 A 与 B 相互独立,有 $P(AB) = P(A)P(B)$,于是 $P(B \mid A) = \dfrac{P(AB)}{P(A)} = P(B)$.

($\Leftarrow$) 由 $P(B \mid A) = P(B)$,又知 $P(AB) = P(B \mid A)P(A) = P(A)P(B)$,则 A 与 B 相互独立.

④ 若 $0 < P(A) < 1$,则 A 与 B 相互独立 $\overset{(*)}{\Longleftrightarrow} P(B \mid \overline{A}) = P(B \mid A)$

$$\overset{(**)}{\Longleftrightarrow} P(B \mid A) + P(\overline{B} \mid \overline{A}) = 1.$$

【注】证 由 $P(B \mid \overline{A}) = P(B \mid A)$,有 $\dfrac{P(B\overline{A})}{P(\overline{A})} = \dfrac{P(B) - P(AB)}{1 - P(A)} = \dfrac{P(AB)}{P(A)}$,即

$$P(A)P(B) - P(A)P(AB) = P(AB) - P(A)P(AB),$$

也即 $P(A)P(B) = P(AB)$.上述过程可逆,故(∗)成立.又 $P(B \mid \overline{A}) = 1 - P(\overline{B} \mid \overline{A})$,故(∗∗)成立.

⑤ 若 $P(A) = 0$ 或 $P(A) = 1$,则 A 与任意事件 B 相互独立.

【注】证 若 $P(A) = 0$,由"三、5 的 ③",有 $P(AB) \leqslant P(A)$,故 $0 \leqslant P(AB) \leqslant P(A) = 0$,则 $P(AB) = 0$,于是 $P(A)P(B) = P(AB)$;

若 $P(A) = 1$,则 $P(\overline{A}) = 1 - P(A) = 0$,又由"三、5 的 ③",有 $0 \leqslant P(B\overline{A}) \leqslant P(\overline{A}) = 0$,知 $P(B\overline{A}) = 0$,又 $P(B\overline{A}) = P(B) - P(AB)$,故 $P(B) = P(AB)$,即 $P(A)P(B) = P(AB)$.

⑥ 若 $0 < P(A) < 1, 0 < P(B) < 1$,且 A 与 B 互斥或存在包含关系,则 A 与 B 一定不独立.

【注】证 若 $AB = \varnothing$,则 $P(AB) = 0 \neq P(A)P(B)$,故 A,B 不独立.

若 $A \subseteq B$,则 $AB = A$,从而 $P(AB) = P(A) \neq P(A)P(B)$,故 A,B 不独立.

见例 1.11.

例 1.5 设 A,B 为两个随机事件,且 $P(A) = 0.4, P(\overline{A} \cup B) = 0.8$,求 $P(\overline{B} \mid A)$.

【解】方法一 由"三的 2 及 4",有 $P(\overline{A} \cup B) = P(\overline{A} \cup AB) = P(\overline{A}) + P(AB)$,于是

$$P(AB) = P(\overline{A} \cup B) - P(\overline{A}) = 0.8 - 0.6 = 0.2,$$

从而

$$P(A\overline{B}) = P(A) - P(AB) = 0.4 - 0.2 = 0.2.$$

故

$$P(\overline{B} \mid A) = \frac{P(A\overline{B})}{P(A)} = \frac{0.2}{0.4} = 0.5.$$

方法二　由"三的 1 及 4",有 $P(\overline{A} \cup B) = 1 - P(\overline{\overline{A} \cup B}) = 1 - P(A\overline{B}) = 0.8$,得 $P(A\overline{B}) = 0.2$,

于是

$$P(\overline{B} \mid A) = \frac{P(A\overline{B})}{P(A)} = 0.5.$$

例 1.6　以下结论错误的是(　　).

(A) 任意事件 A,B,C,均有 $P(AB) + P(AC) + P(BC) \geqslant P(A) + P(B) + P(C) - 1$

(B) 若 $0 < P(A) < 1, 0 < P(B) < 1$,且 $P(A \mid B) > P(A \mid \overline{B})$,则 $P(B \mid A) > P(B \mid \overline{A})$

(C) 任意事件 $A_1, A_2, \cdots, A_n (n \geqslant 2)$,均有 $P(A_1 A_2 \cdots A_n) \geqslant P(A_1) + P(A_2) + \cdots + P(A_n) - (n-1)$

(D) 任意事件 A,B,均有 $\mid P(AB) - P(A)P(B) \mid > \dfrac{1}{4}$

【解】应选(D).

选项(A),由于

$$P(A+B+C) = P(A) + P(B) + P(C) - P(AB) - P(BC) - P(AC) + P(ABC) \leqslant 1$$

$$\Rightarrow P(AB) + P(BC) + P(AC) \geqslant P(A) + P(B) + P(C) + P(ABC) - 1$$

$$\geqslant P(A) + P(B) + P(C) - 1.$$

选项(B),$P(A \mid B) > P(A \mid \overline{B}) \Rightarrow \dfrac{P(AB)}{P(B)} > \dfrac{P(A\overline{B})}{P(\overline{B})} = \dfrac{P(A) - P(AB)}{1 - P(B)}$

$$\Rightarrow P(AB) - P(B)P(AB) > P(A)P(B) - P(B)P(AB)$$

$$\Rightarrow P(AB) > P(A)P(B)$$

$$\Rightarrow P(AB) - P(A)P(AB) > P(A)P(B) - P(A)P(AB),$$

即 $P(AB)P(\overline{A}) > P(A)P(B\overline{A}) \Rightarrow \dfrac{P(AB)}{P(A)} > \dfrac{P(B\overline{A})}{P(\overline{A})}$,得证.

选项(C),由于

$$P(A+B) = P(A) + P(B) - P(AB) \leqslant 1 \Rightarrow P(AB) \geqslant P(A) + P(B) - 1,$$

即当 $n = 2$ 时,成立.

设 $n-1$ 时成立,即 $P(A_1 A_2 \cdots A_{n-1}) \geqslant P(A_1) + \cdots + P(A_{n-1}) - (n-2)$,则

$$P(A_1 A_2 \cdots A_n) = P(A_1 A_2 \cdots A_{n-1} A_n) \geqslant P(A_1 A_2 \cdots A_{n-1}) + P(A_n) - 1$$

$$\geqslant P(A_1) + P(A_2) + \cdots + P(A_{n-1}) + P(A_n) - (n-1).$$

选项(D),不妨设 $P(A) \geqslant P(B)$,则

$$P(AB) - P(A)P(B) \leqslant P(B) - P(B)P(B) = P(B)[1 - P(B)] \leqslant \frac{1}{4}$$

(其中,令 $P(B) = x$,则 $f(x) = x(1-x) = x - x^2$,令 $f'(x) = 1 - 2x = 0$,则 $x = \dfrac{1}{2}$,$f''(x) = -2 < 0 \Rightarrow f(x)$

的最大值为 $\dfrac{1}{4}$. 或用 $x(1-x) \leqslant \dfrac{(x + 1 - x)^2}{4} = \dfrac{1}{4}$).

另,$P(A)P(B) - P(AB) = P(A)[P(BA) + P(B\overline{A})] - P(AB) = [P(A) - 1]P(AB) + P(A)P(B\overline{A})$

$$\leqslant P(A)P(\overline{A}B) \leqslant P(A)P(\overline{A}) = P(A)[1 - P(A)] \leqslant \frac{1}{4}.$$

故 $|P(AB)-P(A)P(B)|\leqslant\dfrac{1}{4}$. 选(D).

例 1.7 (1) 设事件 A,B 仅发生一个的概率为 $\dfrac{3}{10}$,且 $P(A)+P(B)=\dfrac{1}{2}$,求 A,B 至少有一个不发生的概率;

(2) 设 X,Y 为随机变量,且 $P\{X\geqslant 0,Y\geqslant 0\}=\dfrac{3}{7}$,$P\{X\geqslant 0\}=P\{Y\geqslant 0\}=\dfrac{4}{7}$,求下列事件的概率:
$A=\{\max\{X,Y\}\geqslant 0\}$;$B=\{\max\{X,Y\}<0,\min\{X,Y\}<0\}$;$C=\{\max\{X,Y\}\geqslant 0,\min\{X,Y\}<0\}$.

【解】(1) 写出已知条件的数量关系及所求概率,应用概率性质,通过解方程求得结果.

已知
$$P(A\overline{B}\bigcup\overline{A}B)=\dfrac{3}{10},\qquad\qquad ①$$

$$P(A)+P(B)=\dfrac{1}{2},\qquad\qquad ②$$

要计算 $P(\overline{A}\bigcup\overline{B})=P(\overline{AB})=1-P(AB)$. 为此只要通过①,②式解得 $P(AB)$ 即可.

由①式得
$$P(A\overline{B})+P(\overline{A}B)=P(A-B)+P(B-A)=P(A)-P(AB)+P(B)-P(AB)$$
$$=P(A)+P(B)-2P(AB)=\dfrac{3}{10},$$

将②式代入上式得 $P(AB)=\dfrac{1}{10}$,故 $P(\overline{A}\bigcup\overline{B})=1-P(AB)=1-\dfrac{1}{10}=\dfrac{9}{10}$.

(2) 由于
$$A=\{\max\{X,Y\}\geqslant 0\}=\{X,Y\text{ 至少有一个大于等于 }0\}=\{X\geqslant 0\}\bigcup\{Y\geqslant 0\},$$

故
$$P(A)=P\{X\geqslant 0\}+P\{Y\geqslant 0\}-P\{X\geqslant 0,Y\geqslant 0\}=\dfrac{4}{7}+\dfrac{4}{7}-\dfrac{3}{7}=\dfrac{5}{7}.$$

又
$$\{\max\{X,Y\}<0\}\subseteq\{\min\{X,Y\}<0\},$$

故
$$B=\{\max\{X,Y\}<0,\min\{X,Y\}<0\}=\{\max\{X,Y\}<0\}=\overline{A},$$
$$P(B)=P(\overline{A})=1-P(A)=1-\dfrac{5}{7}=\dfrac{2}{7}.$$

由全集分解式知,
$$A=\{\max\{X,Y\}\geqslant 0\}$$
$$=\{\max\{X,Y\}\geqslant 0,\min\{X,Y\}<0\}\bigcup\{\max\{X,Y\}\geqslant 0,\min\{X,Y\}\geqslant 0\}$$
$$=C\bigcup\{X\geqslant 0,Y\geqslant 0\},$$

故
$$P(C)=P(A)-P\{X\geqslant 0,Y\geqslant 0\}=\dfrac{5}{7}-\dfrac{3}{7}=\dfrac{2}{7}.$$

例 1.8 设有 10 份报名表,其中有 3 份女生表,7 份男生表. 现从中每次任取 1 份,取后不放回. 求下列事件的概率.

(1) 第 3 次取到女生表;

(2) 第 3 次才取到女生表;

(3) 已知前两次没取到女生表,第 3 次取到女生表.

【解】设 $A_i=\{$第 i 次取到女生表$\}$,$i=1,2,3$.

(1) 绝对概率——只关注第 3 次——抓阄模型.

$$P(A_3) = \frac{3}{10}.$$

(2) 积事件概率(乘法公式)——关注第 1,2,3 次,第 1,2 次都没发生,都有概率问题.

第 1,2 次取到男生表,第 3 次取到女生表.

$$P(\overline{A_1}\,\overline{A_2}\,A_3) = P(\overline{A_1})P(\overline{A_2} \mid \overline{A_1})P(A_3 \mid \overline{A_1}\,\overline{A_2})$$

$$= \frac{7}{10} \times \frac{6}{9} \times \frac{3}{8} = \frac{7}{40}.$$

(3) 条件概率——关注第 1,2,3 次,第 1,2 次已发生.

$$P(A_3 \mid \overline{A_1}\,\overline{A_2}) = \frac{3}{8}.$$

【注】$\frac{3}{8} = \frac{15}{40} > \frac{7}{40}$,显然(3)的概率比(2)大.

例 1.9 设有甲、乙两名射击运动员,甲命中目标的概率是 0.6,乙命中目标的概率是 0.5.求下列事件的概率.

(1) 从甲、乙中任选一人去射击,若目标命中,则是甲命中的概率;

(2) 甲、乙两人各自独立射击,若目标命中,则是甲命中的概率.

【解】(1) 该随机试验分为两个阶段:

① 选人,$A_甲 = \{$选甲$\}$,$A_乙 = \{$选乙$\}$;

② 射击,$B = \{$目标被命中$\}$.

则
$$P(A_甲 \mid B) = \frac{P(A_甲 B)}{P(B)} = \frac{P(B \mid A_甲)P(A_甲)}{P(B \mid A_甲)P(A_甲) + P(B \mid A_乙)P(A_乙)}$$

$$= \frac{0.6 \times 0.5}{0.6 \times 0.5 + 0.5 \times 0.5} = \frac{6}{11}.$$

(2) 该随机试验不分阶段.

$A_甲 = \{$甲命中$\}$,$A_乙 = \{$乙命中$\}$,$B = \{$目标被命中$\}$.

则
$$P(A_甲 \mid B) = \frac{P(A_甲 B)}{P(B)} = \frac{P(A_甲)}{P(A_甲 + A_乙)} = \frac{P(A_甲)}{P(A_甲) + P(A_乙) - P(A_甲)P(A_乙)}$$

$$= \frac{0.6}{0.6 + 0.5 - 0.6 \times 0.5} = \frac{3}{4}.$$

例 1.10 将一枚硬币独立地掷两次,引进事件:$A_1 = \{$掷第一次出现正面$\}$,$A_2 = \{$掷第二次出现正面$\}$,$A_3 = \{$正反面各出现一次$\}$,$A_4 = \{$正面出现两次$\}$,则事件( ).

(A)A_1, A_2, A_3 相互独立   (B)A_2, A_3, A_4 相互独立

(C)A_1, A_2, A_3 两两独立   (D)A_2, A_3, A_4 两两独立

【解】应选(C).

由题设,根据古典概型,有

$$P(A_1) = P(A_2) = P(A_3) = \frac{1}{2},$$

$$P(A_1 A_2) = \frac{1}{4}, P(A_1 A_3) = \frac{1}{4}, P(A_2 A_3) = \frac{1}{4},$$

但 $$P(A_1A_2A_3) = 0 \neq P(A_1)P(A_2)P(A_3),$$

知 A_1, A_2, A_3 两两独立,但 A_1, A_2, A_3 不相互独立.

又 $$A_3A_4 = \varnothing, P(A_4) = \frac{1}{4}, P(A_3) = \frac{1}{2}, P(A_3A_4) = 0 \neq P(A_3)P(A_4),$$

知 A_2, A_3, A_4 不两两独立,也不相互独立,故选择(C).

例 1.11 设随机事件 A 与 B 相互独立,$0 < P(A) < 1, P(C) = 1$,则下列事件中不相互独立的是(　　).

(A)$A, B, A \bigcup C$　　　　　(B)$A, B, A - C$　　　　　(C)A, B, AC　　　　　(D)$A, B, \overline{A}\overline{C}$

【解】 应选(C).

由 $P(C) = 1$,有 $P(\overline{C}) = 1 - P(C) = 0$,且 $P(A \bigcup C) \geqslant P(C) = 1$,故 $P(A \bigcup C) = 1$;

$P(A - C) = P(A\overline{C}) \leqslant P(\overline{C}) = 0$,故 $P(A - C) = 0$;

$P(AC) = P(A) - P(A\overline{C}) = P(A)$,由题设,$0 < P(AC) < 1$.

$P(\overline{A}\overline{C}) \leqslant P(\overline{C}) = 0$,故 $P(\overline{A}\overline{C}) = 0$.

又根据"概率为 0 或 1 的事件与任何事件相互独立",所以(A),(B),(D) 中的事件相互独立,而 $P(AAC) = P(AC) = P(A) \neq P(A) \cdot P(AC)$.

所以(C) 中的事件 A, B, AC 不相互独立,故选(C).

习题

1.1 若 A, B 为任意两个随机事件,则(　　).

(A)$P(AB) \leqslant P(A)P(B)$　　　　　　　　(B)$P(AB) \geqslant P(A)P(B)$

(C)$P(AB) \leqslant \dfrac{P(A) + P(B)}{2}$　　　　　　(D)$P(AB) \geqslant \dfrac{P(A) + P(B)}{2}$

1.2 设随机事件 A 与 B 相互独立,A 与 C 相互独立,$BC = \varnothing$. 若 $P(A) = P(B) = \dfrac{1}{2}$,$P(AC \mid AB \bigcup C) = \dfrac{1}{4}$,则 $P(C) = $ _____.

1.3 随机地向半圆 $0 < y < \sqrt{2ax - x^2}$(a 为正常数)内掷一点,点落在半圆内任何区域的概率与该区域的面积成正比. 则原点与该点的连线与 x 轴的夹角小于 $\dfrac{\pi}{4}$ 的概率为_____.

1.4 从数 $1, 2, 3, 4$ 中任取一个数,记为 X,再从 $1, \cdots, X$ 中任取一个数,记为 Y,则 $P\{Y = 2\} = $ _____.

1.5 袋中有黑、白球各一个,每次从袋中任取一球,取出的球不放回,但需放入一个白球,求第 4 次取到白球的概率.

1.6 设有两箱同种零件,第一箱内装 50 件零件,其中 10 件一等品;第二箱内装 30 件零件,其中 18 件一等品. 先从两箱中随机挑出一箱,然后从该箱中先后随机取出两个零件(取出的零件均不放回). 求:

(1) 先取出的零件是一等品的概率 p;

(2) 在先取出的零件是一等品的条件下,后取出的零件仍然是一等品的条件概率 q.

1.7 设 X,Y 为随机变量，$P\{XY\leqslant 0\}=\dfrac{3}{5}$，$P\{\max\{X,Y\}>0\}=\dfrac{4}{5}$，则 $P\{\min\{X,Y\}\leqslant 0\}=$（　　）.

(A) $\dfrac{1}{5}$ 　　　　(B) $\dfrac{2}{5}$ 　　　　(C) $\dfrac{3}{5}$ 　　　　(D) $\dfrac{4}{5}$

1.8 甲、乙两人各掷一枚均匀硬币，事件 A 表示"甲掷出正面"，B 表示"乙掷出正面"，C 表示"两硬币出现不同的面"，证明：事件 A,B,C 两两独立，但不相互独立.

1.9 甲、乙两人各自独立地向同一目标重复射击两次，已知每次射击，甲命中目标的概率为 $p(0<p<1)$，乙命中目标的概率为 0.6，则当 p 取何值时，甲、乙两人命中目标的次数相等的概率最大，并求其值.

解析

1.1 【解】应选(C).

由 $AB\subseteq A,AB\subseteq B$，有
$$P(A)\geqslant P(AB),P(B)\geqslant P(AB),P(A)+P(B)\geqslant 2P(AB),P(AB)\leqslant\frac{P(A)+P(B)}{2}.$$

1.2 【解】应填 $\dfrac{1}{4}$.

$$\begin{aligned}\frac{1}{4}&=P(AC\mid AB\bigcup C)=\frac{P(AC(AB\bigcup C))}{P(AB\bigcup C)}=\frac{P(ABC\bigcup AC)}{P(AB\bigcup C)}\\&=\frac{P(ABC)+P(AC)-P(ABC)}{P(AB)+P(C)-P(ABC)}=\frac{P(AC)}{P(AB)+P(C)-P(ABC)}.\end{aligned}\quad(*)$$

由于 A,B 独立，则 $P(AB)=P(A)P(B)=\dfrac{1}{4}$；$A,C$ 独立，则 $P(AC)=P(A)P(C)=\dfrac{1}{2}P(C)$.

由于 $BC=\varnothing$，则 $ABC=A\varnothing=\varnothing\Rightarrow P(ABC)=0$，所以（ $*$ ）式化为
$$\frac{1}{4}=\frac{\frac{1}{2}P(C)}{\frac{1}{4}+P(C)-0}\Rightarrow P(C)=\frac{1}{4}.$$

1.3 【解】应填 $\dfrac{1}{2}+\dfrac{1}{\pi}$.

记图 1-4 中半圆区域为 G，阴影部分区域为 D，面积分别记为 S_G 和 S_D，则
$$S_G=\frac{1}{2}\pi a^2,S_D=\frac{1}{4}\pi a^2+\frac{1}{2}a^2,$$

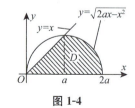

图 1-4

所求概率为
$$p=\frac{S_D}{S_G}=\frac{1}{2}+\frac{1}{\pi}.$$

1.4 【解】应填 $\dfrac{13}{48}$.

$$P\{Y=2\}=\sum_{i=2}^{4}P\{X=i\}P\{Y=2\mid X=i\}=\sum_{i=2}^{4}\frac{1}{4}\cdot\frac{1}{i}=\frac{13}{48}.$$

1.5 【解】记 $A_i=\{$第 i 次取到白球$\}(i=1,2,3,4)$，要计算 $P(A_4)$. 由于 A_4 必与前 3 次交换结果有关，而这些结果又比较多. 如果注意到袋中仅有 1 个黑球，而 $\overline{A_4}=\{$第 4 次取到黑球$\}$，$\overline{A_4}$ 发生等价于前 3

次都必须取到白球,第4次取到黑球(其他情况$\overline{A_4}$都不发生),故

$$\overline{A_4} = A_1 A_2 A_3 \overline{A_4},$$

$$P(\overline{A_4}) = P(A_1 A_2 A_3 \overline{A_4}) = P(A_1)P(A_2 \mid A_1)P(A_3 \mid A_1 A_2)P(\overline{A_4} \mid A_1 A_2 A_3)$$

$$= \frac{1}{2} \times \frac{1}{2} \times \frac{1}{2} \times \frac{1}{2} = \frac{1}{16},$$

$$P(A_4) = 1 - P(\overline{A_4}) = 1 - \frac{1}{16} = \frac{15}{16}.$$

1.6 【解】记 $A = \{$取的是第一箱$\}$,$B_1 = \{$先取出的是一等品$\}$,$B_2 = \{$后取出的是一等品$\}$.

则由已知有

$$P(A) = P(\overline{A}) = \frac{1}{2}, P(B_1 \mid A) = \frac{10}{50} = \frac{1}{5}, P(B_1 \mid \overline{A}) = \frac{18}{30} = \frac{3}{5},$$

$$P(B_1 B_2 \mid A) = \frac{10}{50} \times \frac{9}{49} = \frac{9}{245}, P(B_1 B_2 \mid \overline{A}) = \frac{18}{30} \times \frac{17}{29} = \frac{51}{145}.$$

(1) 由全概率公式得

$$p = P(B_1) = P(A)P(B_1 \mid A) + P(\overline{A})P(B_1 \mid \overline{A}) = \frac{1}{2} \times \frac{1}{5} + \frac{1}{2} \times \frac{3}{5} = \frac{2}{5}.$$

(2) 仍由全概率公式得

$$P(B_1 B_2) = P(A)P(B_1 B_2 \mid A) + P(\overline{A})P(B_1 B_2 \mid \overline{A}) = \frac{1}{2} \times \frac{10}{50} \times \frac{9}{49} + \frac{1}{2} \times \frac{18}{30} \times \frac{17}{29} = \frac{276}{1421},$$

故

$$q = P(B_2 \mid B_1) = \frac{P(B_1 B_2)}{P(B_1)} = \frac{276}{1421} \times \frac{5}{2} = \frac{690}{1421}.$$

【注】本题是考研实考题,上述答案是教育部考试中心的标准答案.关于第(2)问,有一种典型错误,见下面的错解.

错解 记在先取出的零件是一等品的条件下,第二次取出的零件仍然是一等品的事件为 C.

$$q = P(C) = P(C \mid A)P(A) + P(C \mid \overline{A})P(\overline{A}),$$

$P(C \mid A)$ 是在先挑第一箱的条件下,再从这箱挑出第一个零件为一等品的前提下,这时第一箱还剩 49 件,其中一等品 9 件,因此再挑一个零件仍为一等品的概率为 $\frac{9}{49}$.

同理 $P(C \mid \overline{A}) = \frac{17}{29}$,所以

$$q = \frac{1}{2} \times \frac{9}{49} + \frac{1}{2} \times \frac{17}{29} = \frac{547}{1421}.$$

为什么这样解是错误的?有两种方法检验.

第一种方法最简单,我们用取特例的方法.

(1) 假设第一个箱子中有 2 个球,且均是一等品;第二个箱子中也有 2 个球,且均不是一等品,显然事实上,$q = P(B_2 \mid B_1) = 1$,但按照"错解"的做法 $q = \frac{1}{2} \times \frac{1}{1} + \frac{1}{2} \times 0 = \frac{1}{2}$,与事实相悖.

(2) 假设第一个箱子中有 2 个球,且均是一等品;第二个箱子中也有 2 个球,1 个球是一等品,1 个球不是一等品,显然 $q = P(B_2 \mid B_1) = \frac{2}{3}$,但按照"错解"的做法 $q = \frac{1}{2} \times \frac{1}{1} + \frac{1}{2} \times 0 = \frac{1}{2}$,也与事实完全不符.

第二种方法,我们来说说"错解"错误的本质.

仔细观察"错解"的 $q = \frac{1}{2} \times \frac{9}{49} + \frac{1}{2} \times \frac{17}{29}$,正解的 $q = \frac{1}{2} \times \frac{10}{50} \times \frac{5}{2} \times \frac{9}{49} + \frac{1}{2} \times \frac{18}{30} \times \frac{5}{2} \times \frac{17}{29}$,

错误一目了然:"错解"忽略了"先取出的是一等品的条件下"这个条件,错误地认为取到两个箱子

的概率仍然各占 $\frac{1}{2}$,这是犯了原则错误——忘记了贝叶斯公式——在已经取出一等品的条件下:

执果索因,这个一等品是来自第一箱的概率为 $P(A \mid B_1) = \frac{P(A)P(B_1 \mid A)}{P(B_1)} = \frac{1}{2} \times \frac{10}{50} \times \frac{5}{2}$,所以

第二次取到第一箱的概率不再是 $\frac{1}{2}$,而是 $\frac{1}{2} \times \frac{10}{50} \times \frac{5}{2}$.同理,$P(\overline{A} \mid B_1) = \frac{P(\overline{A})P(B_1 \mid \overline{A})}{P(B_1)} =$

$\frac{1}{2} \times \frac{18}{30} \times \frac{5}{2}$,也不是 $\frac{1}{2}$,在这个基础上,再取得的是一等品的概率

$$q = \frac{1}{2} \times \frac{10}{50} \times \frac{5}{2} \times \frac{9}{49} + \frac{1}{2} \times \frac{18}{30} \times \frac{5}{2} \times \frac{17}{29} = \frac{690}{1421},$$

与标准答案相同.同理,在考研实考题中,还有下面这个例子,就放在这个注里供读者巩固知识所用,不再另作例题了.

设有来自三个地区的各10名、15名和25名考生的报名表,其中女生的报名表分别为3份、7份和5份.随机地取一个地区的报名表,从中先后取出两份.

(1) 求先取到的一份是女生表的概率 p;

(2) 已知后取到的一份是男生表,求先取到的一份是女生表的概率 q.

解 引进事件:$H_j = \{$报名表是第 j 地区考生的$\}$($j=1,2,3$);$A_i = \{$第 i 次取到的报名表是男生表$\}$($i=1,2$).

由条件知

$$P(H_1) = P(H_2) = P(H_3) = \frac{1}{3};$$

$$P(A_1 \mid H_1) = \frac{7}{10}, P(A_1 \mid H_2) = \frac{8}{15}, P(A_1 \mid H_3) = \frac{20}{25}.$$

(1) 由全概率公式得

$$p = P(\overline{A_1}) = \sum_{j=1}^{3} P(H_j)P(\overline{A_1} \mid H_j) = \frac{1}{3}\left(\frac{3}{10} + \frac{7}{15} + \frac{5}{25}\right) = \frac{29}{90}.$$

(2) 由条件知

$$P(A_2 \mid H_1) = \frac{7}{10}, P(A_2 \mid H_2) = \frac{8}{15}, P(A_2 \mid H_3) = \frac{20}{25},$$

$$P(\overline{A_1}A_2 \mid H_1) = \frac{3 \times 7}{10 \times 9} = \frac{7}{30}, P(\overline{A_1}A_2 \mid H_2) = \frac{7 \times 8}{15 \times 14} = \frac{8}{30},$$

$$P(\overline{A_1}A_2 \mid H_3) = \frac{5 \times 20}{25 \times 24} = \frac{5}{30}.$$

由全概率公式得

$$P(A_2) = \sum_{j=1}^{3} P(H_j)P(A_2 \mid H_j) = \frac{1}{3}\left(\frac{7}{10} + \frac{8}{15} + \frac{20}{25}\right) = \frac{61}{90},$$

$$P(\overline{A_1}A_2) = \sum_{j=1}^{3} P(H_j)P(\overline{A_1}A_2 \mid H_j) = \frac{1}{3}\left(\frac{7}{30}+\frac{8}{30}+\frac{5}{30}\right) = \frac{2}{9},$$

故

$$q = P(\overline{A_1} \mid A_2) = \frac{P(\overline{A_1}A_2)}{P(A_2)} = \frac{\dfrac{2}{9}}{\dfrac{61}{90}} = \frac{20}{61}.$$

典型的"错解"如下.

错解 设事件 $B_i = \{$第 i 次取到的报名表是女生表$\}(i=1,2)$,事件 $A_j = \{$报名表是第 j 地区考生的$\}(j=1,2,3)$. 显然 A_1,A_2,A_3 构成完备事件组,且

$$P(A_j) = \frac{1}{3}(j=1,2,3),$$

$$P(B_1 \mid A_1) = \frac{3}{10}, P(B_1 \mid A_2) = \frac{7}{15}, P(B_1 \mid A_3) = \frac{5}{25}.$$

(1) 应用全概率公式,知

$$p = P(B_1) = \sum_{j=1}^{3} P(A_j)P(B_1 \mid A_j) = \frac{1}{3}\left(\frac{3}{10}+\frac{7}{15}+\frac{5}{25}\right) = \frac{29}{90}.$$

(2) 当 A_1 发生时,$P(B_1 \mid \overline{B_2}) = \frac{3}{9}$;当 A_2 发生时,$P(B_1 \mid \overline{B_2}) = \frac{7}{14}$;当 A_3 发生时,$P(B_1 \mid \overline{B_2}) = \frac{5}{24}$,所以

$$q = \frac{1}{3} \times \frac{3}{9} + \frac{1}{3} \times \frac{7}{14} + \frac{1}{3} \times \frac{5}{24} = \frac{1}{3}\left(\frac{1}{3}+\frac{1}{2}+\frac{5}{24}\right) = \frac{25}{72}.$$

其错误原因与习题 1.6 的分析完全一样,请仔细观察 q 的系数,就会明白了.

1.7 【解】应选(D).

设 $A = \{X \leqslant 0\}, B = \{Y \leqslant 0\}$,则 $\{XY \leqslant 0\} = A\overline{B} \bigcup B\overline{A}$,

$$\{\max\{X,Y\} > 0\} = \overline{A} \bigcup \overline{B} = \overline{AB}, \{\min\{X,Y\} \leqslant 0\} = A \bigcup B.$$

于是 $P\{\min\{X,Y\} \leqslant 0\} = P(A \bigcup B) = P(A\overline{B} \bigcup B\overline{A} \bigcup AB) = P(A\overline{B} \bigcup B\overline{A}) + P(AB)$

$$= P\{XY \leqslant 0\} + 1 - P(\overline{AB}) = P\{XY \leqslant 0\} + 1 - P\{\max\{X,Y\} > 0\}$$

$$= \frac{3}{5} + 1 - \frac{4}{5} = \frac{4}{5}.$$

故应选(D).

1.8 【证】由题设,显然事件 A,B 相互独立,且 $P(A) = P(B) = \frac{1}{2}$,而事件 $C = \overline{A}B \bigcup A\overline{B}$,有

$$P(C) = P(\overline{A}B) + P(A\overline{B}) = P(\overline{A})P(B) + P(A)P(\overline{B}) = \frac{1}{2}.$$

由于事件 $AC = A(\overline{A}B \bigcup A\overline{B}) = A\overline{B}$,从而

$$P(AC) = P(A\overline{B}) = P(A)P(\overline{B}) = \frac{1}{4} = P(A)P(C).$$

类似地,

$$P(BC) = P(B)P(C) = \frac{1}{4},$$

所以 A,B,C 两两独立.

又因为 ABC 为不可能事件，$P(ABC)=0$，但 $P(A)P(B)P(C)=\dfrac{1}{8}$，知

$$P(ABC)\neq P(A)P(B)P(C),$$

即 A,B,C 不相互独立.

1.9 【解】用 X,Y 分别表示"两次射击甲、乙击中目标的次数"，则 X 与 Y 独立，$X\sim B(2,p)$，$Y\sim B(2,0.6)$. $\{$两次射击甲、乙两人命中目标的次数相等$\}=\{X=Y\}=\{X=0,Y=0\}\bigcup\{X=1,Y=1\}\bigcup\{X=2,Y=2\}$，依题意 p 应使 $P\{X=Y\}$ 取最大值.

由于　$P\{X=Y\}=P\{X=0\}P\{Y=0\}+P\{X=1\}P\{Y=1\}+P\{X=2\}P\{Y=2\}$

$$=(1-p)^2\times0.4^2+C_2^1p(1-p)C_2^1\times0.6\times0.4+p^2\times0.6^2$$

$$=0.16(1-p)^2+2p(1-p)\times0.48+0.36p^2=0.16\left(1+4p-\frac{11}{4}p^2\right).$$

记 $g(p)=1+4p-\dfrac{11}{4}p^2$，令 $g'(p)=4-\dfrac{11}{2}p=0$，解得 $p=\dfrac{8}{11}$. 又 $g''(p)=-\dfrac{11}{2}<0$，所以当 $p=\dfrac{8}{11}$ 时，"甲、乙两人命中目标的次数相等"的概率达到最大，其最大值为

$$0.16\times\left[1+4\times\frac{8}{11}-\frac{11}{4}\times\left(\frac{8}{11}\right)^2\right]=0.16\times\frac{27}{11}\approx0.39.$$

第2讲
一维随机变量及其分布

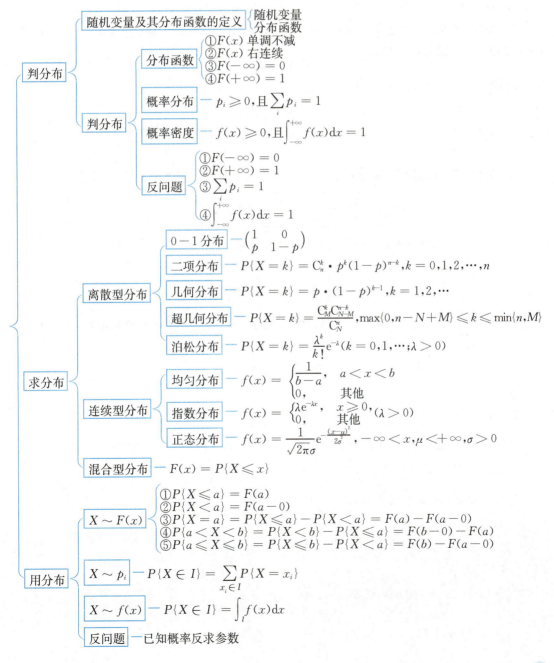

判分布

随机变量及其分布函数的定义 — 随机变量 分布函数

判分布

分布函数
- ① $F(x)$ 单调不减
- ② $F(x)$ 右连续
- ③ $F(-\infty)=0$
- ④ $F(+\infty)=1$

概率分布 — $p_i \geqslant 0$, 且 $\sum_i p_i = 1$

概率密度 — $f(x) \geqslant 0$, 且 $\int_{-\infty}^{+\infty} f(x)\mathrm{d}x = 1$

反问题
- ① $F(-\infty)=0$
- ② $F(+\infty)=1$
- ③ $\sum_i p_i = 1$
- ④ $\int_{-\infty}^{+\infty} f(x)\mathrm{d}x = 1$

求分布

离散型分布

0—1分布 — $\begin{pmatrix} 1 & 0 \\ p & 1-p \end{pmatrix}$

二项分布 — $P\{X=k\} = C_n^k \cdot p^k (1-p)^{n-k}, k=0,1,2,\cdots,n$

几何分布 — $P\{X=k\} = p \cdot (1-p)^{k-1}, k=1,2,\cdots$

超几何分布 — $P\{X=k\} = \dfrac{C_M^k C_{N-M}^{n-k}}{C_N^n}, \max\{0, n-N+M\} \leqslant k \leqslant \min\{n,M\}$

泊松分布 — $P\{X=k\} = \dfrac{\lambda^k}{k!} \mathrm{e}^{-\lambda} (k=0,1,\cdots; \lambda>0)$

连续型分布

均匀分布 — $f(x) = \begin{cases} \dfrac{1}{b-a}, & a<x<b \\ 0, & \text{其他} \end{cases}$

指数分布 — $f(x) = \begin{cases} \lambda \mathrm{e}^{-\lambda x}, & x \geqslant 0, \\ 0, & \text{其他} \end{cases} (\lambda>0)$

正态分布 — $f(x) = \dfrac{1}{\sqrt{2\pi}\sigma} \mathrm{e}^{-\frac{(x-\mu)^2}{2\sigma^2}}, -\infty<x,\mu<+\infty, \sigma>0$

混合型分布 — $F(x) = P\{X \leqslant x\}$

用分布

$X \sim F(x)$
- ① $P\{X \leqslant a\} = F(a)$
- ② $P\{X < a\} = F(a-0)$
- ③ $P\{X=a\} = P\{X \leqslant a\} - P\{X<a\} = F(a) - F(a-0)$
- ④ $P\{a<X<b\} = P\{X<b\} - P\{X \leqslant a\} = F(b-0) - F(a)$
- ⑤ $P\{a \leqslant X \leqslant b\} = P\{X \leqslant b\} - P\{X<a\} = F(b) - F(a-0)$

$X \sim p_i$ — $P\{X \in I\} = \sum_{x_i \in I} P\{X=x_i\}$

$X \sim f(x)$ — $P\{X \in I\} = \int_I f(x)\mathrm{d}x$

反问题 — 已知概率反求参数

一 判分布

1. 随机变量及其分布函数的定义

(1) 随机变量.

设随机试验 E 的样本空间为 $\Omega = \{\omega\}$,如果对每一个 $\omega \in \Omega$,都有唯一的实数 $X(\omega)$ 与之对应,并且对任意实数 x,$\{\omega \mid X(\omega) \leqslant x, \omega \in \Omega\}$ 是随机事件,则称定义在 Ω 上的实值单值函数 $X(\omega)$ 为**随机变量**,简记为随机变量 X.

(2) 分布函数.

设 X 是随机变量,x 是任意实数,称函数 $F(x) = P\{X \leqslant x\}\ (x \in \mathbf{R})$ 为随机变量 X 的分布函数,或称 X 服从 $F(x)$ 分布,记为 $X \sim F(x)$.

> **【注】**常见的两类随机变量.
>
> (1) 离散型随机变量及其概率分布.
>
> 如果随机变量 X 只可能取有限个或可列个值 $x_1, x_2, \cdots$,则称 X 为**离散型随机变量**,称
>
> $$p_i = P\{X = x_i\}, i = 1, 2, \cdots$$
>
> 为 X 的**分布列**、**分布律**或**概率分布**,记为 $X \sim p_i$,概率分布常常用表格形式或矩阵形式表示,即
>
> | X | x_1 | x_2 | $\cdots$ |
> |---|---|---|---|
> | P | p_1 | p_2 | $\cdots$ |
>
> 或 $X \sim \begin{pmatrix} x_1 & x_2 & \cdots \\ p_1 & p_2 & \cdots \end{pmatrix}$.
>
> (2) 连续型随机变量及其概率密度.
>
> 如果随机变量 X 的分布函数可以表示为
>
> $$F(x) = \int_{-\infty}^{x} f(t)\mathrm{d}t\ (x \in \mathbf{R}),$$
>
> 其中 $f(x)$ 是非负可积函数,则称 X 为**连续型随机变量**,称 $f(x)$ 为 X 的**概率密度函数**,简称**概率密度**,记为 $X \sim f(x)$.
>
> 当然,存在既非离散也非连续的随机变量,称为混合型随机变量,后面也常见.

2. 判分布

(1) $F(x)$ 是分布函数 $\Leftrightarrow F(x)$ 是 x 的单调不减、右连续函数,且 $F(-\infty) = 0$,$F(+\infty) = 1$.

(2) $\{p_i\}$ 是概率分布 $\Leftrightarrow p_i \geqslant 0$,且 $\sum_i p_i = 1$.

(3) $f(x)$ 是概率密度 $\Leftrightarrow f(x) \geqslant 0$,且 $\int_{-\infty}^{+\infty} f(x)\mathrm{d}x = 1$.

(4) 反问题.

用 $\begin{cases} F(-\infty) = 0, \\ F(+\infty) = 1, \\ \sum_i p_i = 1, \\ \int_{-\infty}^{+\infty} f(x)\mathrm{d}x = 1, \end{cases}$ 建方程,求参数.

见例 2.1 至例 2.3.

例 2.1 设 $F_1(x)$ 与 $F_2(x)$ 都是分布函数,又 a 和 b 是两个正常数,且 $a+b=1$. 证明:$F(x)=aF_1(x)+bF_2(x)$ 也是一个分布函数.

【证】 验证 $F(x)$ 具有分布函数的三个基本性质.

单调性. 因为 $F_1(x)$ 与 $F_2(x)$ 都是分布函数,故当 $x_1<x_2$ 时,有
$$F_1(x_1)\leqslant F_1(x_2),F_2(x_1)\leqslant F_2(x_2),$$
于是
$$F(x_1)=aF_1(x_1)+bF_2(x_1)\leqslant aF_1(x_2)+bF_2(x_2)=F(x_2).$$

有界性. 对任意的 x,有 $0\leqslant F(x)\leqslant 1$,且
$$F(-\infty)=aF_1(-\infty)+bF_2(-\infty)=0,$$
$$F(+\infty)=aF_1(+\infty)+bF_2(+\infty)=a+b=1.$$

右连续性. $F(x+0)=aF_1(x+0)+bF_2(x+0)=aF_1(x)+bF_2(x)=F(x).$

【注】 若取 $a=b=\dfrac{1}{2}$,又令

$$F_1(x)=\begin{cases}0, & x<0,\\ 1, & x\geqslant 0,\end{cases} \quad F_2(x)=\begin{cases}0, & x<0,\\ x, & 0\leqslant x<1,\\ 1, & x\geqslant 1,\end{cases}$$

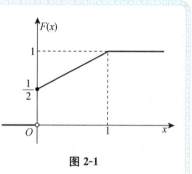

图 2-1

由此可得 $F_1(x)$ 与 $F_2(x)$ 的线性组合为下面这个分布函数:

$$F(x)=aF_1(x)+bF_2(x)=\begin{cases}0, & x<0,\\ \dfrac{1+x}{2}, & 0\leqslant x<1,\\ 1, & x\geqslant 1.\end{cases}$$

如图 2-1 所示,显然,$F(x)$ 不是连续函数,故 $F(x)$ 对应的随机变量也不是连续型随机变量. 又因为 $F(x)$ 不是阶梯形函数,故 $F(x)$ 对应的随机变量也不是离散型随机变量. 用上述线性组合方法可以构造很多既非离散型又非连续型的随机变量及其分布函数.

例 2.2 设 $F_1(x),F_2(x)$ 为两个分布函数,$f_1(x),f_2(x)$ 是相应的概率密度,则必为概率密度的是( ).

(A) $f_1(x)f_2(x)$ (B) $2f_2(x)F_1(x)$

(C) $f_1(x)F_2(x)$ (D) $f_1(x)F_2(x)+f_2(x)F_1(x)$

【解】 应选(D).

根据连续型随机变量分布函数和概率密度的性质,直接由
$$\int_{-\infty}^{+\infty}[f_1(x)F_2(x)+f_2(x)F_1(x)]\mathrm{d}x=\int_{-\infty}^{+\infty}\mathrm{d}[F_1(x)F_2(x)]=F_1(x)F_2(x)\Big|_{-\infty}^{+\infty}=1$$

及 $f_1(x)F_2(x)+f_2(x)F_1(x)\geqslant 0$,判断(D)正确,故选择(D),其余选项在 $-\infty$ 到 $+\infty$ 上的积分均不一定等于 1.

例 2.3 设 $f_1(x)$ 为标准正态分布的概率密度,$f_2(x)$ 为 $[-1,3]$ 上均匀分布的概率密度,若

$$f(x) = \begin{cases} af_1(x), & x \leqslant 0, \\ bf_2(x), & x > 0 \end{cases} \quad (a > 0, b > 0)$$

为概率密度,则 a,b 应满足(   ).

(A)$2a + 3b = 4$ (B)$3a + 2b = 4$ (C)$a + b = 1$ (D)$a + b = 2$

【解】应选(A).

根据连续型随机变量概率密度的性质,应有

$$1 = \int_{-\infty}^{+\infty} f(x)\mathrm{d}x = \int_{-\infty}^{0} af_1(x)\mathrm{d}x + \int_{0}^{+\infty} bf_2(x)\mathrm{d}x.$$

由于

$$f_1(x) = \frac{1}{\sqrt{2\pi}}\mathrm{e}^{-\frac{x^2}{2}}, f_2(x) = \begin{cases} \dfrac{1}{4}, & -1 \leqslant x \leqslant 3, \\ 0, & \text{其他}, \end{cases}$$

于是有

$$1 = \int_{-\infty}^{+\infty} f(x)\mathrm{d}x = \int_{-\infty}^{0} af_1(x)\mathrm{d}x + \int_{0}^{+\infty} bf_2(x)\mathrm{d}x$$

$$= \frac{a}{2}\int_{-\infty}^{+\infty} f_1(x)\mathrm{d}x + b\int_{0}^{3} \frac{1}{4}\mathrm{d}x = \frac{a}{2} + \frac{3}{4}b,$$

所以 $2a + 3b = 4$,故选择(A).

二 求分布

1. 离散型分布

$X \sim p_i$,则 $F(x) = \sum\limits_{x_i \leqslant x} p_i$(阶梯形函数).

【注】(1)分布律与分布函数互相唯一确定.

(2)常见以下5种离散型分布.

①$0-1$ 分布.

$X \sim B(1, p)$,X(伯努利计数变量)$\sim \begin{pmatrix} 1 & 0 \\ p & 1-p \end{pmatrix}$.

②二项分布.

$X \sim B(n, p)\begin{cases} \text{a. } n \text{ 次试验相互独立;} \\ \text{b. } P(A) = p; \\ \text{c. 只有 } A, \bar{A} \text{ 两种结果.} \end{cases}$

记 X 为 A 发生的次数,则

$$P\{X = k\} = \mathrm{C}_n^k \cdot p^k(1-p)^{n-k}, k = 0, 1, 2, \cdots, n.$$

见例 2.5.

二项分布 $X \sim B(n, p)$ 还具有如下性质:

对固定的 n 和 p,随着 k 的增大,$P\{X = k\}$ 先上升到最大值而后下降,如图 2-2 所示.

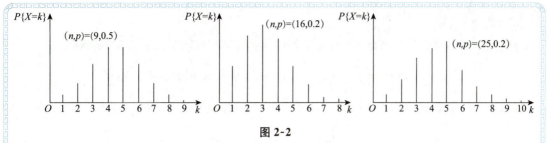

图 2-2

证 记二项分布的分布律为

$$U_k = P\{X=k\} = C_n^k p^k (1-p)^{n-k},$$

则相邻项的比值

$$\frac{U_k}{U_{k-1}} = \frac{C_n^k p^k (1-p)^{n-k}}{C_n^{k-1} p^{k-1} (1-p)^{n-k+1}}$$

$$= \frac{\dfrac{n!}{k!(n-k)!} p^k (1-p)^{n-k}}{\dfrac{n!}{(k-1)!(n-k+1)!} p^{k-1} (1-p)^{n-k+1}}$$

$$= \frac{(n-k+1)p}{k(1-p)} = \frac{(n+1)p - kp}{k(1-p)}$$

$$= \frac{(n+1)p - k(1-q)}{kq} = \frac{kq + (n+1)p - k}{kq} \quad (q = 1-p)$$

$$= 1 + \frac{(n+1)p - k}{kq}.$$

若要求 $U_k \geqslant U_{k-1}$ 且 $U_k \geqslant U_{k+1}$，即 U_k 最大，则 $\dfrac{U_k}{U_{k-1}} \geqslant 1$ 且 $\dfrac{U_{k+1}}{U_k} \leqslant 1$，即

$$1 + \frac{(n+1)p - k}{kq} \geqslant 1 \text{ 且 } 1 + \frac{(n+1)p - (k+1)}{(k+1)q} \leqslant 1,$$

可得

$$(n+1)p - k \geqslant 0 \text{ 且 } (n+1)p - (k+1) \leqslant 0,$$

于是有

$$(n+1)p - 1 \leqslant k \leqslant (n+1)p. \tag{$*$}$$

由于 k 为整数，故当 $(n+1)p$ 是整数时，事件 A 最可能发生的次数

$$k = (n+1)p, (n+1)p - 1,$$

比如 $(n+1)p = 5$，则根据（$*$）式有 $4 \leqslant k \leqslant 5$，即 k 取 4 与 5；

当 $(n+1)p$ 不是整数时，事件 A 最可能发生的次数

$$k = [(n+1)p] \quad ((n+1)p \text{ 取整}),$$

比如 $(n+1)p = 3.5$，则根据（$*$）式有 $2.5 \leqslant k \leqslant 3.5$，即 k 只能取 3.

见例 2.6.

③ 几何分布.

$X \sim G(p)$ 首中即停止（等待型分布），记 X 为试验次数，则

$$P\{X=k\} = p \cdot (1-p)^{k-1}, k = 1, 2, \cdots.$$

④ 超几何分布.

N 件产品中有 M 件正品，无放回取 n 次，则取到 k 个正品的概率

$$P\{X=k\} = \frac{C_M^k C_{N-M}^{n-k}}{C_N^n}, k \text{ 为整数}, \max\{0, n-N+M\} \leqslant k \leqslant \min\{n, M\}.$$

⑤ 泊松分布.

某单位时间段,某场合下,源源不断的随机质点流的个数,也常用于描述稀有事件的概率.

$$P\{X = k\} = \frac{\lambda^k}{k!}e^{-\lambda}(k = 0,1,\cdots;\lambda > 0),\lambda \text{ 表示强度}(EX = \lambda).$$

泊松定理 若 $X \sim B(n,p)$,当 n 很大,p 很小,$\lambda = np$ 适中时,二项分布可用泊松分布近似表示,

即

$$C_n^k p^k (1-p)^{n-k} \approx \frac{\lambda^k}{k!}e^{-\lambda}.$$

一般地,当 $n \geqslant 20, p \leqslant 0.05$ 时,用泊松近似公式逼近二项分布效果比较好,特别当 $n \geqslant 100, np \leqslant 10$ 时,逼近效果更佳.

此处考研大纲的要求是"会用泊松分布近似表示二项分布",考生应予以重视.

见习题 2.10(3).

2. 连续型分布

$X \sim f(x)$,则 $F(x) = \displaystyle\int_{-\infty}^{x} f(t)\mathrm{d}t.$

【注】(1) $f(x)$ 可唯一确定 $F(x)$;$F(x)$ 不可唯一确定 $f(x)$. (改变 $f(x)$ 在有限个点的值,不影响 $F(x)$)

(2) 若 $f(x)$ 为分段函数.

① $f(x) = \begin{cases} g(x), & a \leqslant x < b, \\ 0, & \text{其他,} \end{cases}$ 则 $F(x) = \begin{cases} 0, & x < a, \\ \displaystyle\int_a^x g(t)\mathrm{d}t, & a \leqslant x < b, \\ 1, & x \geqslant b. \end{cases}$

② $f(x) = \begin{cases} g_1(x), & a \leqslant x < c, \\ g_2(x), & c \leqslant x < b, \\ 0, & \text{其他,} \end{cases}$ 则 $F(x) = \begin{cases} 0, & x < a, \\ \displaystyle\int_a^x g_1(t)\mathrm{d}t, & a \leqslant x < c, \\ \displaystyle\int_a^c g_1(t)\mathrm{d}t + \int_c^x g_2(t)\mathrm{d}t, & c \leqslant x < b, \\ 1, & x \geqslant b. \end{cases}$

见例 2.4.

(3) 常见以下 3 种连续型分布.

① 均匀分布 $U(a,b)$.

如果随机变量 X 的概率密度或分布函数分别为

$$f(x) = \begin{cases} \dfrac{1}{b-a}, & a < x < b, \\ 0, & \text{其他,} \end{cases} \qquad F(x) = \begin{cases} 0, & x < a, \\ \dfrac{x-a}{b-a}, & a \leqslant x < b, \\ 1, & x \geqslant b, \end{cases}$$

则称 X 在区间 (a,b) 上服从**均匀分布**,记为 $X \sim U(a,b)$.(如图 2-3,2-4)

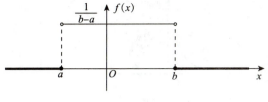

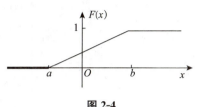

图 2-3 图 2-4

注意:1° 区间 (a,b) 可以是闭区间 $[a,b]$.

2° 几何概型是均匀分布的实际背景,于是有另一种表示形式"X 在 I 上的任一子区间取值的概率与该子区间长度成正比",即 $X \sim U(I)$.

见例 2.10.

② 指数分布 $E(\lambda)$.

如果 X 的概率密度或分布函数分别为

$$f(x) = \begin{cases} \lambda e^{-\lambda x}, & x \geqslant 0, \\ 0, & \text{其他} \end{cases} (\lambda > 0), F(x) = \begin{cases} 1 - e^{-\lambda x}, & x \geqslant 0, \\ 0, & x < 0 \end{cases} (\lambda > 0),$$

则称 X 服从参数为 λ 的**指数分布**,记为 $X \sim E(\lambda)$.(如图 2-5,2-6)

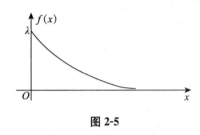

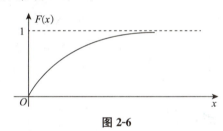

图 2-5 图 2-6

注意:1° $P\{X \geqslant t+s \mid X \geqslant t\} = P\{X \geqslant s\}$ 无记忆性.

2° $F(x) = \begin{cases} 1 - e^{-\lambda x}, & x \geqslant 0, \\ 0, & x < 0 \end{cases} (\lambda > 0)$(记,易考).

3° $\begin{cases} \text{几何分布} \Rightarrow \text{离散型等待分布} \\ \text{指数分布} \Rightarrow \text{连续型等待分布} \end{cases} \Rightarrow$ 无记忆性.

见例 2.7.

③ 正态分布.

若 $X \sim f(x) = \dfrac{1}{\sqrt{2\pi}\sigma} e^{-\frac{(x-\mu)^2}{2\sigma^2}}, -\infty < x < +\infty$,其中 $-\infty < \mu < +\infty, \sigma > 0$,

则称 X 服从参数为 (μ, σ^2) 的正态分布,记为 $X \sim N(\mu, \sigma^2)$.

注意:1° $\mu = 0, \sigma = 1$ 时的正态分布 $N(0,1)$ 为标准正态分布,

$$X \sim \varphi(x) = \frac{1}{\sqrt{2\pi}} e^{-\frac{x^2}{2}}, \Phi(x) = \int_{-\infty}^{x} \frac{1}{\sqrt{2\pi}} e^{-\frac{t^2}{2}} dt,$$

则 $X \sim N(0,1)$.

$2° f(x)$ 与 $\varphi(x)$ 的图形分别如图 2-7,图 2-8 所示.

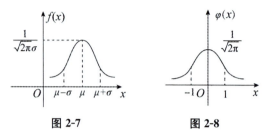

图 2-7　　　　图 2-8

$3°$ 若 $X \sim N(\mu, \sigma^2)$,则

$$\frac{X-\mu}{\sigma} \sim N(0,1);$$

$$F(x) = P\{X \leqslant x\} = \Phi\left(\frac{x-\mu}{\sigma}\right);$$

$$P\{a \leqslant X \leqslant b\} = \Phi\left(\frac{b-\mu}{\sigma}\right) - \Phi\left(\frac{a-\mu}{\sigma}\right);$$

$$P\{\mu - \sigma \leqslant X \leqslant \mu + \sigma\} = 2\Phi(1) - 1;$$

$$P\{\mu - k\sigma \leqslant X \leqslant \mu + k\sigma\} = 2\Phi(k) - 1 (k > 0).$$

$4°$ 若 $X \sim N(0,1)$,则

$$\Phi(-x) = 1 - \Phi(x);$$

$$P\{|X| \leqslant a\} = 2\Phi(a) - 1 (a > 0);$$

$$P\{|X| > a\} = 2[1 - \Phi(a)] (a > 0).$$

见例 2.8.

3. 混合型分布

X 是混合型,则 $F(x) = P\{X \leqslant x\}$.

见例 2.9.

例 2.4 确定下列各随机变量概率密度中未知参数 a 的值,并求出它们的分布函数:

$(1) f_1(x) = \begin{cases} a\mathrm{e}^x, & x < 0, \\ \dfrac{1}{4}, & 0 \leqslant x < 2, \\ 0, & x \geqslant 2; \end{cases}$

$(2) f_2(x) = a\mathrm{e}^{-|x|}, -\infty < x < +\infty.$

【解】(1) 由 $\displaystyle\int_{-\infty}^{+\infty} f_1(x)\mathrm{d}x = \int_{-\infty}^0 a\mathrm{e}^x \mathrm{d}x + \int_0^2 \frac{1}{4}\mathrm{d}x = a + \frac{1}{2} = 1$,得 $a = \dfrac{1}{2}$,则

$$F_1(x) = \int_{-\infty}^x f_1(t)\mathrm{d}t = \begin{cases} \displaystyle\int_{-\infty}^x \frac{1}{2}\mathrm{e}^t \mathrm{d}t, & x < 0, \\ \displaystyle\int_{-\infty}^0 \frac{1}{2}\mathrm{e}^t\mathrm{d}t + \int_0^x \frac{1}{4}\mathrm{d}t, & 0 \leqslant x < 2, = \\ 1, & x \geqslant 2 \end{cases} \begin{cases} \dfrac{1}{2}\mathrm{e}^x, & x < 0, \\ \dfrac{1}{2} + \dfrac{x}{4}, & 0 \leqslant x < 2, \\ 1, & x \geqslant 2. \end{cases}$$

(2) 由 $\displaystyle\int_{-\infty}^{+\infty} f_2(x)\mathrm{d}x = \int_{-\infty}^0 a\mathrm{e}^x\mathrm{d}x + \int_0^{+\infty} a\mathrm{e}^{-x}\mathrm{d}x = 2a = 1$,得 $a = \dfrac{1}{2}$,故

$$F_2(x) = \int_{-\infty}^{x} f_2(t)\mathrm{d}t = \begin{cases} \int_{-\infty}^{x} \frac{1}{2}\mathrm{e}^t \mathrm{d}t, & x < 0, \\ \int_{-\infty}^{0} \frac{1}{2}\mathrm{e}^t \mathrm{d}t + \int_{0}^{x} \frac{1}{2}\mathrm{e}^{-t}\mathrm{d}t, & x \geqslant 0 \end{cases}$$

$$= \begin{cases} \frac{1}{2}\mathrm{e}^x, & x < 0, \\ 1 - \frac{1}{2}\mathrm{e}^{-x}, & x \geqslant 0. \end{cases}$$

例 2.5 一条自动生产线连续生产 n 件产品不出故障的概率为 $\frac{\mathrm{e}^{-1}}{n!}$，$n=0,1,2,\cdots$. 设产品的优质品率为 $p(0 < p < 1)$. 如果各件产品相互独立，求生产线在两次故障间共生产 $k(k=0,1,2,\cdots)$ 件优质品的概率.

【解】 设事件 B_k 表示"两次故障间共生产 k 件优质品"，$k=0,1,2,\cdots$；A_n 表示"两次故障间共生产 n 件产品"，$n=0,1,2,\cdots$. 易见可列事件 $A_0,A_1,A_2,\cdots$ 构成一个完备事件组. 依题意

$$P(A_n) = \frac{\mathrm{e}^{-1}}{n!}, n=0,1,2,\cdots,$$

$$P(B_k|A_n) = \begin{cases} C_n^k p^k q^{n-k}, & k \leqslant n, q=1-p, \\ 0, & k > n, \end{cases}$$

应用全概率公式

$$P(B_k) = \sum_{n=0}^{\infty} P(A_n)P(B_k|A_n) = \sum_{n=k}^{\infty} P(A_n)P(B_k|A_n)$$
$$= \sum_{n=k}^{\infty} \frac{\mathrm{e}^{-1}}{n!} \cdot \frac{n!}{k!(n-k)!} p^k q^{n-k} = \frac{p^k \mathrm{e}^{-p}}{k!} \sum_{n=k}^{\infty} \frac{q^{n-k}}{(n-k)!} \mathrm{e}^{-q}$$
$$\xlongequal{(*)} \frac{p^k}{k!}\mathrm{e}^{-p},$$

【注】 $(*)$ 处来自 e^x 在 $x=0$ 处的幂级数展开式

$$\mathrm{e}^x = 1 + x + \frac{x^2}{2!} + \cdots + \frac{x^n}{n!} + \cdots = \sum_{n=0}^{\infty} \frac{x^n}{n!},$$

故可以得到

$$\sum_{n=k}^{\infty} \frac{q^{n-k}}{(n-k)!}\mathrm{e}^{-q} = \sum_{n-k=0}^{\infty} \frac{q^{n-k}}{(n-k)!}\mathrm{e}^{-q} = \mathrm{e}^q \cdot \mathrm{e}^{-q} = 1.$$

例 2.6 如果某篮球运动员每次投篮投中的概率是 0.8，每次投篮的结果相互独立，问该运动员在 10 次投篮中，最有可能投中几次？

【解】 设该运动员在 10 次投篮中，投中的次数为 X. 由于投篮中每次的结果是相互独立的，因此 $X \sim B(10,0.8)$，于是可得恰好 k 次投中的概率为 $P\{X=k\} = C_{10}^k \times 0.8^k \times 0.2^{10-k}, 0 \leqslant k \leqslant 10$. 从而

$$\frac{P\{X=k\}}{P\{X=k-1\}} = \frac{(10-k+1)\times 0.8}{k \times 0.2} = 1 + \frac{11\times 0.8 - k}{k \times 0.2}, 0 \leqslant k \leqslant 10.$$

于是，当 $k < 8.8$ 时，$P\{X=k-1\} < P\{X=k\}$；当 $k > 8.8$ 时，$P\{X=k-1\} > P\{X=k\}$.

故该篮球运动员在 10 次投篮中，最有可能投中 8 次.

【注】若此题为客观题,则可按照"二的 1 的注中(2) 的 ②"的结论,将 $n = 10, p = 0.8$ 代入,直接求出

$$(n+1)p = 11 \times 0.8 = 8.8, k = [8.8] = 8$$

即可.

例 2.7 设某大型设备在任何长度为 t 的时间内发生故障的次数 $N(t)$ 服从参数为 λt 的泊松分布.

(1)求相继出现两次故障之间的时间间隔 T 的概率分布;

(2)求设备已经无故障工作 8 h 的情况下,再无故障工作 16 h 以上的概率.

【解】(1)T 的值域为区间,属连续型随机变量.求概率分布,即求分布函数 $F(t)$,即求概率 $P\{T \leqslant t\}$.由题知,$t > 0$ 时,

$$P\{N(t) = k\} = \frac{(\lambda t)^k}{k!} e^{-\lambda t} (k = 0, 1, 2, \cdots),$$

事件 $\{T > t\}$ 与 $\{N(t) = 0\}$ 等价,有

$$F(t) = P\{T \leqslant t\} = 1 - P\{T > t\} = 1 - e^{-\lambda t};$$

$t \leqslant 0$ 时,$F(t) = 0$. 则

$$F(t) = \begin{cases} 1 - e^{-\lambda t}, & t \geqslant 0, \\ 0, & t < 0, \end{cases}$$

T 服从参数为 λ 的指数分布.

(2)$P\{T \geqslant 16 + 8 \mid T \geqslant 8\} = \dfrac{P\{T \geqslant 24\}}{P\{T \geqslant 8\}} = \dfrac{1 - (1 - e^{-24\lambda})}{1 - (1 - e^{-8\lambda})} = e^{-16\lambda}.$

例 2.8 已知随机变量 X 服从正态分布 $N(\mu, \sigma^2)$,随机事件 $A = \{X > \mu\}$,$B = \{X > \sigma\}$,$C = \{X > \mu + \sigma\}$,如果 $P(A) = P(B)$,那么事件 A, B, C 至多有一个发生的概率为_____.

【解】应填 $\dfrac{1}{2}$.

由题设知 $P(A) = P(B)$,即

$$P\{X > \mu\} = P\{X > \sigma\}, 1 - \Phi\left(\frac{\mu - \mu}{\sigma}\right) = 1 - \Phi\left(\frac{\sigma - \mu}{\sigma}\right),$$

故 $\Phi(0) = \Phi\left(\dfrac{\sigma - \mu}{\sigma}\right)$,所以 $\sigma = \mu$. 由此可知 $A = B$,且 $C = \{X > \mu + \sigma\} \subseteq A$,因此事件 A, B, C 至多有一个发生的事件可以表示为

$$A \overline{B} \overline{C} \cup \overline{A} B \overline{C} \cup \overline{A} \overline{B} C \cup \overline{A} \overline{B} \overline{C} = \varnothing \cup \overline{A} = \overline{A},$$

所求的概率为

$$P(\overline{A}) = P\{X \leqslant \mu\} = \Phi\left(\frac{\mu - \mu}{\sigma}\right) = \Phi(0) = \frac{1}{2}.$$

例 2.9 设随机变量 X 的绝对值不大于 1,$P\{X = -1\} = \dfrac{1}{8}$,$P\{X = 1\} = \dfrac{1}{4}$. 在事件 $\{-1 < X < 1\}$ 发生的条件下,X 在 $(-1, 1)$ 内任一子区间上取值的条件概率与该子区间长度成正比,求 X 的分布函数 $F(x)$.

【解】由题设知 $P\{|X| \leqslant 1\} = 1$,$P\{X = -1\} = \dfrac{1}{8}$,$P\{X = 1\} = \dfrac{1}{4}$,记 $A = \{-1 < X < 1\}$,依题意,在 A 发生的条件下,X 在 $(-1, 1)$ 上服从均匀分布,即在 A 发生的条件下,X 的条件概率密度为

$$f_X(x \mid A) = \begin{cases} \dfrac{1}{2}, & -1 < x < 1, \\ 0, & \text{其他.} \end{cases}$$

由题设得 $\quad P(A) = P\{-1 < X < 1\} = P\{-1 \leqslant X \leqslant 1\} - P\{X = -1\} - P\{X = 1\}$

$$= 1 - \frac{1}{8} - \frac{1}{4} = \frac{5}{8}.$$

记所求 X 的分布函数 $F(x) = P\{X \leqslant x\}$,则:

当 $x < -1$ 时,$F(x) = P\{X \leqslant x\} = 0$;

当 $-1 \leqslant x < 1$ 时,

$$F(x) = P\{X \leqslant x\} = P\{X < -1\} + P\{X = -1\} + P\{-1 < X \leqslant x\}$$

$$= 0 + \frac{1}{8} + P\{-1 < X \leqslant x, A\} + P\{-1 < X \leqslant x, \overline{A}\}$$

$$= \frac{1}{8} + P(A)P\{-1 < X \leqslant x \mid A\} = \frac{1}{8} + \frac{5}{8}\int_{-1}^{x} \frac{1}{2}\,\mathrm{d}t = \frac{5x+7}{16};$$

当 $x \geqslant 1$ 时,由于 $P\{\mid X \mid \leqslant 1\} = 1$,所以 $F(x) = P\{X \leqslant x\} = 1$.

综上可得

$$F(x) = \begin{cases} 0, & x < -1, \\ \dfrac{5x+7}{16}, & -1 \leqslant x < 1, \\ 1, & x \geqslant 1. \end{cases}$$

【注】(1) 计算 $F(x) = P\{X \leqslant x\}$ 时,对不同的 x 取值要先将事件 $\{X \leqslant x\}$ 按题设分解为若干个互不相容的事件的并,然后应用概率性质与已知条件,计算 $P\{X \leqslant x\}$.

(2) $P\{X \leqslant x\} = P\{X \leqslant x, \Omega\}$,这是求随机变量分布、计算概率时常用的技巧,事实上是"**全集分解法**".

(3) 从本题可以看出,X 的分布函数 $F(x)$ 既不是连续函数(X 不是连续型随机变量),也不是阶梯形函数(X 不是离散型随机变量).

例 2.10 设随机变量 X 的概率分布为 $P\{X = 1\} = P\{X = 2\} = \dfrac{1}{2}$. 在给定 $X = i$ 的条件下,随机变量 Y 服从均匀分布 $U(0, i)$ $(i = 1, 2)$. 求 Y 的分布函数 $F_Y(y)$ 和概率密度 $f_Y(y)$.

【解】$F_Y(y) = P\{Y \leqslant y\} = P\{X = 1\}P\{Y \leqslant y \mid X = 1\} + P\{X = 2\}P\{Y \leqslant y \mid X = 2\}$

$$= \frac{1}{2}P\{Y \leqslant y \mid X = 1\} + \frac{1}{2}P\{Y \leqslant y \mid X = 2\}.$$

当 $y < 0$ 时,$F_Y(y) = 0$;

当 $0 \leqslant y < 1$ 时,$F_Y(y) = \dfrac{3y}{4}$;

当 $1 \leqslant y < 2$ 时,$F_Y(y) = \dfrac{1}{2} + \dfrac{y}{4}$;

当 $y \geqslant 2$ 时,$F_Y(y) = 1$.

所以 Y 的分布函数为

$$F_Y(y) = \begin{cases} 0, & y < 0, \\ \dfrac{3y}{4}, & 0 \leqslant y < 1, \\ \dfrac{1}{2} + \dfrac{y}{4}, & 1 \leqslant y < 2, \\ 1, & y \geqslant 2. \end{cases}$$

随机变量 Y 的概率密度为

$$f_Y(y) = \begin{cases} \dfrac{3}{4}, & 0 < y < 1, \\ \dfrac{1}{4}, & 1 < y < 2, \\ 0, & \text{其他.} \end{cases}$$

三 用分布

利用分布求概率及反问题.

(1) $X \sim F(x)$，则

①$P\{X \leqslant a\} = F(a)$；

②$P\{X < a\} = F(a - 0)$；

③$P\{X = a\} = P\{X \leqslant a\} - P\{X < a\} = F(a) - F(a - 0)$；

④$P\{a < X < b\} = P\{X < b\} - P\{X \leqslant a\} = F(b - 0) - F(a)$；

⑤$P\{a \leqslant X \leqslant b\} = P\{X \leqslant b\} - P\{X < a\} = F(b) - F(a - 0)$.

见例 2.11,例 2.12.

(2) $X \sim p_i$，则 $\qquad\qquad P\{X \in I\} = \displaystyle\sum_{x_i \in I} P\{X = x_i\}$.

(3) $X \sim f(x)$，则 $\qquad\qquad P\{X \in I\} = \displaystyle\int_I f(x)\mathrm{d}x$.

(4) 反问题:已知概率反求参数.

见例 2.13.

例 2.11 设随机变量 X 的分布函数

$$F(x) = \begin{cases} 0, & x < 0, \\ \dfrac{1}{2}, & 0 \leqslant x < 1, \\ 1 - \mathrm{e}^{-x}, & x \geqslant 1, \end{cases}$$

则 $P\{0 \leqslant X \leqslant 1\} = \underline{\qquad}$；$P\{0 < X < 1\} = \underline{\qquad}$.

【解】应填 $1 - \mathrm{e}^{-1}$；0.

$$P\{0 \leqslant X \leqslant 1\} = P\{X \leqslant 1\} - P\{X < 0\} = F(1) - F(0 - 0) = 1 - \mathrm{e}^{-1} - 0 = 1 - \mathrm{e}^{-1};$$

$$P\{0 < X < 1\} = P\{X < 1\} - P\{X \leqslant 0\} = F(1 - 0) - F(0) = \frac{1}{2} - \frac{1}{2} = 0.$$

例 2.12 设连续型随机变量 X 的分布函数为

$$F(x) = \begin{cases} 0, & x < 0, \\ Ax^2, & 0 \leqslant x < 1, \\ 1, & x \geqslant 1. \end{cases}$$

求:(1) 常数 A;

(2)X 落在区间$(0.3, 0.7)$ 内的概率;

(3)X 的概率密度.

【解】(1) 由 $F(x)$ 的连续性,有 $1 = F(1) = \lim\limits_{x \to 1^-} F(x) = \lim\limits_{x \to 1^-} Ax^2 = A$,解得 $A = 1$.

(2)$P\{0.3 < X < 0.7\} = F(0.7) - F(0.3) = 0.7^2 - 0.3^2 = 0.4$.

(3)X 的概率密度为 $f(x) = F'(x) = \begin{cases} 2x, & 0 < x < 1, \\ 0, & \text{其他}. \end{cases}$

例 2.13 (1) 已知 X 的概率密度为 $f(x) = Ae^{-\left(\frac{x+1}{2}\right)^2}$,且 $aX + b \sim N(0,1)(a > 0)$.

求常数 A, a, b;

(2) 设 X 的概率密度为

$$f(x) = \begin{cases} \dfrac{1}{3}, & 0 \leqslant x \leqslant 1, \\ \dfrac{2}{9}, & 3 \leqslant x \leqslant 6, \\ 0, & \text{其他}, \end{cases}$$

常数 k 满足 $P\{X \geqslant k\} = \dfrac{2}{3}$,求 k 的取值范围.

【解】由概率密度计算出相应事件的概率,从而求得未知参数,或用几何图形求解.

(1) 由于 $f(x) = Ae^{-\left(\frac{x+1}{2}\right)^2} = Ae^{-\frac{1}{2}\left(\frac{x+1}{\sqrt{2}}\right)^2}$,根据正态分布的概率密度知 $X \sim N(-1, 2)$,故 $A = \dfrac{1}{\sqrt{2\pi} \times \sqrt{2}} = \dfrac{1}{2\sqrt{\pi}}$. 又 $aX + b \sim N(aEX + b, a^2 DX)$,而题设 $aX + b \sim N(0,1)$,所以 $\begin{cases} aEX + b = 0, \\ a^2 DX = 1, \end{cases}$ 即 $\begin{cases} -a + b = 0, \\ 2a^2 = 1, \end{cases}$ 解得 $a = b = \dfrac{\sqrt{2}}{2}$ (因 $a > 0$, $a = -\dfrac{\sqrt{2}}{2}$ 舍去).

(2)**方法一** 已知 $\dfrac{2}{3} = P\{X \geqslant k\} = \displaystyle\int_k^{+\infty} f(x) dx$,由等式右边积分的几何意义(如图 2-9):在 $[k, +\infty)$ 上曲边为 $f(x)$ 的梯形的面积,即知 k 的取值范围为 $[1, 3]$.

方法二 对不同的 k,通过计算积分 $\displaystyle\int_k^{+\infty} f(x) dx$ 也可确定 k 的取值范围.

当 $k < 0$ 时,$\displaystyle\int_k^{+\infty} f(x) dx = 1$;

当 $0 \leqslant k < 1$ 时,$\displaystyle\int_k^{+\infty} f(x) dx = \int_k^1 \dfrac{1}{3} dx + \int_3^6 \dfrac{2}{9} dx = 1 - \dfrac{k}{3}$;

当 $1 \leqslant k \leqslant 3$ 时,$\displaystyle\int_k^{+\infty} f(x) dx = \int_3^6 \dfrac{2}{9} dx = \dfrac{2}{3}$;

当 $3 < k < 6$ 时,$\displaystyle\int_k^{+\infty} f(x) dx = \int_k^6 \dfrac{2}{9} dx = \dfrac{2(6-k)}{9}$;

当 $k \geqslant 6$ 时,$\displaystyle\int_k^{+\infty} f(x) dx = 0$.

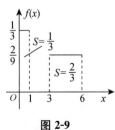

图 2-9

所以 k 的取值范围为 $[1,3]$.

【注】应用概率密度的几何意义解题有时十分简捷方便.

习题

2.1 已知随机变量 X 的分布函数为 $F(x)$,则下列结论不正确的是(　　).

(A) 如果 $F(a)=0$,则对任意 $x \leqslant a$ 有 $F(x)=0$

(B) 如果 $F(a)=1$,则对任意 $x \geqslant a$ 有 $F(x)=1$

(C) 如果 $F(a)=\dfrac{1}{2}$,则 $P\{X \leqslant a\}=\dfrac{1}{2}$

(D) 如果 $F(a)=\dfrac{1}{2}$,则 $P\{X \geqslant a\}=\dfrac{1}{2}$

2.2 设 X 为随机变量,则对任意实数 a,概率 $P\{X=a\}=0$ 的充分必要条件是(　　).

(A)X 是离散型随机变量　　　　　　(B)X 不是离散型随机变量

(C)X 的分布函数是连续函数　　　　　(D)X 的概率密度是连续函数

2.3 求下列分布中的未知参数 a,b.

(1) 设随机变量 X 的分布函数为

$$F(x)=\begin{cases}0, & x<-1, \\ \dfrac{1}{8}, & x=-1, \\ ax+b, & -1<x<1, \\ 1, & x \geqslant 1,\end{cases} \quad 且 \ P\{X=1\}=\dfrac{1}{4};$$

(2) 设随机变量 X 的分布函数为 $F(x)$,已知 $F(0)=\dfrac{1}{8}$,且概率密度 $f(x)=af_1(x)+bf_2(x)$,其中 $f_1(x)$ 是正态分布 $N(0,\sigma^2)$ 的概率密度,$f_2(x)$ 是参数为 λ 的指数分布的概率密度.

2.4 设随机变量 X 的分布函数 $F(x)=\begin{cases}0, & x<0, \\ \dfrac{1}{2}, & 0 \leqslant x<1, \\ 1-\mathrm{e}^{-x}, & x \geqslant 1,\end{cases}$ 则 $P\{X=1\}=(\quad)$.

(A)0　　　　　　(B) $\dfrac{1}{2}$　　　　　　(C) $\dfrac{1}{2}-\mathrm{e}^{-1}$　　　　　　(D)$1-\mathrm{e}^{-1}$

2.5 设随机变量 X 与 Y 相互独立,且均服从区间 $[0,3]$ 上的均匀分布,则 $P\{\max\{X,Y\} \leqslant 1\}=$ _____.

2.6 设随机变量 X 服从正态分布 $N(\mu_1,\sigma_1^2)$,Y 服从正态分布 $N(\mu_2,\sigma_2^2)$,且

$$P\{|X-\mu_1|<1\}>P\{|Y-\mu_2|<1\},$$

则必有(　　).

(A)$\sigma_1<\sigma_2$　　　　(B)$\sigma_1>\sigma_2$　　　　(C)$\mu_1<\mu_2$　　　　(D)$\mu_1>\mu_2$

2.7 设随机变量 Y 服从参数为 1 的指数分布,a 为常数且大于零,则 $P\{Y \leqslant a+1 \mid Y > a\} = $ _____.

2.8 设随机变量 X 的概率密度 $f(x)$ 满足 $f(1+x) = f(1-x)$,且 $\int_0^2 f(x)\mathrm{d}x = 0.6$,则 $P\{X < 0\} = $ ( ).

(A)0.2   (B)0.3   (C)0.4   (D)0.5

2.9 设一日内到过某商店的顾客数服从参数为 λ 的泊松分布,而每个顾客实际购物的概率为 p. 分别以 X 和 Y 表示一日内到过该商店的顾客中购物和未购物的人数,分别求 X 和 Y 的概率分布.

2.10 一本书有 500 页,共有 500 个错误,每个错误都等可能出现在每一页上(设该书每页有 500 个印刷符号).

(1) 求在第 100 页出现错误个数的概率分布;

(2) 求第 100 页上至少有 3 个错误的概率;

(3) 用泊松分布近似计算(2)中的概率.

2.11 一个正方体容器盛有 $\dfrac{3}{4}$ 的液体,假设在其 6 个侧面(含上、下两个底面)的随机部位出现了一个小孔,液体可经此小孔流出.求剩余液体液面的高度 X 的分布函数 $F(x)$.

解析

2.1 【解】应选(D).

这是一道考查分布函数性质的题,由于 $F(x)$ 是单调不减的函数,故(A),(B) 正确. 又 $F(a) = P\{X \leqslant a\}$,故(C)正确. 而 $P\{X \geqslant a\} = 1 - P\{X < a\} = 1 - F(a-0)$,分布函数未必是连续函数,因而(D) 不正确,选择(D).

2.2 【解】应选(C).

对任意实数 a,$P\{X = a\} = 0$ 是连续型随机变量的必要条件但不充分,因此(B),(D) 不能选,离散型随机变量必有 a 使 $P\{X = a\} \neq 0$,(A) 不能选,故正确选项是(C). 事实上,$P\{X = a\} = 0 \Leftrightarrow F(a) - F(a-0) = 0 \Leftrightarrow$ 对任意实数 a,$F(a) = F(a-0) \Leftrightarrow F(x)$ 是 x 的连续函数.

2.3 【解】应用分布函数的充分必要条件与已知条件,写出两个含未知参数 a, b 的方程,解方程组即可求得 a, b.

(1) 已知 $P\{X = 1\} = \dfrac{1}{4}$,即 $F(1) - F(1-0) = 1 - (a+b) = \dfrac{1}{4}$. 又 $F(x)$ 在 $x = -1$ 处右连续,所以有 $F(-1) = F(-1+0)$,即 $\dfrac{1}{8} = -a + b$,解方程组得 $a = \dfrac{5}{16}, b = \dfrac{7}{16}$.

(2) 已知 $F(0) = \dfrac{1}{8}$,即

$$\int_{-\infty}^0 f(x)\mathrm{d}x = a\int_{-\infty}^0 f_1(x)\mathrm{d}x + b\int_{-\infty}^0 f_2(x)\mathrm{d}x = a\Phi(0) = a \cdot \dfrac{1}{2} = \dfrac{1}{8},$$

故 $a = \dfrac{1}{4}$.

又 $\int_{-\infty}^{+\infty} f(x)\mathrm{d}x = 1$，所以

$$a\int_{-\infty}^{+\infty} f_1(x)\mathrm{d}x + b\int_{-\infty}^{+\infty} f_2(x)\mathrm{d}x = a + b = 1,$$

即 $b = \dfrac{3}{4}$.

2.4 【解】应选(C).

$$P\{X = 1\} = F(1) - F(1^-) = 1 - \mathrm{e}^{-1} - \frac{1}{2} = \frac{1}{2} - \mathrm{e}^{-1}.$$

【注】本题 X 的分布函数 $F(x)$ 在 $x = 0$ 和 $x = 1$ 处间断(其余点连续)，这种随机变量 X 是一种混合型随机变量，利用分布函数计算随机变量 X 取某一点 x 的概率公式为

$$P\{X = x\} = P\{X \leqslant x\} - P\{X < x\} = F(x) - F(x^-).$$

2.5 【解】应填 $\dfrac{1}{9}$.

$$P\{\max\{X, Y\} \leqslant 1\} = P\{X \leqslant 1, Y \leqslant 1\} = P\{X \leqslant 1\}P\{Y \leqslant 1\} = \frac{1}{3} \times \frac{1}{3} = \frac{1}{9}.$$

2.6 【解】应选(A).

由

$$P\{|X - \mu_1| < 1\} = P\left\{\frac{|X - \mu_1|}{\sigma_1} < \frac{1}{\sigma_1}\right\},$$

$$P\{|Y - \mu_2| < 1\} = P\left\{\frac{|Y - \mu_2|}{\sigma_2} < \frac{1}{\sigma_2}\right\},$$

$$P\{|X - \mu_1| < 1\} > P\{|Y - \mu_2| < 1\},$$

知

$$P\left\{\frac{|X - \mu_1|}{\sigma_1} < \frac{1}{\sigma_1}\right\} > P\left\{\frac{|Y - \mu_2|}{\sigma_2} < \frac{1}{\sigma_2}\right\}.$$

而

$$\frac{X - \mu_1}{\sigma_1} \sim N(0,1), \frac{Y - \mu_2}{\sigma_2} \sim N(0,1),$$

所以 $\dfrac{1}{\sigma_1} > \dfrac{1}{\sigma_2}$，即 $\sigma_1 < \sigma_2$. 故选项(A)正确.

【注】对于一般的正态分布，往往先标准化，转换为标准正态分布再去处理.

2.7 【解】应填 $1 - \dfrac{1}{\mathrm{e}}$.

方法一 $\quad P\{Y \leqslant a + 1 \mid Y > a\} = \dfrac{P\{a < Y \leqslant a + 1\}}{P\{Y > a\}} = \dfrac{\int_a^{a+1} \mathrm{e}^{-x}\mathrm{d}x}{\int_a^{+\infty} \mathrm{e}^{-x}\mathrm{d}x} = 1 - \dfrac{1}{\mathrm{e}}.$

方法二 由指数分布的无记忆性知

$$P\{Y \leqslant a + 1 \mid Y > a\} = P\{Y \leqslant 1\} = 1 - \frac{1}{\mathrm{e}}.$$

2.8 【解】应选(A).

由 $f(1+x) = f(1-x)$ 知,概率密度 $f(x)$ 关于 $x = 1$ 对称,则 $P\{X < 1\} = 0.5$.

由 $\int_0^2 f(x)\mathrm{d}x = 0.6$ 知,$P\{0 < X < 2\} = 0.6$,进而 $P\{0 < X < 1\} = 0.3$.

于是 $P\{X < 0\} = P\{X \leqslant 0\} = P\{X < 1\} - P\{0 < X < 1\} = 0.5 - 0.3 = 0.2$,选(A).

2.9 【解】由条件知 $X + Y$ 是一日内到过该商店的顾客总人数,服从参数为 λ 的泊松分布.则在一日内有 n 个顾客到过该商店的条件下,购物人数 $X = m$ 的条件概率分布为

$$P\{X = m \mid X + Y = n\} = C_n^m p^m (1-p)^{n-m} \ (m = 0, 1, 2, \cdots, n).$$

由全概率公式可知,对于 $m = 0, 1, 2, \cdots, n$,有

$$\begin{aligned}
P\{X = m\} &= \sum_{n=m}^{\infty} P\{X = m \mid X + Y = n\} P\{X + Y = n\} \\
&= \sum_{n=m}^{\infty} C_n^m p^m (1-p)^{n-m} \left(\frac{\lambda^n}{n!} \mathrm{e}^{-\lambda}\right) \\
&= \mathrm{e}^{-\lambda} \sum_{n=m}^{\infty} C_n^m p^m (1-p)^{n-m} \frac{\lambda^n}{n!} = \frac{(\lambda p)^m}{m!} \mathrm{e}^{-\lambda} \sum_{n=m}^{\infty} \frac{1}{(n-m)!} [(1-p)\lambda]^{n-m} \\
&= \frac{(\lambda p)^m}{m!} \mathrm{e}^{-\lambda} \sum_{k=0}^{\infty} \frac{1}{k!} [(1-p)\lambda]^k = \frac{(\lambda p)^m}{m!} \mathrm{e}^{-\lambda} \mathrm{e}^{(1-p)\lambda} \\
&= \frac{(\lambda p)^m}{m!} \mathrm{e}^{-\lambda p},
\end{aligned}$$

于是一日内到过该商店的顾客中购物的人数 X 服从参数为 λp 的泊松分布.

同理,Y 服从参数为 $\lambda(1-p)$ 的泊松分布.

2.10 【解】(1) 设 X 为第 100 页出现错误的个数,$X = 0, 1, 2, \cdots, 500$. 由于每个错误都等可能出现在每一页上,故每个错误出现在第 100 页上的概率为 $\dfrac{1}{500}$,且每个错误出现在第 100 页相互独立. 因此,X 服从二项分布 $B\left(500, \dfrac{1}{500}\right)$.

(2) 第 100 页上至少有 3 个错的概率为

$$\begin{aligned}
P\{X \geqslant 3\} &= 1 - P\{X = 0\} - P\{X = 1\} - P\{X = 2\} \\
&= 1 - \sum_{k=0}^2 C_{500}^k \left(\frac{1}{500}\right)^k \left(\frac{499}{500}\right)^{500-k}.
\end{aligned}$$

(3) $P\{X = k\} \xrightarrow{\text{近似服从}} \dfrac{(np)^k}{k!} \mathrm{e}^{-np}$,有

$$\begin{aligned}
P\{X \geqslant 3\} &= 1 - P\{X = 0\} - P\{X = 1\} - P\{X = 2\} \\
&\approx 1 - \frac{1}{0!} \mathrm{e}^{-1} - \frac{1}{1!} \mathrm{e}^{-1} - \frac{1}{2!} \mathrm{e}^{-1} \\
&= 1 - \frac{5}{2} \mathrm{e}^{-1} \approx 0.08.
\end{aligned}$$

2.11 【解】不妨设正方体容器的边长为 1. 设事件 $A = \{X = 0\}$,即事件 A 表示"小孔出现在容器的下底面". 由于小孔出现在正方体的 6 个侧面是等可能的,易见 $P(A) = \dfrac{1}{6}$,从而,

$$P\{X = 0\} = P(A) = \frac{1}{6}.$$

对于任意 $x < 0$，显然 $F(x) = 0$，而 $F(0) = \dfrac{1}{6}$．由于小孔出现的部位是随机的，可见对于任意 $x \in \left(0, \dfrac{3}{4}\right)$，有

$$F(x) = P\{X \leqslant 0\} + P\{0 < X \leqslant x\}$$
$$= \frac{1}{6} + \frac{4x}{6} = \frac{1+4x}{6},$$

该式中 $4x$ 表示容器的四个侧面 x 以下的总面积，而容器 6 个侧面的总面积为 6.

对于任意 $x \geqslant \dfrac{3}{4}$，显然 $F(x) = 1$．于是，可得

$$F(x) = \begin{cases} 0, & x < 0, \\[2mm] \dfrac{1+4x}{6}, & 0 \leqslant x < \dfrac{3}{4}, \\[2mm] 1, & x \geqslant \dfrac{3}{4}. \end{cases}$$

第3讲
一维随机变量函数的分布

离散型→离散型 —— $p_i = P\{X = x_i\}, Y = g(X), Y \sim \begin{pmatrix} g(x_1) & g(x_2) & \cdots \\ p_1 & p_2 & \cdots \end{pmatrix}$

连续型→连续型(或混合型)

    分布函数法 —— $F_Y(y) = P\{Y \leqslant y\} = P\{g(X) \leqslant y\} = \int_{g(x) \leqslant y} f_X(x) \mathrm{d}x$

    公式法 —— $f_Y(y) = \begin{cases} f_X[h(y)] \cdot |h'(y)|, & \alpha < y < \beta \\ 0, & \text{其他} \end{cases}$

连续型→离散型 —— $X \sim f_X(x), Y = g(X)$ 离散,确定 Y 的取值 a,计算 $P\{Y = a\}$,求 Y 的概率分布

一 离散型 → 离散型

设 X 为离散型随机变量,其概率分布为 $p_i = P\{X = x_i\}(i = 1, 2, \cdots)$,则 X 的函数 $Y = g(X)$ 也是离散型随机变量,其概率分布为 $P\{Y = g(x_i)\} = p_i$,即

$$Y \sim \begin{pmatrix} g(x_1) & g(x_2) & \cdots \\ p_1 & p_2 & \cdots \end{pmatrix}.$$

如果有若干个 $g(x_k)$ 相同,则合并诸项为一项 $g(x_k)$,并将相应概率相加作为 Y 取 $g(x_k)$ 值的概率.
见例 3.1.

二 连续型 → 连续型(或混合型)

设 X 为连续型随机变量,其分布函数、概率密度分别为 $F_X(x)$ 与 $f_X(x)$,随机变量 $Y = g(X)$ 是 X 的函数,则 Y 的分布函数或概率密度可用下面两种方法求得.

1. 分布函数法

直接由定义求 Y 的分布函数

$$F_Y(y) = P\{Y \leqslant y\} = P\{g(X) \leqslant y\} = \int_{g(x) \leqslant y} f_X(x) \mathrm{d}x.$$

如果 $F_Y(y)$ 连续,且除有限个点外,$F'_Y(y)$ 存在且连续,则 Y 的概率密度 $f_Y(y) = F'_Y(y)$.

见例 3.2 方法二,例 3.3,例 3.4.

2. 公式法

根据上面的分布函数法,若 $y = g(x)$ 在 (a,b) 上是关于 x 的严格单调可导函数,则存在 $x = h(y)$ 是 $y = g(x)$ 在 (a,b) 上的可导反函数.

若 $y = g(x)$ 严格单调增加,则 $x = h(y)$ 也严格单调增加,即 $h'(y) > 0$,且

$$F_Y(y) = P\{Y \leqslant y\} = P\{g(X) \leqslant y\} = P\{X \leqslant h(y)\} = \int_{-\infty}^{h(y)} f_X(x)\mathrm{d}x,$$

故 $f_Y(y) = F'_Y(y) = f_X[h(y)] \cdot h'(y)$.

若 $y = g(x)$ 严格单调减少,则 $x = h(y)$ 也严格单调减少,即 $h'(y) < 0$,且

$$F_Y(y) = P\{Y \leqslant y\} = P\{g(X) \leqslant y\} = P\{X \geqslant h(y)\} = \int_{h(y)}^{+\infty} f_X(x)\mathrm{d}x,$$

故 $f_Y(y) = F'_Y(y) = -f_X[h(y)] \cdot h'(y) = f_X[h(y)] \cdot [-h'(y)]$.

综上, $$f_Y(y) = \begin{cases} f_X[h(y)] \cdot |h'(y)|, & \alpha < y < \beta, \\ 0, & \text{其他}, \end{cases}$$

其中 $\alpha = \min\{g(a), g(b)\}, \beta = \max\{g(a), g(b)\}$.

见例 3.2 方法一.

三 连续型 → 离散型

若 $X \sim f_X(x)$,且 $Y = g(X)$ 是离散型的,首先确定 Y 的可能取值 a,而后通过计算概率 $P\{Y = a\}$ 求得 Y 的概率分布.

见例 3.5.

例 3.1 已知随机变量 X 的概率分布 $P\{X = k\} = \dfrac{1}{2^k}\ (k = 1, 2, \cdots)$,求 $Y = \sin\dfrac{\pi}{2}X$ 的概率分布.

【解】 先求 Y 的可能取值,有

$$Y = \sin\frac{\pi}{2}X = \begin{cases} -1, & X = 4n-1, \\ 0, & X = 2n, \\ 1, & X = 4n-3 \end{cases} \quad (n = 1, 2, \cdots),$$

从而有

$$P\{Y = -1\} = \sum_{n=1}^{\infty} P\{X = 4n-1\} = \frac{1}{2^3} + \frac{1}{2^7} + \cdots + \frac{1}{2^{4n-1}} + \cdots = \frac{1/8}{1 - 1/16} = \frac{2}{15},$$

$$P\{Y = 0\} = \sum_{n=1}^{\infty} P\{X = 2n\} = \frac{1}{2^2} + \frac{1}{2^4} + \cdots + \frac{1}{2^{2n}} + \cdots = \frac{1/4}{1 - 1/4} = \frac{1}{3},$$

$$P\{Y = 1\} = \sum_{n=1}^{\infty} P\{X = 4n-3\} = \frac{1}{2} + \frac{1}{2^5} + \cdots + \frac{1}{2^{4n-3}} + \cdots = \frac{1/2}{1 - 1/16} = \frac{8}{15}.$$

因此 Y 的概率分布为

$$Y \sim \begin{pmatrix} -1 & 0 & 1 \\ \dfrac{2}{15} & \dfrac{1}{3} & \dfrac{8}{15} \end{pmatrix}.$$

例 3.2 设 X 的概率密度为 $f_X(x) = \begin{cases} \mathrm{e}^{-x}, & x \geqslant 0, \\ 0, & x < 0, \end{cases}$ 求 $Y = \mathrm{e}^X$ 的概率密度 $f_Y(y)$.

【解】方法一 由于 $y = \mathrm{e}^x$ 在 $[0, +\infty)$ 上严格单调增加,故 $x = h(y) = \ln y(y \geqslant 1)$,则

$$f_Y(y) = \begin{cases} f_X[h(y)] \cdot |h'(y)|, & y \geqslant 1, \\ 0, & \text{其他} \end{cases} = \begin{cases} \dfrac{1}{y^2}, & y \geqslant 1, \\ 0, & \text{其他}. \end{cases}$$

方法二 $F_Y(y) = P\{Y \leqslant y\} = P\{\mathrm{e}^X \leqslant y\} = \begin{cases} 0, & y < 1, \\ P\{X \leqslant \ln y\}, & y \geqslant 1, \end{cases}$ 故当 $y \geqslant 1$ 时,

$$F_Y(y) = P\{X \leqslant \ln y\} = \int_0^{\ln y} \mathrm{e}^{-x}\mathrm{d}x = 1 - \frac{1}{y},$$

$$f_Y(y) = F_Y'(y) = \frac{1}{y^2},$$

因此

$$f_Y(y) = \begin{cases} \dfrac{1}{y^2}, & y \geqslant 1, \\ 0, & \text{其他}. \end{cases}$$

例 3.3 设随机变量 X 的概率密度为 $f_X(x) = \begin{cases} \dfrac{1}{2}, & -1 < x < 0, \\ \dfrac{1}{4}, & 0 \leqslant x < 2, \\ 0, & \text{其他}. \end{cases}$ 令 $Y = X^2$,求:

(1) Y 的概率密度 $f_Y(y)$;

(2) $P\left\{X \leqslant -\dfrac{1}{2}, Y \leqslant 4\right\}$.

【解】 (1) Y 的分布函数为 $F_Y(y) = P\{Y \leqslant y\} = P\{X^2 \leqslant y\}$.

当 $y < 0$ 时,$F_Y(y) = 0, f_Y(y) = 0$;

当 $0 \leqslant y < 1$ 时,

$$F_Y(y) = P\{-\sqrt{y} \leqslant X \leqslant \sqrt{y}\} = P\{-\sqrt{y} \leqslant X < 0\} + P\{0 \leqslant X \leqslant \sqrt{y}\}$$
$$= \frac{1}{2}\sqrt{y} + \frac{1}{4}\sqrt{y} = \frac{3}{4}\sqrt{y},$$

$$f_Y(y) = \frac{3}{8\sqrt{y}};$$

当 $1 \leqslant y < 4$ 时,

$$F_Y(y) = P\{-1 \leqslant X < 0\} + P\{0 \leqslant X \leqslant \sqrt{y}\} = \frac{1}{2} + \frac{1}{4}\sqrt{y}, f_Y(y) = \frac{1}{8\sqrt{y}};$$

当 $y \geqslant 4$ 时,$F_Y(y) = 1, f_Y(y) = 0$.

故 Y 的概率密度为

$$f_Y(y) = \begin{cases} \dfrac{3}{8\sqrt{y}}, & 0 < y < 1, \\[2mm] \dfrac{1}{8\sqrt{y}}, & 1 < y < 4, \\[2mm] 0, & \text{其他.} \end{cases}$$

(2)
$$P\left\{X \leqslant -\frac{1}{2}, Y \leqslant 4\right\} = P\left\{X \leqslant -\frac{1}{2}, X^2 \leqslant 4\right\}$$
$$= P\left\{X \leqslant -\frac{1}{2}, -2 \leqslant X \leqslant 2\right\} = P\left\{-2 \leqslant X \leqslant -\frac{1}{2}\right\}$$
$$= P\left\{-1 < X \leqslant -\frac{1}{2}\right\} = \frac{1}{4}.$$

例 3.4 设一设备开机后无故障工作时间 X 服从指数分布,平均无故障工作时间(EX)为 5 h,设备定时开机,出现故障自动关机,而在无故障工作的情况下工作 2 h 便关机.求设备每次开机无故障工作时间 Y 的分布函数,该分布函数有几个间断点?

【解】 依题设,$Y = \min\{X, 2\}$,正概率密度区间为 $(0,2]$,其中 X 服从参数为 $\lambda = \dfrac{1}{EX} = \dfrac{1}{5}$ 的指数分布,即

$$X \sim F_X(x) = \begin{cases} 1 - \mathrm{e}^{-\frac{1}{5}x}, & x \geqslant 0, \\ 0, & x < 0. \end{cases}$$

于是,当 $y < 0$ 时,$F_Y(y) = P\{Y \leqslant y\} = P\{\min\{X,2\} \leqslant y\} = 0$;

当 $y \geqslant 2$ 时,$F_Y(y) = P\{Y \leqslant y\} = P\{\min\{X,2\} \leqslant y\} = 1$;

当 $0 \leqslant y < 2$ 时,$F_Y(y) = P\{Y \leqslant y\} = P\{\min\{X,2\} \leqslant y\}$
$$= 1 - P\{X > y, 2 > y\}$$
$$= 1 - P\{2 > y\}P\{X > y \mid 2 > y\}$$
$$= 1 - P\{X > y\} = 1 - [1 - F_X(y)] = 1 - \mathrm{e}^{-\frac{1}{5}y}.$$

所以 Y 的分布函数为

$$F_Y(y) = \begin{cases} 0, & y < 0, \\ 1 - \mathrm{e}^{-\frac{1}{5}y}, & 0 \leqslant y < 2, \\ 1, & y \geqslant 2. \end{cases}$$

故该分布函数有一个间断点 $y = 2$.

例 3.5 设随机变量 X 服从参数为 λ 的指数分布,证明随机变量 $Y = [X] + 1$([X] 为不超过 X 的最大整数)服从参数为 $1 - \mathrm{e}^{-\lambda}$ 的几何分布.

【证】 $X \sim E(\lambda)$,即 $f_X(x) = \begin{cases} \lambda \mathrm{e}^{-\lambda x}, & x > 0, \\ 0, & \text{其他}, \end{cases}$ X 的有效取值范围为 $(0, +\infty)$,故 $Y = [X] + 1$ 的值域是 $\{1, 2, 3, \cdots\}$,Y 是离散型随机变量,则

$$P\{Y = k\} = P\{[X] + 1 = k\} = P\{[X] = k - 1\} = P\{k - 1 \leqslant X < k\}$$
$$= \int_{k-1}^{k} \lambda \mathrm{e}^{-\lambda x} \mathrm{d}x = \mathrm{e}^{-\lambda(k-1)} - \mathrm{e}^{-\lambda k} = (1 - \mathrm{e}^{-\lambda})(\mathrm{e}^{-\lambda})^{k-1}$$

$= (1-e^{-\lambda})[1-(1-e^{-\lambda})]^{k-1}$（比较几何分布 $P\{X=k\} = (1-p)^{k-1}p$），

其中 $k = 1,2,\cdots$. 所以 Y 服从参数为 $1-e^{-\lambda}$ 的几何分布.

习题

3.1 设随机变量 X 服从 $(0,2)$ 上的均匀分布,则随机变量 $Y=X^2$ 在 $(0,4)$ 内的概率密度 $f_Y(y) =$

_____.

3.2 设随机变量 X 的概率密度为

$$f(x) = \begin{cases} \dfrac{1}{9}x^2, & 0 < x < 3, \\ 0, & \text{其他}. \end{cases}$$

令随机变量 $Y = \begin{cases} 2, & X \leqslant 1, \\ X, & 1 < X < 2, \\ 1, & X \geqslant 2. \end{cases}$

(1) 求 Y 的分布函数;

(2) 求概率 $P\{X \leqslant Y\}$.

3.3 设随机变量 X 的概率密度为 $f(x) = \begin{cases} \dfrac{x}{2}, & 0 < x < 2, \\ 0, & \text{其他}, \end{cases}$ $F(x)$ 为 X 的分布函数,EX 为 X 的数

学期望,则 $P\{F(X) > EX - 1\} =$ _____.

3.4 已知 X 为随机变量,$Y = X^2 + X + 1$.

(1) 已知 X 的分布函数 $F_X(x)$,求 Y 的分布函数 $F_Y(y)$;

(2) 已知 X 在 $(0,1)$ 上服从均匀分布,求 Y 的概率密度 $f_Y(y)$.

解析

3.1 【解】应填 $\dfrac{1}{4\sqrt{y}}$.

方法一 在 $0 < x < 2$ 时,由 $y = x^2$ 可知 $x = \sqrt{y}$,则 $0 < y < 4$ 时,

$$f_Y(y) = f_X(\sqrt{y}) \cdot |(\sqrt{y})'| = \frac{1}{2} \cdot \frac{1}{2\sqrt{y}} = \frac{1}{4\sqrt{y}}.$$

方法二 Y 的分布函数 $F_Y(y) = P\{Y \leqslant y\} = P\{X^2 \leqslant y\}$.

当 $y < 0$ 时,$F_Y(y) = 0$;

当 $y \geqslant 0$ 时, $F_Y(y) = P\{|X| \leqslant \sqrt{y}\} = P\{-\sqrt{y} \leqslant X \leqslant \sqrt{y}\} = \int_{-\sqrt{y}}^{\sqrt{y}} f_X(x)\mathrm{d}x,$

其中 $f_X(x) = \begin{cases} \dfrac{1}{2}, & 0 < x < 2, \\ 0, & \text{其他} \end{cases}$ 是 X 的概率密度.

所以,当 $\sqrt{y} \geqslant 2$ 即 $y \geqslant 4$ 时,$F_Y(y) = \int_0^2 \frac{1}{2}\mathrm{d}x = 1$;

当 $\sqrt{y} < 2$ 即 $0 \leqslant y < 4$ 时,$F_Y(y) = \int_0^{\sqrt{y}} \frac{1}{2}\mathrm{d}x = \frac{1}{2}\sqrt{y}$.

所以
$$F_Y(y) = \begin{cases} 0, & y < 0, \\ \frac{1}{2}\sqrt{y}, & 0 \leqslant y < 4, \\ 1, & y \geqslant 4. \end{cases}$$

故当 $0 < y < 4$ 时,$f_Y(y) = F'_Y(y) = \frac{1}{4\sqrt{y}}$.

3.2 【解】(1) 由题设知,$P\{1 \leqslant Y \leqslant 2\} = 1$. 记 Y 的分布函数为 $F_Y(y)$,则

当 $y < 1$ 时,$F_Y(y) = 0$;

当 $y \geqslant 2$ 时,$F_Y(y) = 1$;

当 $1 \leqslant y < 2$ 时,

$$F_Y(y) = P\{Y \leqslant y\} = P\{Y = 1\} + P\{1 < Y \leqslant y\}$$
$$= P\{X \geqslant 2\} + P\{1 < X \leqslant y\} = \int_2^3 \frac{x^2}{9}\mathrm{d}x + \int_1^y \frac{x^2}{9}\mathrm{d}x = \frac{y^3 + 18}{27}.$$

所以 Y 的分布函数为

$$F_Y(y) = \begin{cases} 0, & y < 1, \\ \frac{y^3 + 18}{27}, & 1 \leqslant y < 2, \\ 1, & y \geqslant 2. \end{cases}$$

(2) $P\{X \leqslant Y\} = P\{X < 2\} = \int_0^2 \frac{x^2}{9}\mathrm{d}x = \frac{8}{27}$.

【注】本题的得分率不高,反映出考生对分布函数等基本概念理解得不够深入. 主要错误出在求概率 $P\{Y \leqslant y\}$ 时不能正确地将事件 $\{Y \leqslant y\}$ 转化为用 X 表示的事件,下面的错误做法是最典型的:

当 $1 \leqslant y < 2$ 时,

$$F_Y(y) = P\{Y \leqslant y\} = P\{X \leqslant y\} = \int_1^y \frac{x^2}{9}\mathrm{d}x = \frac{y^3 - 1}{27},$$

错误的根源在于不能将事件 $\{Y \leqslant y\}$ 正确地过渡到用 X 表示事件. 另一种常见的错误是在对分布函数 $F_Y(y)$ 进行分段计算时,分界点处的函数值出错,比如,按定义分布函数 $F_Y(y) = P\{Y \leqslant y\}$ 是右连续的,而有些考生得出的 $F_Y(y)$ 在分段点 $y = 1$ 和 $y = 2$ 处是左连续的或一个左连续一个右连续. 第二问的大多数错误本质上与第一问相同,也是不能正确地将事件 $\{X \leqslant Y\}$ 转化为用 X 表示的事件:$\{X < 2\}$.

3.3 【解】应填 $\frac{2}{3}$.

方法一 由题意知,$EX = \int_0^2 xf(x)\mathrm{d}x = \int_0^2 \frac{x^2}{2}\mathrm{d}x = \frac{4}{3}$.

由 $F(x) = \int_{-\infty}^x f(t)\mathrm{d}t$,得

$$F(x) = \begin{cases} 0, & x < 0, \\ \dfrac{x^2}{4}, & 0 \leqslant x < 2, \\ 1, & x \geqslant 2. \end{cases}$$

从而,$P\{F(X) > EX - 1\} = P\left\{\dfrac{X^2}{4} > \dfrac{1}{3}\right\} = P\left\{2 > X > \dfrac{2}{\sqrt{3}}\right\} = \displaystyle\int_{\frac{2}{\sqrt{3}}}^{2} \dfrac{x}{2}\mathrm{d}x = \dfrac{2}{3}.$

方法二 因为随机变量 X 的分布函数 $F(x)$ 是连续函数,且严格单调增加. 令 $Y = F(X)$,则 $Y \sim U(0,1)$.

$$P\{F(X) > EX - 1\} = P\left\{Y > \dfrac{1}{3}\right\} = \dfrac{2}{3}.$$

【注】方法二的解题过程利用了结论"随机变量 X 的分布函数 $F(x)$ 是连续函数且严格单调增加,若 $Y = F(X)$,则 $Y \sim U(0,1)$."证明过程见《张宇考研数学基础 30 讲》P460,习题 3.2.12.

3.4 **【解】**(1) 已知 $F_X(x) = P\{X \leqslant x\}$,$Y = X^2 + X + 1 = \left(X + \dfrac{1}{2}\right)^2 + \dfrac{3}{4} \geqslant \dfrac{3}{4}$,则 Y 的分布

函数为 $\qquad F_Y(y) = P\{Y \leqslant y\} = P\left\{\left(X + \dfrac{1}{2}\right)^2 + \dfrac{3}{4} \leqslant y\right\}.$

当 $y < \dfrac{3}{4}$ 时,$F_Y(y) = 0$;

当 $y \geqslant \dfrac{3}{4}$ 时,

$$\begin{aligned} F_Y(y) &= P\left\{\left(X + \dfrac{1}{2}\right)^2 \leqslant y - \dfrac{3}{4}\right\} \\ &= P\left\{\left|X + \dfrac{1}{2}\right| \leqslant \sqrt{y - \dfrac{3}{4}}\right\} \\ &= P\left\{-\sqrt{y - \dfrac{3}{4}} - \dfrac{1}{2} \leqslant X \leqslant \sqrt{y - \dfrac{3}{4}} - \dfrac{1}{2}\right\} \\ &= F_X\left(\sqrt{y - \dfrac{3}{4}} - \dfrac{1}{2}\right) - F_X\left(-\sqrt{y - \dfrac{3}{4}} - \dfrac{1}{2} - 0\right). \end{aligned}$$

综上所述,$F_Y(y) = \begin{cases} 0, & y < \dfrac{3}{4}, \\ F_X\left(\sqrt{y - \dfrac{3}{4}} - \dfrac{1}{2}\right) - F_X\left(-\sqrt{y - \dfrac{3}{4}} - \dfrac{1}{2} - 0\right), & y \geqslant \dfrac{3}{4}. \end{cases}$

(2) 已知 X 在 $(0,1)$ 上服从均匀分布,则 X 的概率密度为

$$f_X(x) = \begin{cases} 1, & 0 < x < 1, \\ 0, & 其他, \end{cases}$$

且 $P\{0 < X < 1\} = 1$,所以 Y 的分布函数 $F_Y(y) = P\{Y \leqslant y\} = P\{X^2 + X + 1 \leqslant y, 0 < X < 1\}$.

当 $y < 1$ 时,$F_Y(y) = 0$;

当 $1 \leqslant y < 3$ 时,$F_Y(y) = P\left\{\left(X + \dfrac{1}{2}\right)^2 + \dfrac{3}{4} \leqslant y, 0 < X < 1\right\}$

$$= P\left\{-\sqrt{y - \dfrac{3}{4}} - \dfrac{1}{2} \leqslant X \leqslant \sqrt{y - \dfrac{3}{4}} - \dfrac{1}{2}, 0 < X < 1\right\}$$

$$= P\left\{0 < X \leqslant \sqrt{y - \frac{3}{4}} - \frac{1}{2}, 0 < X < 1\right\}$$

$$= P\left\{0 < X \leqslant \sqrt{y - \frac{3}{4}} - \frac{1}{2}\right\}$$

$$= \sqrt{y - \frac{3}{4}} - \frac{1}{2};$$

当 $y \geqslant 3$ 时，$F_Y(y) = P\{X^2 + X + 1 \leqslant y, 0 < X < 1\} = 1.$

综上所述，
$$F_Y(y) = \begin{cases} 0, & y < 1, \\ \sqrt{y - \frac{3}{4}} - \frac{1}{2}, & 1 \leqslant y < 3, \\ 1, & y \geqslant 3. \end{cases}$$

所以 Y 的概率密度为

$$f_Y(y) = \begin{cases} \dfrac{1}{\sqrt{4y - 3}}, & 1 < y < 3, \\ 0, & 其他. \end{cases}$$

第4讲 多维随机变量及其分布

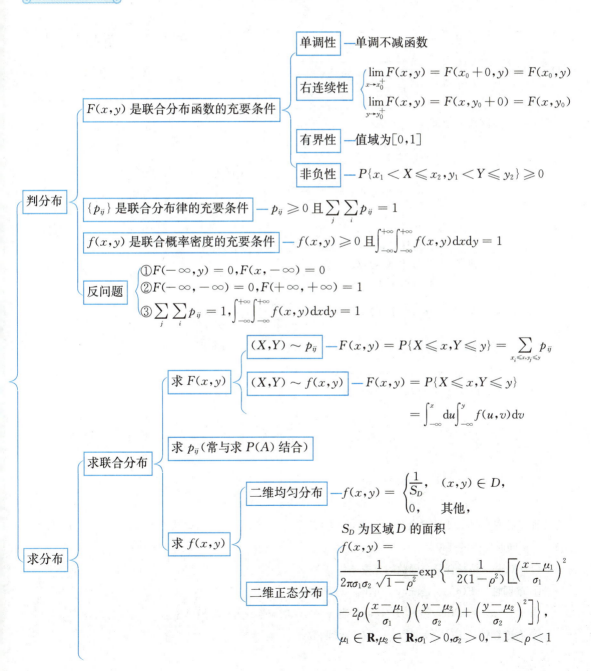

$$\text{求分布} \begin{cases} \text{求边缘分布} \begin{cases} \text{求 } F_X(x), F_Y(y) \begin{cases} F_X(x) = F(x, +\infty) \\ F_Y(y) = F(+\infty, y) \end{cases} \\ \text{求 } p_{i\cdot}, p_{\cdot j} \begin{cases} p_{i\cdot} = \sum\limits_{j} p_{ij} \\ p_{\cdot j} = \sum\limits_{i} p_{ij} \end{cases} \\ \text{求 } f_X(x), f_Y(y) \begin{cases} f_X(x) = \int_{-\infty}^{+\infty} f(x, y)\mathrm{d}y \\ f_Y(y) = \int_{-\infty}^{+\infty} f(x, y)\mathrm{d}x \end{cases} \end{cases} \\ \text{求条件分布} \begin{cases} \text{求 } P\{Y = y_j \mid X = x_i\}, \\ P\{X = x_i \mid Y = y_j\} \end{cases} \begin{cases} P\{Y = y_j \mid X = x_i\} = \dfrac{P\{X = x_i, Y = y_j\}}{P\{X = x_i\}} \\ \qquad = \dfrac{p_{ij}}{p_{i\cdot}} \\ P\{X = x_i \mid Y = y_j\} = \dfrac{P\{X = x_i, Y = y_j\}}{P\{Y = y_j\}} \\ \qquad = \dfrac{p_{ij}}{p_{\cdot j}} \end{cases} \\ \qquad \text{求 } f_{Y|X}(y \mid x), f_{X|Y}(x \mid y) \begin{cases} f_{Y|X}(y \mid x) = \dfrac{f(x, y)}{f_X(x)} \\ f_{X|Y}(x \mid y) = \dfrac{f(x, y)}{f_Y(y)} \end{cases} \end{cases}$$

判独立 ① 对任意 $x, y, F(x, y) = F_X(x) \cdot F_Y(y)$
② 对任意 $i, j, p_{ij} = p_{i\cdot} p_{\cdot j}$
③ 对任意 $x, y, f(x, y) = f_X(x) f_Y(y)$

用分布 ①$(X, Y) \sim p_{ij}$，则 $P\{(X, Y) \in D\} = \sum\limits_{(x_i, y_j) \in D} p_{ij}$
②$(X, Y) \sim f(x, y)$，则 $P\{(X, Y) \in D\} = \iint\limits_{D} f(x, y)\mathrm{d}x\mathrm{d}y$
③(X, Y) 为混合型，则用全概率公式
④ 反问题：已知概率反求参数

一 判分布

对任意的实数 x, y，称二元函数

$$F(x, y) = P\{X \leqslant x, Y \leqslant y\}$$

为二维随机变量(X, Y) 的**联合分布函数**，记为$(X, Y) \sim F(x, y)$. $F(x, y)$ 是事件 $A = \{X \leqslant x\}$ 与 $B = \{Y \leqslant y\}$ 同时发生的概率.

（1）$F(x, y)$ 是联合分布函数的充要条件.

① **单调性**　$F(x, y)$ 是 x, y 的单调不减函数：

当 $x_1 < x_2$ 时，$F(x_1, y) \leqslant F(x_2, y)$；当 $y_1 < y_2$ 时，$F(x, y_1) \leqslant F(x, y_2)$.

② **右连续性**　$F(x, y)$ 是 x, y 的右连续函数：

$$\lim_{x \to x_0^+} F(x,y) = F(x_0 + 0, y) = F(x_0, y);$$

$$\lim_{y \to y_0^+} F(x,y) = F(x, y_0 + 0) = F(x, y_0).$$

③ **有界性** $F(-\infty, y) = F(x, -\infty) = F(-\infty, -\infty) = 0, F(+\infty, +\infty) = 1.$

④ **非负性** 对任意 $x_1 < x_2, y_1 < y_2$ 有

$$P\{x_1 < X \leqslant x_2, y_1 < Y \leqslant y_2\} = F(x_2, y_2) - F(x_2, y_1) - F(x_1, y_2) + F(x_1, y_1) \geqslant 0.$$

(2) $\{p_{ij}\}$ 是联合分布律的充要条件.

如果二维随机变量 (X,Y) 只能取有限对值或可列无限对值 $(x_1, y_1), (x_1, y_2), \cdots, (x_n, y_n), \cdots$，则称 (X,Y) 为**二维离散型随机变量**.

称 $$p_{ij} = P\{X = x_i, Y = y_j\}, i, j = 1, 2, \cdots$$

为 (X,Y) 的**分布律**或称为随机变量 X 和 Y 的**联合分布律**，记为 $(X,Y) \sim p_{ij}$. 联合分布律常用表格形式表示.

X \ Y	y_1	$\cdots$	y_j	$\cdots$	$P\{X = x_i\}$
x_1	p_{11}	$\cdots$	p_{1j}	$\cdots$	$p_{1\cdot}$
$\vdots$	$\vdots$		$\vdots$		$\vdots$
x_i	p_{i1}	$\cdots$	p_{ij}	$\cdots$	$p_{i\cdot}$
$\vdots$	$\vdots$		$\vdots$		$\vdots$
$P\{Y = y_j\}$	$p_{\cdot 1}$	$\cdots$	$p_{\cdot j}$	$\cdots$	1

$\{p_{ij}\}$ 是联合分布律的充要条件为 $p_{ij} \geqslant 0$ 且 $\sum_j \sum_i p_{ij} = 1$.

(3) $f(x,y)$ 是联合概率密度的充要条件.

如果二维随机变量 (X,Y) 的联合分布函数 $F(x,y)$ 可以表示为

$$F(x,y) = \int_{-\infty}^{x} \int_{-\infty}^{y} f(u,v) \mathrm{d}u \mathrm{d}v, (x,y) \in \mathbf{R}^2,$$

其中 $f(x,y)$ 是非负可积函数，则称 (X,Y) 为**二维连续型随机变量**，称 $f(x,y)$ 为 (X,Y) 的**概率密度**，记为 $(X,Y) \sim f(x,y)$.

$f(x,y)$ 是联合概率密度的充要条件为 $f(x,y) \geqslant 0$ 且 $\int_{-\infty}^{+\infty} \int_{-\infty}^{+\infty} f(x,y) \mathrm{d}x \mathrm{d}y = 1$.

(4) 反问题(重点).

用 $\begin{cases} F(-\infty, y) = 0, F(x, -\infty) = 0, \\ F(-\infty, -\infty) = 0, F(+\infty, +\infty) = 1, \\ \sum_j \sum_i p_{ij} = 1, \int_{-\infty}^{+\infty} \int_{-\infty}^{+\infty} f(x,y) \mathrm{d}x \mathrm{d}y = 1 \end{cases}$ 建方程,求参数.

二 求分布

(1) 求联合分布.

① 求 $F(x,y)$.

a. $(X,Y) \sim p_{ij}$，则

$$F(x,y) = P\{X \leqslant x, Y \leqslant y\} = \sum_{x_i \leqslant x, y_j \leqslant y} p_{ij}.$$

见例 4.1.

b. $(X,Y) \sim f(x,y)$,则

$$F(x,y) = P\{X \leqslant x, Y \leqslant y\} = \int_{-\infty}^{x} \mathrm{d}u \int_{-\infty}^{y} f(u,v)\mathrm{d}v.$$

见例 4.2.

② 求 p_{ij}(常与求 $P(A)$ 结合).

③ 求 $f(x,y)$.

a. 二维均匀分布.

称(X,Y)在平面有界区域 D 上服从**均匀分布**,如果(X,Y)的概率密度为

$$f(x,y) = \begin{cases} \dfrac{1}{S_D}, & (x,y) \in D, \\ 0, & \text{其他}, \end{cases}$$

其中 S_D 为区域 D 的面积.

b. 二维正态分布.

如果(X,Y)的概率密度为

$$f(x,y) = \frac{1}{2\pi\sigma_1\sigma_2\sqrt{1-\rho^2}}\exp\left\{-\frac{1}{2(1-\rho^2)}\left[\left(\frac{x-\mu_1}{\sigma_1}\right)^2 - 2\rho\left(\frac{x-\mu_1}{\sigma_1}\right)\left(\frac{y-\mu_2}{\sigma_2}\right) + \left(\frac{y-\mu_2}{\sigma_2}\right)^2\right]\right\},$$

其中$\mu_1 \in \mathbf{R}, \mu_2 \in \mathbf{R}, \sigma_1 > 0, \sigma_2 > 0, -1 < \rho < 1$,则称$(X,Y)$服从参数为$\mu_1, \mu_2, \sigma_1^2, \sigma_2^2, \rho$的**二维正态分布**,记为$(X,Y) \sim N(\mu_1, \mu_2; \sigma_1^2, \sigma_2^2; \rho)$.

【注】有下面 6 条重要结论.

① 若$(X_1, X_2) \sim N(\mu_1, \mu_2; \sigma_1^2, \sigma_2^2; \rho)$,则

$$X_1 \sim N(\mu_1, \sigma_1^2), X_2 \sim N(\mu_2, \sigma_2^2).$$

② 若 $X_1 \sim N(\mu_1, \sigma_1^2), X_2 \sim N(\mu_2, \sigma_2^2)$ 且 X_1, X_2 相互独立,则

$$(X_1, X_2) \sim N(\mu_1, \mu_2; \sigma_1^2, \sigma_2^2; 0).$$

③$(X_1, X_2) \sim N \Rightarrow k_1 X_1 + k_2 X_2 \sim N$($k_1, k_2$ 是不全为 0 的常数).

④$(X_1, X_2) \sim N, Y_1 = a_1 X_1 + a_2 X_2, Y_2 = b_1 X_1 + b_2 X_2$,且

$$\begin{vmatrix} a_1 & a_2 \\ b_1 & b_2 \end{vmatrix} \neq 0 \Rightarrow (Y_1, Y_2) \sim N.$$

⑤$(X_1, X_2) \sim N$,则 X_1, X_2 相互独立 $\Leftrightarrow X_1, X_2$ 不相关.

以上 5 条可推广至有限个随机变量的情形.

⑥$(X,Y) \sim N$,则 $f_{X|Y}(x \mid y) \sim N, f_{Y|X}(y \mid x) \sim N.$

---

(2) 求边缘分布.

① 求 $F_X(x), F_Y(y)$.

$$F_X(x) = F(x, +\infty), F_Y(y) = F(+\infty, y).$$

② 求 $p_{i\cdot}, p_{\cdot j}$.

$$p_{i\cdot} = \sum_j p_{ij}, p_{\cdot j} = \sum_i p_{ij}.$$

③ 求 $f_X(x), f_Y(y)$.

$$f_X(x) = \int_{-\infty}^{+\infty} f(x,y)\mathrm{d}y, f_Y(y) = \int_{-\infty}^{+\infty} f(x,y)\mathrm{d}x.$$

(3) 求条件分布.

① 求 $P\{Y = y_j \mid X = x_i\}, P\{X = x_i \mid Y = y_j\}$.

$$P\{Y = y_j \mid X = x_i\} = \frac{P\{X = x_i, Y = y_j\}}{P\{X = x_i\}} = \frac{p_{ij}}{p_{i\cdot}},$$

$$P\{X = x_i \mid Y = y_j\} = \frac{P\{X = x_i, Y = y_j\}}{P\{Y = y_j\}} = \frac{p_{ij}}{p_{\cdot j}}.$$

② 求 $f_{Y|X}(y \mid x), f_{X|Y}(x \mid y)$.

$$f_{Y|X}(y \mid x) = \frac{f(x,y)}{f_X(x)}, f_{X|Y}(x \mid y) = \frac{f(x,y)}{f_Y(y)}.$$

【注】(1) 联合 = 边缘 × 条件, 亦常考.

如 $f(x,y) = f_{Y|X}(y \mid x) f_X(x)$.

(2) 以上式子, 所有分母均不为零.

见例 4.3, 例 4.5.

(4) 判独立.

① X 与 Y 相互独立 $\Leftrightarrow$ 对任意 $x, y, F(x,y) = F_X(x) \cdot F_Y(y)$.

② X 与 Y 相互独立, 若 (X,Y) 为二维离散型随机变量 $\Leftrightarrow$ 对任意 $i, j, p_{ij} = p_{i\cdot} p_{\cdot j}$.

③ X 与 Y 相互独立, 若 (X,Y) 为二维连续型随机变量 $\Leftrightarrow$ 对任意 $x, y, f(x,y) = f_X(x) f_Y(y)$.

见例 4.4, 例 4.6.

三 用分布

用分布求概率及反问题.

① $(X,Y) \sim p_{ij}$, 则 $P\{(X,Y) \in D\} = \sum_{(x_i, y_j) \in D} p_{ij}$.

② $(X,Y) \sim f(x,y)$, 则 $P\{(X,Y) \in D\} = \iint\limits_{D} f(x,y)\mathrm{d}x\mathrm{d}y$.

③ (X,Y) 为混合型, 则用全概率公式.

④ 反问题: 已知概率反求参数.

见例 4.7.

例 4.1 设二维随机变量 (X,Y) 的联合分布律为

X \ Y	0	1
0	$\frac{1}{3}$	$\frac{4}{21}$
1	$\frac{1}{3}$	$\frac{3}{21}$

求 (X,Y) 的联合分布函数 $F(x,y)$.

【解】(X,Y) 所有可能取值点为 $(0,0),(1,0),(0,1),(1,1)$. 由此可将平面划分五个区域. 由图 4-1 易知,

当 $x<0$ 或 $y<0$ 时,$F(x,y)=0$;

当 $0\leqslant x<1,0\leqslant y<1$ 时,$F(x,y)=P\{X=0,Y=0\}=\dfrac{1}{3}$;

当 $0\leqslant x<1,y\geqslant 1$ 时,
$$F(x,y)=P\{X=0,Y=0\}+P\{X=0,Y=1\}=\dfrac{11}{21};$$

当 $x\geqslant 1,0\leqslant y<1$ 时,
$$F(x,y)=P\{X=0,Y=0\}+P\{X=1,Y=0\}=\dfrac{2}{3};$$

当 $x\geqslant 1,y\geqslant 1$ 时,$F(x,y)=1$.

所以 (X,Y) 的联合分布函数为

$$F(x,y)=\begin{cases}0, & x<0 \text{ 或 } y<0,\\[2mm]\dfrac{1}{3}, & 0\leqslant x<1,0\leqslant y<1,\\[2mm]\dfrac{11}{21}, & 0\leqslant x<1,y\geqslant 1,\\[2mm]\dfrac{2}{3}, & x\geqslant 1,0\leqslant y<1,\\[2mm]1, & x\geqslant 1,y\geqslant 1.\end{cases}$$

例 4.2 已知二维随机变量 (X,Y) 的联合概率密度为

$$f(x,y)=\begin{cases}2\mathrm{e}^{-(x+y)}, & 0<x<y,\\0, & \text{其他},\end{cases}$$

求 (X,Y) 的联合分布函数 $F(x,y)$.

【解】 如图 4-2 所示,当 $x<0$ 或 $y<0$ 时,$F(x,y)=0$;

当 $0\leqslant y<x$ 时,
$$F(x,y)=\int_{-\infty}^{x}\mathrm{d}s\int_{-\infty}^{y}f(s,t)\mathrm{d}t=2\int_{0}^{y}\mathrm{e}^{-t}\mathrm{d}t\int_{0}^{t}\mathrm{e}^{-s}\mathrm{d}s=1-2\mathrm{e}^{-y}+\mathrm{e}^{-2y};$$

当 $0\leqslant x\leqslant y$ 时,
$$F(x,y)=\int_{-\infty}^{x}\mathrm{d}s\int_{-\infty}^{y}f(s,t)\mathrm{d}t=2\int_{0}^{x}\mathrm{e}^{-s}\mathrm{d}s\int_{s}^{y}\mathrm{e}^{-t}\mathrm{d}t$$
$$=1-2\mathrm{e}^{-y}-\mathrm{e}^{-2x}+2\mathrm{e}^{-(x+y)}.$$

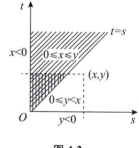

图 4-2

于是,(X,Y) 的联合分布函数为

$$F(x,y)=\begin{cases}0, & x<0 \text{ 或 } y<0,\\1-2\mathrm{e}^{-y}+\mathrm{e}^{-2y}, & 0\leqslant y<x,\\1-2\mathrm{e}^{-y}-\mathrm{e}^{-2x}+2\mathrm{e}^{-(x+y)}, & 0\leqslant x\leqslant y.\end{cases}$$

例 4.3 下列表格给出了二维随机变量 (X,Y) 的联合分布、边缘分布的部分值,并已知

$$P\{X=-1 \mid Y=1\}=\frac{2}{3}, P\{X=-1 \mid Y=0\}=\frac{3}{5}.$$

将其余数值填入空白处.

X \ Y	−1	0	1	$P\{X=x_i\}$
−1			0.2	
1	0.1			
$P\{Y=y_j\}$	0.2			1

【解】这是一道考查离散型随机变量的联合分布、边缘分布与条件分布之间关系的题目,应用它们之间的关系式不难求得其余数值. 首先将表格中空白处用字母填上(见下表).

X \ Y	−1	0	1	$P\{X=x_i\}$
−1	a	b	0.2	$a+b+0.2$
1	0.1	c	d	$c+d+0.1$
$P\{Y=y_j\}$	0.2	$b+c$	$0.2+d$	1

① 由于 $a+0.1=0.2$,故 $a=0.1$.

② 已知 $P\{X=-1 \mid Y=1\}=\frac{2}{3}$,即 $\dfrac{P\{X=-1,Y=1\}}{P\{Y=1\}}=\dfrac{0.2}{0.2+d}=\dfrac{2}{3}$,解得 $d=0.1$.

又 $P\{X=-1 \mid Y=0\}=\frac{3}{5}$,即 $\dfrac{P\{X=-1,Y=0\}}{P\{Y=0\}}=\dfrac{b}{b+c}=\dfrac{3}{5}$,由此得 $2b=3c$.

③ 由于
$$0.2+b+c+0.2+d=0.2+b+c+0.2+0.1=1,$$
所以 $b+c=0.5$. 又 $2b=3c$,解得 $c=0.2,b=0.3$.

综上可得

X \ Y	−1	0	1	$P\{X=x_i\}$
−1	**0.1**	**0.3**	0.2	**0.6**
1	0.1	**0.2**	**0.1**	**0.4**
$P\{Y=y_j\}$	0.2	**0.5**	**0.3**	1

【注】(1) 若将已知条件改为 X 与 Y 独立,那么上述表中 a,b,c,d 应为多少?

$$a=0.2-0.1=0.1, P\{X=-1\}=\frac{0.1}{0.2}=0.5, P\{X=1\}=0.5,$$

$$b=0.5-0.1-0.2=0.2.$$

又 $0.5(b+c)=b$,故

$$c=b=0.2, d=0.5-0.1-c=0.2.$$

(2) 若将已知条件改为 $EX=0.2$, X 与 Y 不相关,那么上述表中 a,b,c,d 应为多少?

$$a = 0.2 - 0.1 = 0.1, EY = -0.2 + 0.2 + d = d,$$

$$EX = -0.3 - b + c + d + 0.1 = c + d - b - 0.2 = 0.2, c + d - b = 0.4.$$

XY 的概率分布为

XY	-1	0	1
$P\{XY = k\}$	0.3	$b+c$	$0.1+d$

由于 X 与 Y 不相关,即

$$E(XY) = -0.3 + 0.1 + d = EXEY = 0.2d,$$

由此解得 $d = 0.25$. 又 $b + c = 0.35, c - b = 0.4 - 0.25 = 0.15$, 故有 $c = 0.25, b = 0.1$.

(3) 若将已知条件改为设 (X,Y) 的分布函数为 $F(x,y)$, $F\left(\dfrac{1}{2}, \dfrac{1}{2}\right) = 0.2$, 且 $EY = 0$, 那么上述表中 a, b, c, d 应为多少?

$$a = 0.2 - 0.1 = 0.1, EY = -0.2 + 0.2 + d = d = 0,$$

$$F\left(\frac{1}{2}, \frac{1}{2}\right) = P\left\{X \leqslant \frac{1}{2}, Y \leqslant \frac{1}{2}\right\} = P\{X = -1, Y = -1\} + P\{X = -1, Y = 0\}$$

$$= a + b = 0.1 + b = 0.2,$$

故 $b = 0.1$. 又由 $0.2 + b + c + 0.2 + d = 1$, 得 $c = 0.5$.

例 4.4 设随机变量 X, Y 独立同分布, 且

$$P\{X = -1\} = q, P\{X = 1\} = p, q + p = 1, 0 < p < 1,$$

设

$$Z = \begin{cases} 0, & XY = 1, \\ 1, & XY = -1. \end{cases}$$

求: (1) Z 的分布;

(2) (X, Z) 的分布律;

(3) p 为何值时, X 与 Z 相互独立.

【解】 (1) Z 的可能取值为 $0, 1$, 有

$$P\{Z = 0\} = P\{XY = 1\} = P\{X = 1, Y = 1\} + P\{X = -1, Y = -1\} = p^2 + q^2,$$

$$P\{Z = 1\} = P\{XY = -1\} = P\{X = -1, Y = 1\} + P\{X = 1, Y = -1\} = 2pq,$$

因此

$$Z \sim \begin{pmatrix} 0 & 1 \\ p^2 + q^2 & 2pq \end{pmatrix}.$$

(2) 由

$$P\{X = -1, Z = 0\} = P\{X = -1, XY = 1\} = P\{X = -1, Y = -1\} = q^2,$$

$$P\{X = -1, Z = 1\} = P\{X = -1, XY = -1\} = P\{X = -1, Y = 1\} = pq,$$

$$P\{X = 1, Z = 0\} = P\{X = 1, XY = 1\} = P\{X = 1, Y = 1\} = p^2,$$

$$P\{X = 1, Z = 1\} = P\{X = 1, XY = -1\} = P\{X = 1, Y = -1\} = pq,$$

因此(X,Z)的分布律为

X \ Z	0	1	$p_{i.}$
-1	q^2	pq	q^2+pq
1	p^2	pq	p^2+pq
$p_{.j}$	q^2+p^2	$2pq$	1

(3) 若X与Z相互独立,则

$$\begin{cases} q^2=(q^2+pq)(q^2+p^2), \\ pq=(q^2+pq)\cdot 2pq, \\ p^2=(p^2+pq)(q^2+p^2), \\ pq=(p^2+pq)\cdot 2pq, \end{cases} 即 \begin{cases} q=p, \\ p^2+pq=\dfrac{1}{2}, \end{cases}$$

解得$p=q=\dfrac{1}{2}$,即当$p=\dfrac{1}{2}$时,X与Z相互独立.

例 4.5 设二维正态随机变量(X,Y)的概率密度为$f(x,y)$,已知条件概率密度$f_{X|Y}(x\mid y)=Ae^{-\frac{2}{3}\left(x-\frac{y}{2}\right)^2}$和$f_{Y|X}(y\mid x)=Be^{-\frac{2}{3}\left(y-\frac{x}{2}\right)^2}$.求:

(1) 常数A和B;

(2) $f_X(x)$和$f_Y(y)$;

(3) $f(x,y)$.

【分析】(1) 由性质$\int_{-\infty}^{+\infty}f_{X|Y}(x\mid y)\mathrm{d}x=1$可以定出常数$A$,也可以更简便地把$Ae^{-\frac{2}{3}\left(x-\frac{y}{2}\right)^2}$看成形式

$\dfrac{1}{\sqrt{2\pi}\sigma}e^{-\frac{(x-\mu)^2}{2\sigma^2}}$,$-\infty<x<+\infty$.由$-\dfrac{2}{3}\left(x-\dfrac{y}{2}\right)^2=-\dfrac{(x-\mu)^2}{2\sigma^2}$求出$\sigma$,然后求出$A=\dfrac{1}{\sqrt{2\pi}\sigma}$.

(2) 由于$f_{X|Y}(x\mid y)=\dfrac{f(x,y)}{f_Y(y)}$,$f_{Y|X}(y\mid x)=\dfrac{f(x,y)}{f_X(x)}$,则$\dfrac{f_{X|Y}(x\mid y)}{f_{Y|X}(y\mid x)}=\dfrac{f_X(x)}{f_Y(y)}$,从而将$x,y$的函数分离.

(3) 由$f(x,y)=f_{X|Y}(x\mid y)\cdot f_Y(y)$即可求得$f(x,y)$.

【解】(1) 令$Ae^{-\frac{2}{3}\left(x-\frac{y}{2}\right)^2}=\dfrac{1}{\sqrt{2\pi}\sigma}e^{-\frac{(x-\mu)^2}{2\sigma^2}}$,即$\begin{cases} -\dfrac{2}{3}\left(x-\dfrac{y}{2}\right)^2=-\dfrac{(x-\mu)^2}{2\sigma^2}, \\ A=\dfrac{1}{\sqrt{2\pi}\sigma}, \end{cases}$ 解得$\mu=\dfrac{y}{2}$,$\sigma=\dfrac{\sqrt{3}}{2}$,

$A=\sqrt{\dfrac{2}{3\pi}}$. 由对称性得$B=A=\sqrt{\dfrac{2}{3\pi}}$.

(2) 由于

$$\frac{f_{X|Y}(x\mid y)}{f_{Y|X}(y\mid x)}=\frac{f_X(x)}{f_Y(y)}=e^{-\frac{2}{3}\left[\left(x^2-xy+\frac{y^2}{4}\right)-\left(y^2-xy+\frac{x^2}{4}\right)\right]}=e^{-\frac{x^2-y^2}{2}}=\frac{e^{-\frac{x^2}{2}}}{e^{-\frac{y^2}{2}}},$$

且二维正态分布的两个边缘分布都是正态分布的形式,故可令$f_X(x)=Ce^{-\frac{x^2}{2}}$,$f_Y(y)=Ce^{-\frac{y^2}{2}}$,$C$为常数.

由$\int_{-\infty}^{+\infty}f_X(x)\mathrm{d}x=1$,$\int_{-\infty}^{+\infty}f_Y(y)\mathrm{d}y=1$,得$C=\dfrac{1}{\sqrt{2\pi}}$,即$f_X(x)=\dfrac{1}{\sqrt{2\pi}}e^{-\frac{x^2}{2}}$,$f_Y(y)=\dfrac{1}{\sqrt{2\pi}}e^{-\frac{y^2}{2}}$.

(3) $f(x,y) = f_{X|Y}(x \mid y) \cdot f_Y(y) = \sqrt{\dfrac{2}{3\pi}} e^{-\frac{2}{3}\left(x-\frac{y}{2}\right)^2} \cdot \dfrac{1}{\sqrt{2\pi}} e^{-\frac{y^2}{2}} = \dfrac{1}{\sqrt{3}\pi} e^{-\frac{2}{3}(x^2-xy+y^2)}.$

例 4.6 已知二维随机变量 (X,Y) 在以点 $(0,0),(1,-1),(1,1)$ 为顶点的三角形区域上服从均匀分布.

(1) 求 (X,Y) 的概率密度 $f(x,y)$;

(2) 求边缘概率密度 $f_X(x),f_Y(y)$ 及条件概率密度 $f_{X|Y}(x \mid y),f_{Y|X}(y \mid x)$,并判断 X 与 Y 是否独立;

(3) 计算概率 $P\{X>0,Y>0\},P\left\{X>\dfrac{1}{2} \,\Big|\, Y>0\right\},P\left\{X>\dfrac{1}{2} \,\Big|\, Y=\dfrac{1}{4}\right\}.$

【解】 直接应用公式计算,但要注意非零区域(如图 4-3).

(1) 由于以 $(0,0),(1,-1),(1,1)$ 为顶点的三角形的面积为

$$\frac{1}{2} \times 1 \times 2 = 1,$$

故

$$f(x,y) = \begin{cases} 1, & 0 \leqslant x \leqslant 1, |y| < x, \\ 0, & \text{其他}. \end{cases}$$

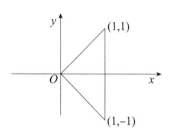

图 4-3

(2) $f_X(x) = \displaystyle\int_{-\infty}^{+\infty} f(x,y)\mathrm{d}y = \begin{cases} \displaystyle\int_{-x}^{x} \mathrm{d}y = 2x, & 0 \leqslant x \leqslant 1, \\ 0, & \text{其他}. \end{cases}$

$$f_Y(y) = \int_{-\infty}^{+\infty} f(x,y)\mathrm{d}x = \begin{cases} \displaystyle\int_{-y}^{1} \mathrm{d}x = 1+y, & -1 \leqslant y < 0, \\ \displaystyle\int_{y}^{1} \mathrm{d}x = 1-y, & 0 \leqslant y < 1, \\ 0, & \text{其他} \end{cases}$$

$$= \begin{cases} 1-|y|, & |y| \leqslant 1, \\ 0, & \text{其他}. \end{cases}$$

$$f_{X|Y}(x \mid y) = \frac{f(x,y)}{f_Y(y)} = \begin{cases} \dfrac{1}{1-|y|}, & |y| < x \leqslant 1, \\ 0, & \text{其他}. \end{cases}$$

$$f_{Y|X}(y \mid x) = \frac{f(x,y)}{f_X(x)} = \begin{cases} \dfrac{1}{2x}, & |y| < x \leqslant 1, \\ 0, & \text{其他}. \end{cases}$$

由于 $f_X(x)f_Y(y) \neq f(x,y)$,故 X 与 Y 不独立.

(3) $$P\{X>0,Y>0\} = \iint\limits_{x>0,y>0} f(x,y)\mathrm{d}x\mathrm{d}y = \int_0^1 \mathrm{d}x \int_0^x \mathrm{d}y = \frac{1}{2},$$

$$P\left\{X>\frac{1}{2} \,\Big|\, Y>0\right\} = \frac{P\left\{X>\dfrac{1}{2},Y>0\right\}}{P\{Y>0\}} = \frac{\displaystyle\iint\limits_{x>\frac{1}{2},y>0} f(x,y)\mathrm{d}x\mathrm{d}y}{\displaystyle\iint\limits_{y>0} f(x,y)\mathrm{d}x\mathrm{d}y}$$

$$= \frac{\displaystyle\int_{\frac{1}{2}}^1 \mathrm{d}x \int_0^x \mathrm{d}y}{\displaystyle\int_0^1 \mathrm{d}x \int_0^x \mathrm{d}y} = \frac{\displaystyle\int_{\frac{1}{2}}^1 x\mathrm{d}x}{\displaystyle\int_0^1 x\mathrm{d}x} = \frac{\dfrac{3}{8}}{\dfrac{1}{2}} = \frac{3}{4}.$$

$$P\left\{X > \frac{1}{2} \,\middle|\, Y = \frac{1}{4}\right\} = \int_{\frac{1}{2}}^{+\infty} f_{X|Y}\left(x \,\middle|\, y = \frac{1}{4}\right) \mathrm{d}x = \int_{\frac{1}{2}}^{1} \frac{1}{1 - \frac{1}{4}} \mathrm{d}x = \frac{2}{3}.$$

【注】由于 $f(x,y) = $ 常数，因此可以利用面积计算概率.

例 4.7 已知随机变量 X 与 Y 相互独立，X 服从参数为 λ 的指数分布，$P\{Y = -1\} = \frac{1}{4}$，

$P\{Y = 1\} = \frac{3}{4}$，求概率 $P\{X - Y \leqslant 1\}$，$P\{XY \leqslant 2\}$.

【解】已知 $X \sim f(x) = \begin{cases} \lambda \mathrm{e}^{-\lambda x}, & x > 0, \\ 0, & x \leqslant 0, \end{cases}$ $P\{Y = -1\} = \frac{1}{4}$，$P\{Y = 1\} = \frac{3}{4}$，$X$ 与 Y 独立，属于混合

型问题，所以由全概率公式得

$$\begin{aligned} P\{X - Y \leqslant 1\} &= P\{X - Y \leqslant 1, Y = 1\} + P\{X - Y \leqslant 1, Y = -1\} \\ &= P\{X - 1 \leqslant 1, Y = 1\} + P\{X + 1 \leqslant 1, Y = -1\} \\ &= P\{Y = 1\}P\{X \leqslant 2\} + P\{Y = -1\}P\{X \leqslant 0\} \\ &= \frac{3}{4} \int_0^2 \lambda \mathrm{e}^{-\lambda x} \mathrm{d}x = \frac{3}{4}(1 - \mathrm{e}^{-2\lambda}), \end{aligned}$$

$$\begin{aligned} P\{XY \leqslant 2\} &= P\{XY \leqslant 2, Y = 1\} + P\{XY \leqslant 2, Y = -1\} \\ &= P\{X \leqslant 2, Y = 1\} + P\{-X \leqslant 2, Y = -1\} \\ &= P\{Y = 1\}P\{X \leqslant 2\} + P\{Y = -1\}P\{X \geqslant -2\} \\ &= \frac{3}{4} \int_0^2 \lambda \mathrm{e}^{-\lambda x} \mathrm{d}x + \frac{1}{4} \int_0^{+\infty} \lambda \mathrm{e}^{-\lambda x} \mathrm{d}x = 1 - \frac{3}{4} \mathrm{e}^{-2\lambda}. \end{aligned}$$

习题

4.1 设二维连续型随机变量 (X,Y) 的概率密度为

$$f(x,y) = \begin{cases} 4xy, & 0 < x < 1, 0 < y < 1, \\ 0, & \text{其他}, \end{cases}$$

求 (X,Y) 的分布函数.

4.2 已知二维连续型随机变量 (X,Y) 的概率密度为

$$f(x,y) = \begin{cases} \mathrm{e}^{-y}, & 0 < x < y, \\ 0. & \text{其他}. \end{cases}$$

求：(1) (X,Y) 的分布函数 $F(x,y)$；

(2) $P\{X + Y \leqslant 1\}$.

4.3 袋中有 1 个红球,2 个黑球与 3 个白球.现有放回地从袋中取两次,每次取一个球.以 X,Y,Z 分别表示两次取球所取得的红球、黑球与白球的个数.

(1) 求 $P\{X=1 \mid Z=0\}$;

(2) 求二维随机变量 (X,Y) 的概率分布.

4.4 设二维随机变量 (X,Y) 的概率密度为

$$f(x,y) = Ae^{-2x^2+2xy-y^2}, -\infty < x < +\infty, -\infty < y < +\infty,$$

求常数 A 及条件概率密度 $f_{Y|X}(y \mid x)$.

4.5 设二维随机变量 X,Y 相互独立,且均服从标准正态分布 $N(0,1)$,则关于 x 的方程 $x^2 + 2Xx + Y^2 = 0$ 有实根的概率为_____.

4.6 在长为 a 的线段中点的两边随机地各选取一点,求两点间的距离小于 $\dfrac{a}{3}$ 的概率.

4.7 设随机变量 X 的概率分布为 $P\{X=1\} = P\{X=2\} = \dfrac{1}{2}$.在给定 $X=i$ 的条件下,随机变量 Y 服从均匀分布 $U(0,i)(i=1,2)$.

(1) 求 Y 的分布函数 $F_Y(y)$;

(2) 求 EY.

解析

4.1 【解】由定义,(X,Y) 的分布函数

$$F(x,y) = P\{X \leqslant x, Y \leqslant y\} = \int_{-\infty}^{x} du \int_{-\infty}^{y} f(u,v)dv.$$

由于积分区域是动态区域,在其变化过程中,与正概率密度区域的公共部分有五种不同的组合形式,因此要分五种情况积分(如图 4-4),结果是分段函数,即

① 当 $x<0$ 或 $y<0$ 时,有

$$F(x,y) = P\{X \leqslant x, Y \leqslant y\} = 0;$$

② 当 $0 \leqslant x < 1, 0 \leqslant y < 1$ 时,有

$$F(x,y) = P\{X \leqslant x, Y \leqslant y\} = \int_0^x du \int_0^y 4uv dv = x^2 y^2;$$

③ 当 $0 \leqslant x < 1, y \geqslant 1$ 时,有

$$F(x,y) = P\{X \leqslant x, Y \leqslant y\} = \int_0^x du \int_0^1 4uv dv = x^2;$$

④ 当 $x \geqslant 1, 0 \leqslant y < 1$ 时,有

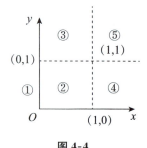

图 4-4

$$F(x,y) = P\{X \leqslant x, Y \leqslant y\} = \int_0^1 \mathrm{d}u \int_0^y 4uv\mathrm{d}v = y^2;$$

⑤ 当 $x \geqslant 1, y \geqslant 1$ 时,有

$$F(x,y) = P\{X \leqslant x, Y \leqslant y\} = \int_0^1 \mathrm{d}u \int_0^1 4uv\mathrm{d}v = 1.$$

因此 (X,Y) 的分布函数为

$$F(x,y) = \begin{cases} 0, & x < 0 \text{ 或 } y < 0, \\ x^2 y^2, & 0 \leqslant x < 1, 0 \leqslant y < 1, \\ x^2, & 0 \leqslant x < 1, y \geqslant 1, \\ y^2, & x \geqslant 1, 0 \leqslant y < 1, \\ 1, & x \geqslant 1, y \geqslant 1. \end{cases}$$

4.2 【解】(1) (X,Y) 的正概率密度区域及积分区域如图 4-5 所示,可以看到两者之间有三种组合形式.

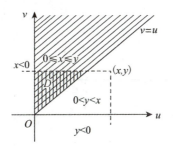

图 4-5

于是当 $x < 0$ 或 $y < 0$ 时,有

$$F(x,y) = P\{X \leqslant x, Y \leqslant y\} = 0;$$

当 $0 < y < x$ 时,积分区域为 D,如图 4-5 所示,有

$$F(x,y) = \int_{-\infty}^x \mathrm{d}u \int_{-\infty}^y f(u,v)\mathrm{d}v = \int_0^y \mathrm{d}v \int_0^v \mathrm{e}^{-v}\mathrm{d}u = 1 - \mathrm{e}^{-y} - y\mathrm{e}^{-y};$$

当 $0 \leqslant x \leqslant y$ 时,有

$$F(x,y) = \int_{-\infty}^x \mathrm{d}u \int_{-\infty}^y f(u,v)\mathrm{d}v = \int_0^x \mathrm{d}u \int_u^y \mathrm{e}^{-v}\mathrm{d}v$$

$$= \int_0^x (\mathrm{e}^{-u} - \mathrm{e}^{-y})\mathrm{d}u = 1 - \mathrm{e}^{-x} - x\mathrm{e}^{-y}.$$

因此 (X,Y) 的分布函数为

$$F(x,y) = \begin{cases} 0, & x < 0 \text{ 或 } y < 0, \\ 1 - \mathrm{e}^{-y} - y\mathrm{e}^{-y}, & 0 < y < x, \\ 1 - \mathrm{e}^{-x} - x\mathrm{e}^{-y}, & 0 \leqslant x \leqslant y. \end{cases}$$

$(2) P\{X+Y \leqslant 1\} = \int_0^{\frac{1}{2}} \mathrm{d}x \int_x^{1-x} \mathrm{e}^{-y} \mathrm{d}y = 1 - 2\mathrm{e}^{-\frac{1}{2}} + \mathrm{e}^{-1}.$

4.3 【解】$(1) P\{X=1 \mid Z=0\} = \dfrac{P\{X=1, Z=0\}}{P\{Z=0\}} = \dfrac{\mathrm{C}_2^1 \times \frac{1}{6} \times \frac{1}{3}}{\left(\frac{1}{2}\right)^2} = \dfrac{4}{9}.$

(2) 由题意知 X 与 Y 的所有可能取值均为 $0,1,2$.

$$P\{X=0, Y=0\} = \frac{3}{6} \times \frac{3}{6} = \frac{1}{4},$$

$$P\{X=0, Y=1\} = 2 \times \frac{2}{6} \times \frac{3}{6} = \frac{1}{3},$$

$$P\{X=0, Y=2\} = \left(\frac{2}{6}\right)^2 = \frac{1}{9},$$

$$P\{X=1, Y=0\} = 2 \times \frac{1}{6} \times \frac{3}{6} = \frac{1}{6},$$

$$P\{X=1, Y=1\} = 2 \times \frac{1}{6} \times \frac{2}{6} = \frac{1}{9},$$

$$P\{X=2, Y=0\} = \left(\frac{1}{6}\right)^2 = \frac{1}{36},$$

$$P\{X=1, Y=2\} = P\{X=2, Y=1\} = P\{X=2, Y=2\} = 0.$$

(X,Y) 的概率分布为

X＼Y	0	1	2
0	$\frac{1}{4}$	$\frac{1}{3}$	$\frac{1}{9}$
1	$\frac{1}{6}$	$\frac{1}{9}$	0
2	$\frac{1}{36}$	0	0

4.4 【解】因

$$f_X(x) = \int_{-\infty}^{+\infty} f(x,y) \mathrm{d}y = A \int_{-\infty}^{+\infty} \mathrm{e}^{-2x^2 + 2xy - y^2} \mathrm{d}y$$

$$= A \int_{-\infty}^{+\infty} \mathrm{e}^{-(y-x)^2 - x^2} \mathrm{d}y = A \mathrm{e}^{-x^2} \int_{-\infty}^{+\infty} \mathrm{e}^{-(y-x)^2} \mathrm{d}y \left(\int_0^{+\infty} \mathrm{e}^{-x^2} \mathrm{d}x = \frac{\sqrt{\pi}}{2}\right)$$

$$= A\sqrt{\pi} \mathrm{e}^{-x^2}, \quad -\infty < x < +\infty,$$

所以

$$1 = \int_{-\infty}^{+\infty} f_X(x) \mathrm{d}x = A\sqrt{\pi} \int_{-\infty}^{+\infty} \mathrm{e}^{-x^2} \mathrm{d}x = A\pi,$$

故 $A = \dfrac{1}{\pi}$.

当 $x \in (-\infty, +\infty)$ 时,

$$f_{Y|X}(y \mid x) = \frac{f(x,y)}{f_X(x)} = \frac{\frac{1}{\pi} \mathrm{e}^{-2x^2 + 2xy - y^2}}{\frac{1}{\sqrt{\pi}} \mathrm{e}^{-x^2}} = \frac{1}{\sqrt{\pi}} \mathrm{e}^{-x^2 + 2xy - y^2} = \frac{1}{\sqrt{\pi}} \mathrm{e}^{-(x-y)^2}, \quad -\infty < y < +\infty.$$

4.5 【解】应填 $\frac{1}{2}$.

因为 X,Y 相互独立,且均服从标准正态分布 $N(0,1)$,所以 (X,Y) 的概率密度为二维标准正态分布概率密度,方程 $x^2+2Xx+Y^2=0$ 有实根的充分必要条件是 $4X^2 \geqslant 4Y^2$,即 $|X| \geqslant |Y|$,因此所求概率为

$$P\{|X| \geqslant |Y|\} = \iint\limits_{|x| \geqslant |y|} \frac{1}{2\pi} e^{-\frac{x^2+y^2}{2}} \mathrm{d}x\mathrm{d}y = \frac{1}{2}.$$

4.6 【解】记 X 为线段中点左边所取点到在端点 O 的距离,Y 为线段中点右边所取点到在端点 O 的距离,则 $X \sim U\left[0, \frac{a}{2}\right), Y \sim U\left(\frac{a}{2}, a\right]$,且 X 与 Y 相互独立,其联合概率密度为

$$f(x,y) = \begin{cases} \dfrac{4}{a^2}, & 0 \leqslant x < \dfrac{a}{2}, \dfrac{a}{2} < y \leqslant a, \\ 0, & \text{其他}. \end{cases}$$

而 $f(x,y)$ 的非零区域与 $|x-y| < \dfrac{a}{3}$ 的交集如图 4-6 阴影部分所示,因此所求概率为

$$P\left\{|X-Y| < \frac{a}{3}\right\} = \int_{\frac{a}{6}}^{\frac{a}{2}} \mathrm{d}x \int_{\frac{a}{2}}^{\frac{a}{3}+x} \frac{4}{a^2} \mathrm{d}y = \frac{2}{9}.$$

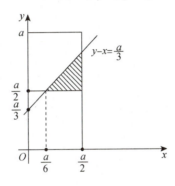

图 4-6

4.7 【解】(1) $F_Y(y) = P\{Y \leqslant y\} = P\{X=1\}P\{Y \leqslant y \mid X=1\} + P\{X=2\}P\{Y \leqslant y \mid X=2\}$

$$= \frac{1}{2}P\{Y \leqslant y \mid X=1\} + \frac{1}{2}P\{Y \leqslant y \mid X=2\}.$$

当 $y < 0$ 时,$F_Y(y) = 0$;

当 $0 \leqslant y < 1$ 时,$F_Y(y) = \dfrac{3y}{4}$;

当 $1 \leqslant y < 2$ 时,$F_Y(y) = \dfrac{1}{2} + \dfrac{y}{4}$;

当 $y \geqslant 2$ 时,$F_Y(y) = 1$.

所以 Y 的分布函数为

$$F_Y(y) = \begin{cases} 0, & y < 0, \\ \dfrac{3y}{4}, & 0 \leqslant y < 1, \\ \dfrac{1}{2} + \dfrac{y}{4}, & 1 \leqslant y < 2, \\ 1, & y \geqslant 2. \end{cases}$$

（2）随机变量 Y 的概率密度为

$$f_Y(y) = F'_Y(y) = \begin{cases} \dfrac{3}{4}, & 0 < y < 1, \\[2mm] \dfrac{1}{4}, & 1 < y < 2, \\[2mm] 0, & \text{其他.} \end{cases}$$

则

$$EY = \int_{-\infty}^{+\infty} y f_Y(y) \mathrm{d}y = \int_0^1 \frac{3}{4} y \mathrm{d}y + \int_1^2 \frac{1}{4} y \mathrm{d}y = \frac{3}{4}.$$

第5讲 多维随机变量函数的分布

知识结构

多维 → 一维

（离散型,离散型）→ 离散型

$(X,Y) \sim p_{ij}, Z = g(X,Y) \Rightarrow Z$ 的分布律

$X \sim p_k, Y \sim q_k,$ $\begin{cases} Z = X+Y \\ Z = XY \\ Z = \max\{X,Y\} \\ Z = \min\{X,Y\} \end{cases}$ Z 的分布律

（连续型,连续型）→ 连续型

分布函数法 — $F_Z(z) = P\{g(X,Y) \leqslant z\} = \iint\limits_{g(x,y)\leqslant z} f(x,y)\mathrm{d}x\mathrm{d}y$

卷积公式法

$Z = X+Y \Rightarrow f_Z(z) = \int_{-\infty}^{+\infty} f(x,z-x)\mathrm{d}x$

$= \int_{-\infty}^{+\infty} f(z-y,y)\mathrm{d}y$

$\xrightarrow{\text{独立}} \int_{-\infty}^{+\infty} f_X(x)f_Y(z-x)\mathrm{d}x$

$= \int_{-\infty}^{+\infty} f_X(z-y)f_Y(y)\mathrm{d}y$

$Z = X-Y \Rightarrow f_Z(z) = \int_{-\infty}^{+\infty} f(x,x-z)\mathrm{d}x$

$= \int_{-\infty}^{+\infty} f(y+z,y)\mathrm{d}y$

$\xrightarrow{\text{独立}} \int_{-\infty}^{+\infty} f_X(x)f_Y(x-z)\mathrm{d}x$

$= \int_{-\infty}^{+\infty} f_X(y+z)f_Y(y)\mathrm{d}y$

$Z = XY \Rightarrow f_Z(z) = \int_{-\infty}^{+\infty} \frac{1}{|x|} f\left(x,\frac{z}{x}\right)\mathrm{d}x$

$= \int_{-\infty}^{+\infty} \frac{1}{|y|} f\left(\frac{z}{y},y\right)\mathrm{d}y$

$\xrightarrow{\text{独立}} \int_{-\infty}^{+\infty} \frac{1}{|x|} f_X(x)f_Y\left(\frac{z}{x}\right)\mathrm{d}x$

$= \int_{-\infty}^{+\infty} \frac{1}{|y|} f_X\left(\frac{z}{y}\right)f_Y(y)\mathrm{d}y$

$Z = \dfrac{X}{Y} \Rightarrow f_Z(z) = \int_{-\infty}^{+\infty} |y| f(yz,y)\mathrm{d}y$

$\xrightarrow{\text{独立}} \int_{-\infty}^{+\infty} |y| f_X(yz)f_Y(y)\mathrm{d}y$

最值分布 $\begin{array}{l} P\{\max\{X,Y\} \leqslant z\} = P\{X \leqslant z, Y \leqslant z\} = F(z,z) \\ P\{\min\{X,Y\} \leqslant z\} = F_X(z) + F_Y(z) - F(z,z) \end{array}$

（离散型,连续型）→ 连续型 — $X \sim p_i, Y \sim f_Y(y), Z = g(X,Y)$

$$离散型 \to (离散型,离散型) - X \sim p_i, \begin{cases} U = g(X), \\ V = h(X) \end{cases} \Rightarrow (U,V) \sim q_{ij}$$

一维 → 多维

$$连续型 \to (离散型,离散型) - X \sim f(x), \begin{cases} U = g(X), \\ V = h(X) \end{cases} \Rightarrow (U,V) \sim p_{ij}$$

$$(离散型,离散型) \to (离散型,离散型) - (X,Y) \sim p_{ij}, \begin{cases} U = g(X,Y), \\ V = h(X,Y) \end{cases} \Rightarrow (U,V) \sim q_{ij}$$

多维 → 多维

$$(连续型,连续型) \to (离散型,离散型) - (X,Y) \sim f(x,y), \begin{cases} U = g(X,Y), \\ V = h(X,Y) \end{cases} \Rightarrow (U,V) \sim p_{ij}$$

$$(离散型,连续型) \to (离散型,离散型) - X \sim p_i, Y \sim f_Y(y), \begin{cases} U = g(X,Y), \\ V = h(X,Y) \end{cases} \Rightarrow (U,V) \sim q_{ij}$$

一 多维 → 一维

(1)(离散型,离散型) → 离散型.

① $(X,Y) \sim p_{ij}, Z = g(X,Y) \Rightarrow Z \sim q_i$.

② $X \sim p_k, Y \sim q_k, X,Y$ 独立且取值在某一集合,可考 $Z = X+Y, XY, \max\{X,Y\}, \min\{X,Y\}$ 等,这是重点,比如:

a. $Z = X+Y$,且 X,Y 独立并取非负整数,则

$$P\{Z=k\} = P\{X+Y=k\}$$
$$= P\{X=0\}P\{Y=k\} + P\{X=1\}P\{Y=k-1\} + \cdots + P\{X=k\}P\{Y=0\}$$
$$= p_0 q_k + p_1 q_{k-1} + \cdots + p_k q_0, k = 0,1,2,\cdots.$$

b. $Z = \max\{X,Y\}$ 且 X,Y 独立并取非负整数,则

$$P\{Z=k\} = P\{\max\{X,Y\}=k\}$$
$$= P\{X=k,Y=k\} + P\{X=k,Y=k-1\} + \cdots + P\{X=k,Y=0\} +$$
$$P\{X=k-1,Y=k\} + P\{X=k-2,Y=k\} + \cdots + P\{X=0,Y=k\}$$
$$= p_k q_k + p_k q_{k-1} + \cdots + p_k q_0 + p_{k-1} q_k + p_{k-2} q_k + \cdots + p_0 q_k, k = 0,1,2,\cdots.$$

c. $Z = \min\{X,Y\}$ 且 X,Y 独立, $0 \leqslant X,Y \leqslant l, X,Y$ 取整数时,

$$P\{Z=k\} = P\{\min\{X,Y\}=k\}$$
$$= P\{X=k,Y=k\} + P\{X=k,Y=k+1\} + \cdots + P\{X=k,Y=l\} +$$
$$P\{X=k+1,Y=k\} + P\{X=k+2,Y=k\} + \cdots + P\{X=l,Y=k\}$$
$$= p_k q_k + p_k q_{k+1} + \cdots + p_k q_l + p_{k+1} q_k + p_{k+2} q_k + \cdots + p_l q_k, k = 0,1,2,\cdots,l.$$

见例 5.1,例 5.2,例 5.9(1).

(2)(连续型,连续型) → 连续型.

① **分布函数法.**

$(X,Y) \sim f(x,y), Z = g(X,Y)$,则

$$F_Z(z) = P\{g(X,Y) \leqslant z\} = \iint\limits_{g(x,y) \leqslant z} f(x,y)\mathrm{d}x\mathrm{d}y.$$
$$f_Z(z) = F_Z'(z).$$

见例 5.3 方法一.

② **卷积公式法.**

和的分布.

设 $(X,Y) \sim f(x,y)$,则 $Z = X+Y$ 的概率密度为

$$f_Z(z) = \int_{-\infty}^{+\infty} f(x, z-x)\,\mathrm{d}x = \int_{-\infty}^{+\infty} f(z-y, y)\,\mathrm{d}y$$

$$\underset{\text{独立}}{=\!=\!=} \int_{-\infty}^{+\infty} f_X(x) f_Y(z-x)\,\mathrm{d}x = \int_{-\infty}^{+\infty} f_X(z-y) f_Y(y)\,\mathrm{d}y.$$

【注】证　按照定义，如图 5-1 所示，

$$F_Z(z) = P\{Z \leqslant z\} = P\{X+Y \leqslant z\}$$

$$= \iint\limits_{D: x+y \leqslant z} f(x,y)\,\mathrm{d}\sigma = \int_{-\infty}^{+\infty} \mathrm{d}y \int_{-\infty}^{z-y} f(x,y)\,\mathrm{d}x,$$

于是 $f_Z(z) = F_Z'(z) = \left\{ \int_{-\infty}^{+\infty} \left[\int_{-\infty}^{z-y} f(x,y)\,\mathrm{d}x \right] \mathrm{d}y \right\}_z' \overset{(*)}{=\!=\!=} \int_{-\infty}^{+\infty} \left[\int_{-\infty}^{z-y} f(x,y)\,\mathrm{d}x \right]_z' \mathrm{d}y$

$$= \int_{-\infty}^{+\infty} f(z-y, y)\,\mathrm{d}y.$$

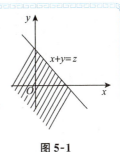

图 5-1

（＊）处将先积分再求导的运算顺序交换，成为了先求导再积分，可以证明（这里不证），这是成立的．

同理，　　　$F_Z(z) = \iint\limits_{D: x+y \leqslant z} f(x,y)\,\mathrm{d}\sigma = \int_{-\infty}^{+\infty} \mathrm{d}x \int_{-\infty}^{z-x} f(x,y)\,\mathrm{d}y,$

于是　　　$f_Z(z) = F_Z'(z) = \left\{ \int_{-\infty}^{+\infty} \left[\int_{-\infty}^{z-x} f(x,y)\,\mathrm{d}y \right] \mathrm{d}x \right\}_z' = \int_{-\infty}^{+\infty} \left[\int_{-\infty}^{z-x} f(x,y)\,\mathrm{d}y \right]_z' \mathrm{d}x$

$$= \int_{-\infty}^{+\infty} f(x, z-x)\,\mathrm{d}x.$$

差的分布.

设 $(X,Y) \sim f(x,y)$，则 $Z = X - Y$ 的概率密度为

$$f_Z(z) = \int_{-\infty}^{+\infty} f(x, x-z)\,\mathrm{d}x = \int_{-\infty}^{+\infty} f(y+z, y)\,\mathrm{d}y$$

$$\underset{\text{独立}}{=\!=\!=} \int_{-\infty}^{+\infty} f_X(x) f_Y(x-z)\,\mathrm{d}x = \int_{-\infty}^{+\infty} f_X(y+z) f_Y(y)\,\mathrm{d}y.$$

【注】证　按照定义，如图 5-2 所示，

$$F_Z(z) = P\{Z \leqslant z\} = P\{X-Y \leqslant z\} = \iint\limits_{D: x-y \leqslant z} f(x,y)\,\mathrm{d}\sigma = \int_{-\infty}^{+\infty} \mathrm{d}y \int_{-\infty}^{y+z} f(x,y)\,\mathrm{d}x,$$

于是　　　$f_Z(z) = F_Z'(z) = \left\{ \int_{-\infty}^{+\infty} \left[\int_{-\infty}^{y+z} f(x,y)\,\mathrm{d}x \right] \mathrm{d}y \right\}_z'$

$$= \int_{-\infty}^{+\infty} \left[\int_{-\infty}^{y+z} f(x,y)\,\mathrm{d}x \right]_z' \mathrm{d}y$$

$$= \int_{-\infty}^{+\infty} f(y+z, y)\,\mathrm{d}y.$$

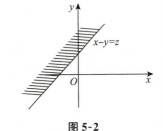

图 5-2

同理，　　$F_Z(z) = \iint\limits_{D: x-y \leqslant z} f(x,y)\,\mathrm{d}\sigma = \int_{-\infty}^{+\infty} \mathrm{d}x \int_{x-z}^{+\infty} f(x,y)\,\mathrm{d}y,$

于是

$$f_Z(z) = F_Z'(z) = \left\{ \int_{-\infty}^{+\infty} \left[\int_{x-z}^{+\infty} f(x,y)\,\mathrm{d}y \right] \mathrm{d}x \right\}_z'$$

$$= \int_{-\infty}^{+\infty} \left[\int_{x-z}^{+\infty} f(x,y)\,\mathrm{d}y \right]_z' \mathrm{d}x$$

$$= \int_{-\infty}^{+\infty} \left[-f(x, x-z) \cdot (-1) \right] \mathrm{d}x$$

$$= \int_{-\infty}^{+\infty} f(x, x-z)\,\mathrm{d}x.$$

积的分布.

设$(X,Y) \sim f(x,y)$,则$Z = XY$的概率密度为

$$f_Z(z) = \int_{-\infty}^{+\infty} \frac{1}{|x|} f\left(x, \frac{z}{x}\right) \mathrm{d}x = \int_{-\infty}^{+\infty} \frac{1}{|y|} f\left(\frac{z}{y}, y\right) \mathrm{d}y$$

$$\underline{\underline{独立}} \int_{-\infty}^{+\infty} \frac{1}{|x|} f_X(x) f_Y\left(\frac{z}{x}\right) \mathrm{d}x = \int_{-\infty}^{+\infty} \frac{1}{|y|} f_X\left(\frac{z}{y}\right) f_Y(y) \mathrm{d}y.$$

【注】证　按照定义,当$z > 0$时,如图5-3所示,

$$F_Z(z) = P\{Z \leqslant z\} = P\{XY \leqslant z\} = \iint_{D:xy \leqslant z} f(x,y) \mathrm{d}\sigma$$

$$= \int_{-\infty}^{0} \mathrm{d}x \int_{\frac{z}{x}}^{+\infty} f(x,y) \mathrm{d}y + \int_{0}^{+\infty} \mathrm{d}x \int_{-\infty}^{\frac{z}{x}} f(x,y) \mathrm{d}y,$$

于是 $f_Z(z) = F_Z'(z)$

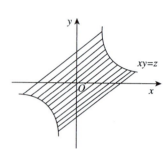

$$= \int_{-\infty}^{0} \left[\int_{\frac{z}{x}}^{+\infty} f(x,y) \mathrm{d}y\right]_z' \mathrm{d}x + \int_{0}^{+\infty} \left[\int_{-\infty}^{\frac{z}{x}} f(x,y) \mathrm{d}y\right]_z' \mathrm{d}x$$

$$= \int_{-\infty}^{0} \left[-f\left(x, \frac{z}{x}\right) \cdot \frac{1}{x}\right] \mathrm{d}x + \int_{0}^{+\infty} \left[f\left(x, \frac{z}{x}\right) \cdot \frac{1}{x}\right] \mathrm{d}x$$

图 5-3

$$= \int_{-\infty}^{+\infty} \frac{1}{|x|} f\left(x, \frac{z}{x}\right) \mathrm{d}x.$$

同理可证$z \leqslant 0$的情形及后一等号.

商的分布.

设$(X,Y) \sim f(x,y)$,则$Z = \dfrac{X}{Y}$的概率密度为

$$f_Z(z) = \int_{-\infty}^{+\infty} |y| f(yz, y) \mathrm{d}y \underline{\underline{独立}} \int_{-\infty}^{+\infty} |y| f_X(yz) f_Y(y) \mathrm{d}y.$$

【注】证　按照定义,当$z > 0$时,如图5-4所示,

$$F_Z(z) = P\{Z \leqslant z\} = P\left\{\frac{X}{Y} \leqslant z\right\} = \iint_{D:\frac{x}{y} \leqslant z} f(x,y) \mathrm{d}\sigma$$

$$= \int_{-\infty}^{0} \mathrm{d}y \int_{zy}^{+\infty} f(x,y) \mathrm{d}x + \int_{0}^{+\infty} \mathrm{d}y \int_{-\infty}^{zy} f(x,y) \mathrm{d}x,$$

于是　$f_Z(z) = F_Z'(z)$

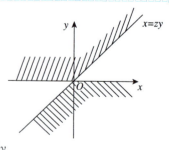

$$= \int_{-\infty}^{0} \left[\int_{zy}^{+\infty} f(x,y) \mathrm{d}x\right]_z' \mathrm{d}y + \int_{0}^{+\infty} \left[\int_{-\infty}^{zy} f(x,y) \mathrm{d}x\right]_z' \mathrm{d}y$$

$$= \int_{-\infty}^{0} \left[-f(zy, y) \cdot y\right] \mathrm{d}y + \int_{0}^{+\infty} \left[f(zy, y) \cdot y\right] \mathrm{d}y$$

图 5-4

$$= \int_{-\infty}^{+\infty} |y| f(zy, y) \mathrm{d}y.$$

同理可证$z \leqslant 0$的情形.

见例5.3方法二.

以上所述的四组公式,可用"口诀"来记忆:"积谁不换谁,换完求偏导".

如 $Z = X - Y$ 的 $f_Z(z) = \int_{-\infty}^{+\infty} f(x, x-z)\mathrm{d}x$ 中.

先用第一句:"积谁不换谁". 对 x 积分,则不换 x,写成 $f(x,\boxed{})$,换 $y = x - z$,为 $f(x, x-z)$.

再用第二句:"换完求偏导". $\dfrac{\partial(x-z)}{\partial z} = -1$,因概率密度非负,要加绝对值,即为 $|-1| = 1$. 这样便记住了公式.

若出现更一般的 $Z = aX + bY$,该当如何?见例 5.4.

③ **最值函数的分布.**

$\max\{X, Y\}$ 分布.

设 $(X, Y) \sim F(x, y)$,则 $Z = \max\{X, Y\}$ 的分布函数为

$$F_{\max}(z) = P\{\max\{X, Y\} \leqslant z\} = P\{X \leqslant z, Y \leqslant z\} = F(z, z).$$

当 X 与 Y 独立时, $\qquad F_{\max}(z) = F_X(z) \cdot F_Y(z).$

$\min\{X, Y\}$ 分布.

设 $(X, Y) \sim F(x, y)$,则 $Z = \min\{X, Y\}$ 的分布函数为

$$\begin{aligned} F_{\min}(z) &= P\{\min\{X, Y\} \leqslant z\} = P\{\{X \leqslant z\} \bigcup \{Y \leqslant z\}\} \\ &= P\{X \leqslant z\} + P\{Y \leqslant z\} - P\{X \leqslant z, Y \leqslant z\} \\ &= F_X(z) + F_Y(z) - F(z, z). \end{aligned}$$

当 X 与 Y 独立时,

$$F_{\min}(z) = F_X(z) + F_Y(z) - F_X(z)F_Y(z) = 1 - [1 - F_X(z)][1 - F_Y(z)].$$

推广到 n 个相互独立的随机变量 $X_1, X_2, \cdots, X_n$ 的情况,即

$$F_{\max}(z) = F_{X_1}(z)F_{X_2}(z)\cdots F_{X_n}(z),$$

$$F_{\min}(z) = 1 - [1 - F_{X_1}(z)][1 - F_{X_2}(z)]\cdots[1 - F_{X_n}(z)].$$

特别地,当 $X_i(i = 1, 2, \cdots, n)$ 相互独立且有相同的分布函数 $F(x)$ 与概率密度 $f(x)$ 时,

$$F_{\max}(z) = [F(z)]^n, \quad f_{\max}(z) = n[F(z)]^{n-1}f(z).$$

$$F_{\min}(z) = 1 - [1 - F(z)]^n, \quad f_{\min}(z) = n[1 - F(z)]^{n-1}f(z).$$

这些结果在数理统计部分极为重要.

见例 5.5.

(3) (离散型,连续型) → 连续型.

$X \sim p_i, Y \sim f_Y(y), Z = g(X, Y)$(常考 $X \pm Y, XY$ 等),则

① X, Y 独立时,可用分布函数法及全概率公式求 $F_Z(z)$.

② X, Y 不独立时,用分布函数法.

见例 5.6,例 5.7,例 5.9(2).

【注】常见分布的可加性.

有些相互独立且服从同类型分布的随机变量,其和的分布也是同类型的,它们分别是二项分布、泊松分布、正态分布与 χ^2 分布.

设随机变量 X 与 Y 相互独立,则:

若 $X \sim B(n,p)$,$Y \sim B(m,p)$,则 $X+Y \sim B(n+m,p)$(注意仅 p 相同时成立);

若 $X \sim P(\lambda_1)$,$Y \sim P(\lambda_2)$,则 $X+Y \sim P(\lambda_1+\lambda_2)$;

若 $X \sim N(\mu_1,\sigma_1^2)$,$Y \sim N(\mu_2,\sigma_2^2)$,则 $X+Y \sim N(\mu_1+\mu_2,\sigma_1^2+\sigma_2^2)$;

若 $X \sim \chi^2(n)$,$Y \sim \chi^2(m)$,则 $X+Y \sim \chi^2(n+m)$.

上述结果对 n 个相互独立的随机变量也成立.

二 一维 → 多维

(1) 离散型 → (离散型,离散型).

$$X \sim p_i,\ \begin{cases} U = g(X), \\ V = h(X) \end{cases} \Rightarrow (U,V) \sim q_{ij}.$$

(2) 连续型 → (离散型,离散型).

$$X \sim f(x),\ \begin{cases} U = g(X), \\ V = h(X) \end{cases} \Rightarrow (U,V) \sim p_{ij}.$$

三 多维 → 多维

(1) (离散型,离散型) → (离散型,离散型).

$$(X,Y) \sim p_{ij},\ \begin{cases} U = g(X,Y), \\ V = h(X,Y) \end{cases} \Rightarrow (U,V) \sim q_{ij}.$$

(2) (连续型,连续型) → (离散型,离散型).

$$(X,Y) \sim f(x,y),\ \begin{cases} U = g(X,Y), \\ V = h(X,Y) \end{cases} \Rightarrow (U,V) \sim p_{ij}.$$

(3) (离散型,连续型) → (离散型,离散型).

$$X \sim p_i, Y \sim f_Y(y),\ \begin{cases} U = g(X,Y), \\ V = h(X,Y) \end{cases} \Rightarrow (U,V) \sim q_{ij}.$$

见例 5.8,例 5.10.

例 5.1 袋中有编号为 1,1,2,3 的四个球,现从中无放回地取两次,每次取一个,设 X_1,X_2 分别为第一次、第二次取到的球的号码,求:

(1) (X_1,X_2) 的联合分布,并判断 X_1 与 X_2 的独立性;

(2) 随机变量 $Y = X_1 X_2$ 的分布.

【解】(1)X_1 与 X_2 可能的取值为 $1,2,3$,则

$$p_{11} = P\{X_1=1, X_2=1\} = \frac{2}{4} \times \frac{1}{3} = \frac{1}{6}, p_{12} = P\{X_1=1, X_2=2\} = \frac{2}{4} \times \frac{1}{3} = \frac{1}{6},$$

$$p_{13} = P\{X_1=1, X_2=3\} = \frac{2}{4} \times \frac{1}{3} = \frac{1}{6}, p_{21} = P\{X_1=2, X_2=1\} = \frac{1}{4} \times \frac{2}{3} = \frac{1}{6},$$

$$p_{22} = 0, p_{23} = P\{X_1=2, X_2=3\} = \frac{1}{4} \times \frac{1}{3} = \frac{1}{12},$$

$$p_{31} = P\{X_1=3, X_2=1\} = \frac{1}{4} \times \frac{2}{3} = \frac{1}{6},$$

$$p_{32} = P\{X_1=3, X_2=2\} = \frac{1}{4} \times \frac{1}{3} = \frac{1}{12}, p_{33} = 0,$$

于是 (X_1, X_2) 的联合分布为

X_1 \ X_2	1	2	3	$p_{i\cdot}$
1	$\frac{1}{6}$	$\frac{1}{6}$	$\frac{1}{6}$	$\frac{1}{2}$
2	$\frac{1}{6}$	0	$\frac{1}{12}$	$\frac{1}{4}$
3	$\frac{1}{6}$	$\frac{1}{12}$	0	$\frac{1}{4}$
$p_{\cdot j}$	$\frac{1}{2}$	$\frac{1}{4}$	$\frac{1}{4}$	1

因为 $p_{11} \neq p_{\cdot 1} \cdot p_{1\cdot}$,所以 X_1 与 X_2 不相互独立.

(2)$Y = X_1 X_2$ 的所有取值为 $1,2,3,6$,于是

$$P\{Y=1\} = p_{11} = \frac{1}{6}, P\{Y=2\} = p_{12}+p_{21} = \frac{1}{3},$$

$$P\{Y=3\} = p_{13}+p_{31} = \frac{1}{3}, P\{Y=6\} = p_{23}+p_{32} = \frac{1}{6},$$

从而有
$$Y \sim \begin{pmatrix} 1 & 2 & 3 & 6 \\ \frac{1}{6} & \frac{1}{3} & \frac{1}{3} & \frac{1}{6} \end{pmatrix}.$$

例 5.2 设 X 与 Y 是独立同分布的随机变量,均服从参数为 p 的几何分布,求 $Z = \max\{X,Y\}$ 的概率分布.

【解】由题设,有
$$P\{X=k\} = P\{Y=k\} = p(1-p)^{k-1}(k=1,2,\cdots).$$

$Z = \max\{X,Y\}$ 的所有取值为 $1,2,\cdots$,且事件

$$\{Z=k\} = \{X=1, Y=k\} \bigcup \{X=2, Y=k\} \bigcup \cdots \bigcup \{X=k, Y=k\} \bigcup$$

$$\{X=k, Y=1\} \bigcup \{X=k, Y=2\} \bigcup \cdots \bigcup \{X=k, Y=k-1\}(k=1,2,\cdots).$$

由 X 与 Y 相互独立,得

$$P\{Z=k\} = P\{X=1\}P\{Y=k\} + P\{X=2\}P\{Y=k\} + \cdots + P\{X=k\}P\{Y=k\} +$$

$$P\{X=k\}P\{Y=1\} + P\{X=k\}P\{Y=2\} + \cdots + P\{X=k\}P\{Y=k-1\}$$

$$= pq^{k-1}(p+pq+\cdots+pq^{k-1}) + pq^{k-1}(p+pq+\cdots+pq^{k-2})$$

$$= p^2 q^{k-1} \left(\frac{1-q^k}{1-q} + \frac{1-q^{k-1}}{1-q} \right)$$

$$= pq^{k-1}(2-q^k-q^{k-1})(q=1-p;k=1,2,\cdots).$$

例 5.3 设二维随机变量 (X,Y) 在矩形区域 $D = \{(x,y) \mid 0 \leqslant x \leqslant 2, 0 \leqslant y \leqslant 1\}$ 上服从均匀分布,求边长为 X 和 Y 的矩形面积 Z 的概率密度.

【解】 由题设 $Z = XY$,(X,Y) 的概率密度为

$$f(x,y) = \begin{cases} \dfrac{1}{2}, & 0 \leqslant x \leqslant 2, 0 \leqslant y \leqslant 1, \\ 0, & \text{其他.} \end{cases}$$

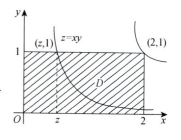

图 5-5

方法一 分布函数法.

正概率密度区域 D 与所求概率 $F_Z(z) = P\{XY \leqslant z\}$ 的积分区域的公共部分有三种不同的组合形式(如图 5-5),于是:

当 $z \leqslant 0$ 时,$F_Z(z) = 0$;

当 $0 < z < 2$ 时,

$$F_Z(z) = \int_0^z \mathrm{d}x \int_0^1 \frac{1}{2}\mathrm{d}y + \int_z^2 \mathrm{d}x \int_0^{\frac{z}{x}} \frac{1}{2}\mathrm{d}y$$

$$= \frac{1}{2}z(1-\ln z + \ln 2);$$

当 $z \geqslant 2$ 时,$F_Z(z) = 1$.

因此 $Z = XY$ 的概率密度为

$$f_Z(z) = \begin{cases} \dfrac{1}{2}(\ln 2 - \ln z), & 0 < z < 2, \\ 0, & \text{其他.} \end{cases}$$

方法二 卷积公式法.

用公式 $f_Z(z) = \displaystyle\int_{-\infty}^{+\infty} \frac{1}{|x|} f\left(x, \frac{z}{x}\right)\mathrm{d}x, 0 < z < x \leqslant 2$.

当 $z \leqslant 0$ 或 $z \geqslant 2$ 时,$f_Z(z) = 0$;

当 $0 < z < 2$ 时,$f_Z(z) = \dfrac{1}{2}\displaystyle\int_z^2 \frac{1}{x}\mathrm{d}x = \dfrac{1}{2}(\ln 2 - \ln z).$

因此 $Z = XY$ 的概率密度为

$$f_Z(z) = \begin{cases} \dfrac{1}{2}(\ln 2 - \ln z), & 0 < z < 2, \\ 0, & \text{其他.} \end{cases}$$

例 5.4 设随机变量 X,Y 相互独立,且 X 的概率密度为 $f_X(x) = \begin{cases} 1, & 0 < x < 1, \\ 0, & \text{其他,} \end{cases}$ Y 的概率密度为 $f_Y(y) = \begin{cases} \mathrm{e}^{ay}, & y > 0, \\ 0, & \text{其他.} \end{cases}$

(1)求 a 的值;

(2)若 $Z = 2X + aY$,求 Z 的概率密度.

【解】(1)由 $\displaystyle\int_{-\infty}^{+\infty} f_Y(y)\mathrm{d}y = 1$,故 $a \neq 0$,且

$$\int_0^{+\infty} e^{ay} dy = \frac{1}{a} e^{ay} \Big|_0^{+\infty} = \lim_{y \to +\infty} \left(\frac{1}{a} e^{ay} - \frac{1}{a} \right) = 1,$$

若成立,必有 $\lim\limits_{y \to +\infty} \dfrac{1}{a} e^{ay} = 0$,故解得 $a = -1$.

(2) 由(1)知,$Z = 2X - Y$,且 X, Y 独立,故

$$f_Z(z) \xlongequal{(*)} \int_{-\infty}^{+\infty} f_X(x) f_Y(2x - z) dx,$$

积分区域为 $\begin{cases} 0 < x < 1, \\ 2x - z > 0, \end{cases}$ 即 $\begin{cases} 0 < x < 1, \\ 2x > z, \end{cases}$ 如图 5-6 所示. 于是

$$f_Z(z) = \begin{cases} \displaystyle\int_0^1 e^{-(2x-z)} dx, & z < 0, \\ \displaystyle\int_{\frac{z}{2}}^1 e^{-(2x-z)} dx, & 0 \leqslant z < 2, \\ 0, & \text{其他} \end{cases}$$

$$= \begin{cases} \dfrac{1}{2}(1 - e^{-2}) e^z, & z < 0, \\ \dfrac{1}{2}(1 - e^{z-2}), & 0 \leqslant z < 2, \\ 0, & \text{其他}. \end{cases}$$

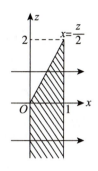

图 5-6

【注】(1)($*$)处来自如下公式.设 $(X, Y) \sim f(x, y)$,则 $Z = aX + bY (ab \neq 0)$ 的概率密度为

$$f_Z(z) = \frac{1}{|a|} \int_{-\infty}^{+\infty} f\left(\frac{z - by}{a}, y \right) dy = \frac{1}{|b|} \int_{-\infty}^{+\infty} f\left(x, \frac{z - ax}{b} \right) dx.$$

进一步地,若 X, Y 相互独立,且 $X \sim f_X(x)$,$Y \sim f_Y(y)$,则

$$f_Z(z) = \frac{1}{|a|} \int_{-\infty}^{+\infty} f_X\left(\frac{z - by}{a} \right) f_Y(y) dy = \frac{1}{|b|} \int_{-\infty}^{+\infty} f_X(x) f_Y\left(\frac{z - ax}{b} \right) dx.$$

这些公式依然符合我们所讲的"口诀":"积谁不换谁,换完求偏导".

如 $f_Z(z) = \dfrac{1}{|a|} \displaystyle\int_{-\infty}^{+\infty} f\left(\frac{z - by}{a}, y \right) dy$ 中.

先用第一句:"积谁不换谁".对 y 积分,则不换 y,写成 $f(\boxed{}, y)$,换 $x = \dfrac{z - by}{a}$,为 $f\left(\dfrac{z - by}{a}, y \right)$.

再用第二句:"换完求偏导".$\dfrac{\partial \left(\dfrac{z - by}{a} \right)}{\partial z} = \dfrac{1}{a}$,因概率密度非负,要加绝对值,即为 $\dfrac{1}{|a|}$.这样便记住了公式.

(2) 考生亦可用分布函数法求 Z 的概率密度,一是检查答案的正确性,二是比较两种方法的繁简. 利用分布函数法.

由题意可知:X 与 Y 的联合概率密度为

$$f(x, y) = \begin{cases} e^{-y}, & 0 < x < 1, y > 0, \\ 0, & \text{其他}. \end{cases}$$

由 $Z = 2X - Y$ 的分布函数 $F_Z(z) = \displaystyle\iint\limits_{2x - y \leqslant z} f(x, y) dx dy$,可知,

当 $z < 0$ 时，$F_Z(z) = \displaystyle\int_0^1 \mathrm{d}x \int_{2x-z}^{+\infty} \mathrm{e}^{-y}\mathrm{d}y = \frac{1}{2}(1-\mathrm{e}^{-2})\mathrm{e}^z$；

当 $0 \leqslant z < 2$ 时，$\qquad F_Z(z) = \displaystyle\int_0^{\frac{z}{2}} \mathrm{d}x \int_0^{+\infty} \mathrm{e}^{-y}\mathrm{d}y + \int_{\frac{z}{2}}^1 \mathrm{d}x \int_{2x-z}^{+\infty} \mathrm{e}^{-y}\mathrm{d}y$

$$= \frac{z}{2} + \frac{1}{2} - \frac{1}{2}\mathrm{e}^{z-2};$$

当 $z \geqslant 2$ 时，$F_Z(z) = 1$.

故 $Z = 2X - Y$ 的概率密度为

$$f_Z(z) = \begin{cases} \dfrac{1}{2}(1-\mathrm{e}^{-2})\mathrm{e}^z, & z < 0, \\[2mm] \dfrac{1}{2}(1-\mathrm{e}^{z-2}), & 0 \leqslant z < 2, \\[2mm] 0, & \text{其他.} \end{cases}$$

例 5.5 设二维随机变量 (X,Y) 的联合概率密度

$$f(x,y) = \begin{cases} 6\mathrm{e}^{-2x-3y}, & x > 0, y > 0, \\ 0, & \text{其他.} \end{cases}$$

令 $Z = \max\{X, Y\}$. 求 Z 的分布函数.

【解】 因为 $\qquad f(x,y) = \begin{cases} 6\mathrm{e}^{-2x-3y}, & x > 0, y > 0, \\ 0, & \text{其他,} \end{cases}$

故当 $x > 0, y > 0$ 时，

$$f_X(x) = \int_{-\infty}^{+\infty} f(x,y)\mathrm{d}y = \int_0^{+\infty} 6\mathrm{e}^{-2x-3y}\mathrm{d}y = 2\mathrm{e}^{-2x},$$

$$f_Y(y) = \int_{-\infty}^{+\infty} f(x,y)\mathrm{d}x = \int_0^{+\infty} 6\mathrm{e}^{-2x-3y}\mathrm{d}x = 3\mathrm{e}^{-3y},$$

从而

$$f_X(x) = \begin{cases} 2\mathrm{e}^{-2x}, & x > 0, \\ 0, & \text{其他,} \end{cases} \qquad f_Y(y) = \begin{cases} 3\mathrm{e}^{-3y}, & y > 0, \\ 0, & \text{其他.} \end{cases}$$

由此可见，X, Y 相互独立，且分别服从参数为 2 和 3 的指数分布.

X, Y 的分布函数分别为

$$F_X(x) = \begin{cases} 1-\mathrm{e}^{-2x}, & x \geqslant 0, \\ 0, & x < 0, \end{cases} \qquad F_Y(y) = \begin{cases} 1-\mathrm{e}^{-3y}, & y \geqslant 0, \\ 0, & y < 0. \end{cases}$$

因为 $Z = \max\{X, Y\}$，显然当 $z < 0$ 时，$F_Z(z) = 0$；

当 $z \geqslant 0$ 时，

$$F_Z(z) = P\{\max\{X,Y\} \leqslant z\} = P\{X \leqslant z, Y \leqslant z\}$$

$$= F_X(z) \cdot F_Y(z) = (1-\mathrm{e}^{-2z})(1-\mathrm{e}^{-3z}).$$

所以 $\qquad F_Z(z) = \begin{cases} (1-\mathrm{e}^{-2z})(1-\mathrm{e}^{-3z}), & z \geqslant 0, \\ 0, & z < 0. \end{cases}$

例 5.6 设随机变量 X 与 Y 相互独立, X 服从参数为 λ 的指数分布, Y 的分布律为

$$P\{Y=1\}=P\{Y=-1\}=\frac{1}{2},$$

则 $X+Y$ 的分布函数是( ).

(A) 连续函数　　　　　　　　　　(B) 恰有一个间断点的阶梯函数

(C) 恰有一个间断点的非阶梯函数　　(D) 至少有两个间断点的阶梯函数

【解】 应选 (A).

作为选择题,通过计算 $X+Y$ 的分布函数,从而确定正确选项,并非是命题者的本意,况且计算 $X+Y$ 的分布也比较费事. 题目的最终目的是问分布函数间断点的个数,为此,根据"随机变量 ξ 的分布函数 $F(x)$ 在点 $x=a$ 间断的充要条件是 $P\{\xi=a\}=F(a)-F(a-0)>0$",即可求出正确选项. 事实上,由题设可知,对任意的实数 a, $P\{X=a\}=0$,所以

$$
\begin{aligned}
&P\{X+Y=a\}\\
=&P\{X+Y=a,Y=1\}+P\{X+Y=a,Y=-1\}\\
=&P\{X=a-1,Y=1\}+P\{X=a+1,Y=-1\}\\
\leqslant&P\{X=a-1\}+P\{X=a+1\}=0,
\end{aligned}
$$

故 $X+Y$ 的分布函数是连续函数,因此选 (A).

【注】 上述解题过程并没有用到 X 与 Y 相互独立的条件,而是用到概率的单调性.

独立性条件是为计算 $X+Y$ 的分布函数而设置的,下面通过计算 $X+Y$ 的分布函数来确定正确选项. 由题设知 $X \sim E(\lambda)$,故其分布函数为 $F(x)=\begin{cases}0, & x<0,\\ 1-\mathrm{e}^{-\lambda x}, & x\geqslant 0.\end{cases}$ 由全概率公式、独立性条件及 $F(x)$,可以求出 $X+Y$ 的分布函数:

$$
\begin{aligned}
&P\{X+Y\leqslant t\}\\
=&P\{X+Y\leqslant t,Y=1\}+P\{X+Y\leqslant t,Y=-1\}\\
=&P\{X\leqslant t-1,Y=1\}+P\{X\leqslant t+1,Y=-1\}\\
=&P\{Y=1\}P\{X\leqslant t-1\}+P\{Y=-1\}P\{X\leqslant t+1\}\\
=&\frac{1}{2}F(t-1)+\frac{1}{2}F(t+1)\\
=&\begin{cases}0, & t<-1,\\ \dfrac{1}{2}-\dfrac{1}{2}\mathrm{e}^{-\lambda(t+1)}, & -1\leqslant t<1,\\ 1-\dfrac{1}{2}(\mathrm{e}^{-\lambda}+\mathrm{e}^{\lambda})\mathrm{e}^{-\lambda t}, & t\geqslant 1.\end{cases}
\end{aligned}
$$

由此可知 $X+Y$ 的分布函数为连续函数,因此选 (A). 其实由 $F(x)$ 是 x 的连续函数,即可判断 $\frac{1}{2}F(t-1)+\frac{1}{2}F(t+1)$ 是连续函数,无需计算出最后的结果.

例5.7 设二维随机变量 (X,Y) 在区域 $D = \{(x,y) \mid 0 < x < 1, x^2 < y < \sqrt{x}\}$ 上服从均匀分布,令 $U = \begin{cases} 1, & X \leqslant Y, \\ 0, & X > Y. \end{cases}$

(1) 写出 (X,Y) 的概率密度;

(2) 问 U 与 X 是否相互独立?并说明理由;

(3) 求 $Z = U + X$ 的分布函数 $F_Z(z)$.

【解】(1) (X,Y) 的概率密度为 $f(x,y) = \begin{cases} 3, & (x,y) \in D, \\ 0, & 其他. \end{cases}$

(2) 对于 $0 < t < 1, P\{U \leqslant 0, X \leqslant t\} = P\{X > Y, X \leqslant t\} = \int_0^t dx \int_{x^2}^x 3dy = \frac{3}{2}t^2 - t^3,$

$$P\{U \leqslant 0\} = P\{X > Y\} = \frac{1}{2}, P\{X \leqslant t\} = \int_0^t dx \int_{x^2}^{\sqrt{x}} 3dy = 2t^{\frac{3}{2}} - t^3.$$

由于 $P\{U \leqslant 0, X \leqslant t\} \neq P\{U \leqslant 0\}P\{X \leqslant t\}$,所以 U 与 X 不相互独立.

(3) 当 $z < 0$ 时,$F_Z(z) = 0$;

当 $0 \leqslant z < 1$ 时,$F_Z(z) = P\{Z \leqslant z\} = P\{U + X \leqslant z\}$

$$= P\{U = 0, X \leqslant z\} = P\{X > Y, X \leqslant z\} = \frac{3}{2}z^2 - z^3;$$

当 $1 \leqslant z < 2$ 时,$F_Z(z) = P\{U + X \leqslant z\} = P\{U = 0, X \leqslant z\} + P\{U = 1, X \leqslant z - 1\}$

$$= \int_0^1 dx \int_{x^2}^x 3dy + \int_0^{z-1} dx \int_x^{\sqrt{x}} 3dy$$

$$= \frac{1}{2} + 2(z-1)^{\frac{3}{2}} - \frac{3}{2}(z-1)^2;$$

当 $z \geqslant 2$ 时,$F_Z(z) = P\{U + X \leqslant z\} = 1.$

所以 $F_Z(z) = \begin{cases} 0, & z < 0, \\ \frac{3}{2}z^2 - z^3, & 0 \leqslant z < 1, \\ \frac{1}{2} + 2(z-1)^{\frac{3}{2}} - \frac{3}{2}(z-1)^2, & 1 \leqslant z < 2, \\ 1, & z \geqslant 2. \end{cases}$

例5.8 已知随机变量 X 与 Y 相互独立,$X \sim \begin{pmatrix} 0 & 1 \\ \frac{1}{4} & \frac{3}{4} \end{pmatrix}$,$Y$ 服从参数为1的指数分布,记

$$U = \begin{cases} 0, & X < Y, \\ 1, & X \geqslant Y, \end{cases} \quad V = \begin{cases} 0, & X < 2Y, \\ 1, & X \geqslant 2Y, \end{cases}$$

求 (U,V) 的联合分布.

【解】(U,V) 是离散型随机变量,X 是离散型的,X 与 Y 相互独立,故由全概率公式得 U,V 的分布:

$$P\{U = 0\} = P\{X < Y\} = P\{X < Y, X = 0\} + P\{X < Y, X = 1\}$$

$$= P\{Y > 0, X = 0\} + P\{Y > 1, X = 1\}$$

$$= P\{X=0\}P\{Y>0\} + P\{X=1\}P\{Y>1\}$$

$$= \frac{1}{4} + \frac{3}{4}\int_{1}^{+\infty} e^{-y}dy = \frac{1}{4} + \frac{3}{4}e^{-1},$$

$$P\{U=1\} = 1 - P\{U=0\} = \frac{3}{4} - \frac{3}{4}e^{-1},$$

$$P\{V=0\} = P\{X<2Y\} = P\{X<2Y,X=0\} + P\{X<2Y,X=1\}$$

$$= P\{Y>0,X=0\} + P\left\{Y>\frac{1}{2},X=1\right\}$$

$$= P\{X=0\}P\{Y>0\} + P\{X=1\}P\left\{Y>\frac{1}{2}\right\}$$

$$= \frac{1}{4} + \frac{3}{4}\int_{\frac{1}{2}}^{+\infty} e^{-y}dy = \frac{1}{4} + \frac{3}{4}e^{-\frac{1}{2}},$$

$$P\{V=1\} = 1 - P\{V=0\} = \frac{3}{4} - \frac{3}{4}e^{-\frac{1}{2}}.$$

又 $P\{U=0,V=1\} = P\{X<Y,X\geqslant 2Y\} = 0$,所以 (U,V) 的联合分布为

V \ U	0	1	$p_{\cdot j}$
0	$\frac{1}{4} + \frac{3}{4}e^{-1}$	$\frac{3}{4}e^{-\frac{1}{2}} - \frac{3}{4}e^{-1}$	$\frac{1}{4} + \frac{3}{4}e^{-\frac{1}{2}}$
1	0	$\frac{3}{4} - \frac{3}{4}e^{-\frac{1}{2}}$	$\frac{3}{4} - \frac{3}{4}e^{-\frac{1}{2}}$
$p_{i\cdot}$	$\frac{1}{4} + \frac{3}{4}e^{-1}$	$\frac{3}{4} - \frac{3}{4}e^{-1}$	1

例 5.9 设随机变量 X 与 Y 相互独立,且

$$Y \sim \begin{pmatrix} -1 & 1 \\ \frac{1}{4} & \frac{3}{4} \end{pmatrix}.$$

(1) 如果 X 服从参数为 λ 的泊松分布,求 $Z = XY$ 的概率分布;

(2) 如果 X 服从标准正态分布,求 $Z = XY$ 的概率密度.

【解】 (1) 已知 $P\{X=k\} = \frac{\lambda^k}{k!}e^{-\lambda}(k=0,1,\cdots)$,$Y$ 可能取值为 $-1,1$,X 与 Y 相互独立,故 $Z=XY$ 可能取值为 $0,\pm 1,\pm 2,\cdots,\pm k,\cdots$,其概率分布为

$$P\{Z=XY=0\} = P\{X=0\} = e^{-\lambda},$$

$$P\{XY=k\} = P\{X=k,Y=1\} = P\{X=k\}P\{Y=1\} = \frac{3}{4}\frac{\lambda^k}{k!}e^{-\lambda}, k=1,2,3,\cdots,$$

$$P\{XY=-k\} = P\{X=k\}P\{Y=-1\} = \frac{1}{4}\frac{\lambda^k}{k!}e^{-\lambda}, k=1,2,3,\cdots.$$

(2) 因为 $Y \sim \begin{pmatrix} -1 & 1 \\ \frac{1}{4} & \frac{3}{4} \end{pmatrix}$,$X \sim N(0,1)$,且 X 与 Y 相互独立,所以 $Z=XY$ 的分布函数为

$$F_Z(z) = P\{XY \leqslant z, Y = -1\} + P\{XY \leqslant z, Y = 1\}$$
$$= P\{-X \leqslant z, Y = -1\} + P\{X \leqslant z, Y = 1\}$$
$$= P\{Y = -1\}P\{X \geqslant -z\} + P\{Y = 1\}P\{X \leqslant z\}$$
$$= \frac{1}{4}(1 - P\{X < -z\}) + \frac{3}{4}P\{X \leqslant z\}$$
$$= \frac{1}{4}[1 - \Phi(-z)] + \frac{3}{4}\Phi(z) = \frac{1}{4}\Phi(z) + \frac{3}{4}\Phi(z) = \Phi(z),$$

即 $Z = XY$ 服从标准正态分布，其概率密度为 $f_Z(z) = \dfrac{1}{\sqrt{2\pi}}\mathrm{e}^{-\frac{1}{2}z^2}, -\infty < z < +\infty.$

例 5.10 设随机变量 X_1, X_2, X_3 相互独立，其中 X_1 与 X_2 均服从标准正态分布，X_3 的概率分布为 $P\{X_3 = 0\} = P\{X_3 = 1\} = \dfrac{1}{2}, Y = X_3 X_1 + (1 - X_3) X_2.$

(1) 求二维随机变量 (X_1, Y) 的分布函数，结果用标准正态分布函数 $\Phi(x)$ 表示；

(2) 证明随机变量 Y 服从标准正态分布.

(1)【解】记 (X_1, Y) 的分布函数为 $F(x, y)$，则对任意实数 x 和 y，都有

$$F(x, y) = P\{X_1 \leqslant x, Y \leqslant y\}$$
$$= P\{X_1 \leqslant x, X_3 X_1 + (1 - X_3)X_2 \leqslant y\}$$
$$= P\{X_3 = 0\}P\{X_1 \leqslant x, X_3 X_1 + (1 - X_3)X_2 \leqslant y \mid X_3 = 0\} +$$
$$\quad P\{X_3 = 1\}P\{X_1 \leqslant x, X_3 X_1 + (1 - X_3)X_2 \leqslant y \mid X_3 = 1\}$$
$$= \frac{1}{2}P\{X_1 \leqslant x, X_2 \leqslant y \mid X_3 = 0\} + \frac{1}{2}P\{X_1 \leqslant x, X_1 \leqslant y \mid X_3 = 1\}$$
$$= \frac{1}{2}P\{X_1 \leqslant x, X_2 \leqslant y\} + \frac{1}{2}P\{X_1 \leqslant x, X_1 \leqslant y\}$$
$$= \frac{1}{2}\Phi(x)\Phi(y) + \frac{1}{2}\Phi(\min\{x, y\}).$$

(2)【证】由(1)知，Y 的分布函数为

$$F_Y(y) = \lim_{x \to +\infty} F(x, y)$$
$$= \lim_{x \to +\infty}\left[\frac{1}{2}\Phi(x)\Phi(y) + \frac{1}{2}\Phi(\min\{x, y\})\right]$$
$$= \frac{1}{2}\Phi(y) + \frac{1}{2}\Phi(y)$$
$$= \Phi(y),$$

所以 Y 服从标准正态分布.

习题

5.1 设随机变量 X 和 Y 相互独立，其分布函数相应为 $F_1(x)$ 和 $F_2(y)$，则随机变量 $U = \max\{X, Y\}$ 的分布函数 $F(u) = ($ 　 $).$

(A)$\max\{F_1(u),F_2(u)\}$ (B)$\min\{1-F_1(u),1-F_2(u)\}$

(C)$F_1(u)F_2(u)$ (D)$1-[1-F_1(u)][1-F_2(u)]$

5.2 设随机变量 X 与 Y 相互独立,且 X 的概率密度为 $f(x)$,

$$P\{Y=a\}=p,\ P\{Y=b\}=1-p\ (0<p<1),$$

求 $Z=X+Y$ 的概率密度 $f_Z(z)$.

5.3 设随机变量 X 与 Y 相互独立,$X\sim N(\mu,\sigma^2)$,Y 在 $[-\pi,\pi]$ 上服从均匀分布,求 $Z=X+Y$ 的概率密度.

5.4 设随机变量 X 与 Y 相互独立,且都在 $[0,1]$ 上服从均匀分布,求:

(1)$U=XY$ 的概率密度 $f_U(u)$;

(2)$V=|X-Y|$ 的概率密度 $f_V(v)$.

5.5 已知随机变量 X 与 Y 相互独立,X 在 $[0,1]$ 上服从均匀分布,Y 的分布函数为 $F_Y(y)$.

令
$$Z=\begin{cases}Y, & X\leqslant\dfrac{1}{2},\\[2mm] X, & X>\dfrac{1}{2},\end{cases}$$

求 Z 的分布函数 $F_Z(z)$.

5.6 设二维随机变量 (X,Y) 在矩形区域 $G=\{(x,y)\mid 0\leqslant x\leqslant 2,0\leqslant y\leqslant 1\}$ 上服从均匀分布,

令
$$U=\begin{cases}0, & X\leqslant Y,\\ 1, & X>Y,\end{cases}\quad V=\begin{cases}0, & X\leqslant 2Y,\\ 1, & X>2Y.\end{cases}$$

求:(1)(U,V) 的联合分布,并讨论 U 与 V 的独立性;

(2)U 与 V 的相关系数.

5.7 已知二维随机变量 (X,Y) 在矩形区域 $D=\{(x,y)\mid 1\leqslant x\leqslant 2,0\leqslant y\leqslant 2\}$ 上服从均匀分布,求:

(1)$P\{X\geqslant 1,Y\geqslant 1\}$;

(2)$P\{X\geqslant 1\mid Y\geqslant 1\}$;

(3)$Z=\max\{X,Y\}$ 的概率密度.

5.8 设随机变量 X,Y 相互独立,且 X 的概率分布为 $P\{X=0\}=P\{X=2\}=\dfrac{1}{2}$,$Y$ 的概率密度为

$$f(y)=\begin{cases}2y, & 0<y<1,\\ 0, & \text{其他}.\end{cases}$$

(1) 求 $P\{Y\leqslant EY\}$;

(2) 求 $Z=X+Y$ 的概率密度.

5.9 设二维随机变量 (X,Y) 的概率密度为

$$f(x,y)=\begin{cases}\dfrac{1}{2}, & -1\leqslant x\leqslant 1,0\leqslant y\leqslant 1,\\[2mm] 0, & \text{其他}.\end{cases}$$

求：(1)$Z = |X| + Y$ 的概率密度 $f_Z(z)$；

(2)EZ.

5.10 已知一台仪器有两个元件，每个元件工作状态是相互独立的，且使用寿命分别服从参数为 $\lambda_i (i = 1,2)$ 的指数分布，按下面三种情况分别求出仪器使用寿命 X 的分布函数 $F(x)$.

(1)(串联系统) 两个元件同时工作，只要一个元件损坏，仪器便停止工作；

(2)(并联系统) 两个元件同时工作，当两个元件全都损坏时，仪器才停止工作；

(3)(冗余系统) 首先由一个元件工作，当其损坏时另一个元件立即接替工作，直至损坏，仪器才停止工作.

解析

5.1 【解】应选(C).

由分布函数的定义以及 X 和 Y 的独立性，知随机变量 $U = \max\{X, Y\}$ 的分布函数为

$$F(u) = P\{U \leqslant u\} = P\{\max\{X, Y\} \leqslant u\} = P\{X \leqslant u, Y \leqslant u\}$$
$$= P\{X \leqslant u\}P\{Y \leqslant u\} = F_1(u)F_2(u),$$

故选(C).

5.2 【解】$F_Z(z) = P\{X + Y \leqslant z\} = P\{X + Y \leqslant z, Y = a\} + P\{X + Y \leqslant z, Y = b\}$
$$= P\{X \leqslant z - a, Y = a\} + P\{X \leqslant z - b, Y = b\}$$
$$= P\{Y = a\}P\{X \leqslant z - a\} + P\{Y = b\}P\{X \leqslant z - b\}$$
$$= p\int_{-\infty}^{z-a} f(x)\mathrm{d}x + (1-p)\int_{-\infty}^{z-b} f(x)\mathrm{d}x,$$
$$f_Z(z) = F_Z'(z) = pf(z-a) + (1-p)f(z-b).$$

5.3 【解】应用卷积公式求独立随机变量和的概率密度.

已知 $X \sim f_X(x) = \dfrac{1}{\sqrt{2\pi}\sigma}\exp\left\{-\dfrac{1}{2}\left(\dfrac{x-\mu}{\sigma}\right)^2\right\}$，$Y \sim f_Y(y) = \begin{cases} \dfrac{1}{2\pi}, & -\pi \leqslant y \leqslant \pi, \\ 0, & \text{其他}, \end{cases}$ 由卷积公式知，

$Z = X + Y$ 的概率密度为

$$f_Z(z) = \int_{-\infty}^{+\infty} f_X(z-y)f_Y(y)\mathrm{d}y = \int_{-\pi}^{\pi} f_X(z-y)\frac{1}{2\pi}\mathrm{d}y$$

$$= \frac{1}{2\pi}\int_{-\pi}^{\pi} \frac{1}{\sqrt{2\pi}\sigma}\exp\left\{-\frac{1}{2}\left(\frac{z-y-\mu}{\sigma}\right)^2\right\}\mathrm{d}y$$

$$\xrightarrow{\diamondsuit \frac{z-y-\mu}{\sigma} = t} \frac{1}{2\pi\sqrt{2\pi}}\int_{\frac{z-\pi-\mu}{\sigma}}^{\frac{z+\pi-\mu}{\sigma}} e^{-\frac{1}{2}t^2}\mathrm{d}t$$

$$= \frac{1}{2\pi}\left[\Phi\left(\frac{z+\pi-\mu}{\sigma}\right) - \Phi\left(\frac{z-\pi-\mu}{\sigma}\right)\right].$$

5.4 【解】(1) 已知 $\quad X \sim f_X(x) = \begin{cases} 1, & 0 \leqslant x \leqslant 1, \\ 0, & \text{其他}, \end{cases}$

$$Y \sim f_Y(y) = \begin{cases} 1, & 0 \leqslant y \leqslant 1, \\ 0, & \text{其他}, \end{cases}$$

因 X 与 Y 相互独立,由卷积公式得

$$f_U(u) = \int_{-\infty}^{+\infty} \frac{1}{|x|} f_X(x) f_Y\left(\frac{u}{x}\right) dx = \int_0^1 \frac{1}{x} f_Y\left(\frac{u}{x}\right) dx.$$

由 $f_Y(y)$ 表达式知,$0 < \frac{u}{x} < 1$,即 $0 < u < x < 1$,$f_Y\left(\frac{u}{x}\right) > 0$,否则 $f_Y\left(\frac{u}{x}\right) = 0$,故当 $0 < u < 1$ 时,

令 $\frac{u}{x} = t$,则

$$f_U(u) = \int_{+\infty}^u \frac{t}{u} f_Y(t)\left(-\frac{u}{t^2}\right) dt = \int_u^{+\infty} \frac{1}{t} f_Y(t) dt = \int_u^1 \frac{1}{t} dt = -\ln u,$$

所以

$$f_U(u) = \begin{cases} -\ln u, & 0 < u < 1, \\ 0, & \text{其他}. \end{cases}$$

(2) 由题设知

$$(X,Y) \sim f(x,y) = \begin{cases} 1, & 0 \leqslant x \leqslant 1, 0 \leqslant y \leqslant 1, \\ 0, & \text{其他}, \end{cases}$$

所以 $V = |X-Y|$ 的分布函数 $F_V(v) = P\{|X-Y| \leqslant v\}$.

当 $v < 0$ 时,$F_V(v) = 0$;

当 $v \geqslant 0$ 时,

$$F_V(v) = P\{|X-Y| \leqslant v\} = P\{-v \leqslant X-Y \leqslant v\} = \iint\limits_{-v \leqslant x-y \leqslant v} f(x,y) dxdy.$$

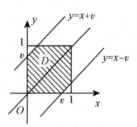

图 5-7

由图 5-7 可知:当 $v \geqslant 1$ 时,$F_V(v) = 1$;

当 $0 \leqslant v < 1$ 时,

$$F_V(v) = \iint\limits_{|x-y| \leqslant v} f(x,y) dxdy = \iint\limits_{D} f(x,y) dxdy$$

$$= S_D = 1 - 2 \times \frac{1}{2} \times (1-v)^2 = 1 - (1-v)^2,$$

其中 $D = \{(x,y) \mid 0 \leqslant x \leqslant 1, 0 \leqslant y \leqslant 1, |x-y| \leqslant v\}$.

综上,得

$$F_V(v) = \begin{cases} 0, & v < 0, \\ 1 - (1-v)^2, & 0 \leqslant v < 1, \\ 1, & v \geqslant 1, \end{cases}$$

$$f_V(v) = \begin{cases} 2(1-v), & 0 < v < 1, \\ 0, & \text{其他}. \end{cases}$$

5.5 【解】已知 $X \sim f_X(x) = \begin{cases} 1, & 0 \leqslant x \leqslant 1, \\ 0, & \text{其他}, \end{cases}$ $F_Y(y) = P\{Y \leqslant y\}$,$Z = \begin{cases} Y, & X \leqslant \frac{1}{2}, \\ X, & X > \frac{1}{2}, \end{cases}$ 所以应

用全概率公式及 X 与 Y 的独立性可求得 Z 的分布函数.

$$F_Z(z) = P\{Z \leqslant z\} = P\left\{Z \leqslant z, X \leqslant \frac{1}{2}\right\} + P\left\{Z \leqslant z, X > \frac{1}{2}\right\}$$

$$= P\left\{Y \leqslant z, X \leqslant \frac{1}{2}\right\} + P\left\{X \leqslant z, X > \frac{1}{2}\right\}$$

$$= P\left\{X \leqslant \frac{1}{2}\right\}P\{Y \leqslant z\} + P\left\{X \leqslant z, X > \frac{1}{2}\right\}$$

$$= \frac{1}{2}F_Y(z) + P\left\{X \leqslant z, X > \frac{1}{2}\right\}$$

$$= \begin{cases} \frac{1}{2}F_Y(z), & z < \frac{1}{2}, \\ \frac{1}{2}F_Y(z) + P\left\{\frac{1}{2} < X \leqslant z\right\}, & \frac{1}{2} \leqslant z < 1, \\ \frac{1}{2}F_Y(z) + P\left\{\frac{1}{2} < X \leqslant 1\right\}, & z \geqslant 1 \end{cases} = \begin{cases} \frac{1}{2}F_Y(z), & z < \frac{1}{2}, \\ \frac{1}{2}F_Y(z) + z - \frac{1}{2}, & \frac{1}{2} \leqslant z < 1, \\ \frac{1}{2}F_Y(z) + \frac{1}{2}, & z \geqslant 1. \end{cases}$$

5.6 【解】(1) 由题设,(X,Y) 的概率密度为

$$f(x,y) = \begin{cases} \frac{1}{2}, & (x,y) \in G, \\ 0, & 其他. \end{cases}$$

于是借助图 5-8,有

$$P\{U = 0, V = 0\} = P\{X \leqslant Y, X \leqslant 2Y\} = \frac{1}{4},$$

$$P\{U = 0, V = 1\} = P\{X \leqslant Y, X > 2Y\} = 0,$$

$$P\{U = 1, V = 0\} = P\{X > Y, X \leqslant 2Y\} = \frac{1}{4},$$

$$P\{U = 1, V = 1\} = 1 - \frac{1}{4} - 0 - \frac{1}{4} = \frac{1}{2}.$$

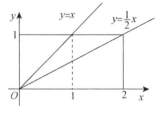

图 5-8

因此 (U,V) 的联合分布为

U \ V	0	1	$p_i.$
0	$\frac{1}{4}$	0	$\frac{1}{4}$
1	$\frac{1}{4}$	$\frac{1}{2}$	$\frac{3}{4}$
$p._j$	$\frac{1}{2}$	$\frac{1}{2}$	1

因为 $p_{00} = \frac{1}{4} \neq p._0 \cdot p_{.0} = \frac{1}{2} \times \frac{1}{4} = \frac{1}{8}$,所以 U,V 不独立.

(2) 由 (U,V) 的联合分布,得 U 与 V 的边缘分布分别为

$$U \sim \begin{bmatrix} 0 & 1 \\ \frac{1}{4} & \frac{3}{4} \end{bmatrix}, V \sim \begin{bmatrix} 0 & 1 \\ \frac{1}{2} & \frac{1}{2} \end{bmatrix},$$

从而 $EU = \frac{3}{4}, E(U^2) = \frac{3}{4}, DU = \frac{3}{4} - \left(\frac{3}{4}\right)^2 = \frac{3}{16}, EV = \frac{1}{2}, E(V^2) = \frac{1}{2}, DV = \frac{1}{2} - \left(\frac{1}{2}\right)^2 = \frac{1}{4},$

$$E(UV) = p_{00} \times 0 \times 0 + p_{01} \times 0 \times 1 + p_{10} \times 1 \times 0 + p_{11} \times 1 \times 1 = p_{11} = \frac{1}{2},$$

$$\mathrm{Cov}(U,V) = E(UV) - EUEV = \frac{1}{8},$$

因此

$$\rho_{\scriptscriptstyle UV} = \frac{\mathrm{Cov}(U,V)}{\sqrt{DU}\ \sqrt{DV}} = \frac{\sqrt{3}}{3}.$$

【注】对二维离散型随机变量而言,在掌握了联合分布的基础上,讨论独立性、计算相关系数等都显得简单了.

5.7 【解】(X,Y) 的正概率区域 D 如图 5-9 所示,由题设,(X,Y) 的概率密度为

$$f(x,y) = \begin{cases} \dfrac{1}{2}, & 1 \leqslant x \leqslant 2, 0 \leqslant y \leqslant 2, \\ 0, & \text{其他}. \end{cases}$$

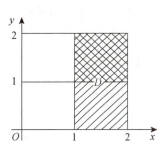

图 5-9

(1) 在均匀分布的条件下,概率 $P\{X \geqslant 1, Y \geqslant 1\}$ 等于该事件所在区域在正概率密度区域中所占比例,由图 5-9 知 $P\{X \geqslant 1, Y \geqslant 1\} = \dfrac{1}{2}$.

(2) 在 $Y \geqslant 1$ 的条件下,事件 $\{X \geqslant 1\}$ 所在区域恰好将该条件下正概率区域覆盖,因此

$$P\{X \geqslant 1 \mid Y \geqslant 1\} = 1.$$

(3) 求 $Z = \max\{X,Y\}$ 的概率密度,先求 $Z = \max\{X,Y\}$ 的分布函数 $G(z)$,于是

$$G(z) = P\{Z \leqslant z\} = P\{\max\{X,Y\} \leqslant z\} = P\{X \leqslant z, Y \leqslant z\} = \int_{-\infty}^{z} \mathrm{d}x \int_{-\infty}^{z} f(x,y)\mathrm{d}y.$$

当 $z < 1$ 时,$G(z) = 0$;

当 $1 \leqslant z < 2$ 时,$G(z) = \int_{1}^{z}\mathrm{d}x \int_{0}^{z} \dfrac{1}{2}\mathrm{d}y = \dfrac{1}{2}z(z-1)$;

当 $z \geqslant 2$ 时,$G(z) = 1$.

因此

$$G(z) = \begin{cases} 0, & z < 1, \\ \dfrac{1}{2}z(z-1), & 1 \leqslant z < 2, \\ 1, & z \geqslant 2, \end{cases}$$

从而 Z 的概率密度为

$$g(z) = \begin{cases} z - \dfrac{1}{2}, & 1 < z < 2, \\ 0, & \text{其他}. \end{cases}$$

5.8 【解】(1) 由于 $EY = \int_{-\infty}^{+\infty} yf(y)\mathrm{d}y = \int_{0}^{1} 2y^2\mathrm{d}y = \dfrac{2}{3}$,故

$$P\{Y \leqslant EY\} = P\left\{Y \leqslant \frac{2}{3}\right\} = \int_{0}^{\frac{2}{3}} 2y\mathrm{d}y = \frac{4}{9}.$$

(2) Z 的分布函数记为 $F_Z(z)$,那么

$$\begin{aligned} F_Z(z) &= P\{Z \leqslant z\} = P\{X + Y \leqslant z\} \\ &= P\{X = 0\}P\{X + Y \leqslant z \mid X = 0\} + P\{X = 2\}P\{X + Y \leqslant z \mid X = 2\} \\ &= \frac{1}{2}P\{Y \leqslant z\} + \frac{1}{2}P\{Y \leqslant z - 2\}. \end{aligned}$$

当 $z < 0$ 时，$F_Z(z) = 0$；

当 $0 \leqslant z < 1$ 时，$F_Z(z) = \dfrac{1}{2} P\{Y \leqslant z\} = \dfrac{z^2}{2}$；

当 $1 \leqslant z < 2$ 时，$F_Z(z) = \dfrac{1}{2}$；

当 $2 \leqslant z < 3$ 时，$F_Z(z) = \dfrac{1}{2} + \dfrac{1}{2} P\{Y \leqslant z-2\} = \dfrac{1}{2} + \dfrac{1}{2}(z-2)^2$；

当 $z \geqslant 3$ 时，$F_Z(z) = 1$.

所以 Z 的概率密度为

$$f_Z(z) = F'_Z(z) = \begin{cases} z, & 0 < z < 1, \\ z-2, & 2 < z < 3, \\ 0, & \text{其他.} \end{cases}$$

5.9 【解】(1) $\qquad F_Z(z) = P\{Z \leqslant z\} = P\{|X|+Y \leqslant z\}$.

① 当 $z < 0$ 时，$F_Z(z) = 0$.

② 当 $z \geqslant 2$ 时，$F_Z(z) = 1$.

③ 当 $0 \leqslant z < 1$ 时，

$$\begin{aligned} F_Z(z) = P\{Z \leqslant z\} &= P\{|X|+Y \leqslant z\} \\ &= P\{|X|+Y \leqslant z, X \geqslant 0\} + P\{|X|+Y \leqslant z, X < 0\} \\ &= P\{X+Y \leqslant z, X \geqslant 0\} + P\{-X+Y \leqslant z, X < 0\}, \end{aligned}$$

利用二维均匀分布的几何意义，积分区域如图 5-10 和图 5-11 所示.

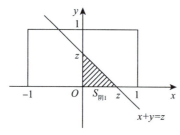 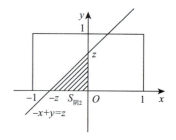

图 5-10   图 5-11

因此 $\qquad F_Z(z) = \dfrac{S_{\text{阴}1}}{2} + \dfrac{S_{\text{阴}2}}{2} = \dfrac{1}{2} \times \dfrac{1}{2} z^2 + \dfrac{1}{2} \times \dfrac{1}{2} z^2 = \dfrac{1}{2} z^2.$

④ 当 $1 \leqslant z < 2$ 时，分布函数的积分区域如图 5-12 和图 5-13 所示.

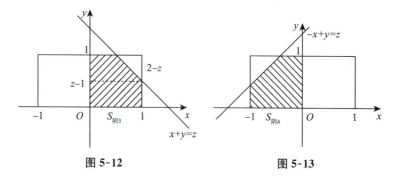

图 5-12   图 5-13

所以
$$F_Z(z) = \frac{S_{阴3}}{2} + \frac{S_{阴4}}{2} = \frac{1}{2} \times \left[1 - \frac{1}{2}(2-z)^2\right] \times 2 = 1 - \frac{1}{2}(2-z)^2.$$

因此
$$F_Z(z) = \begin{cases} 0, & z < 0, \\ \dfrac{1}{2}z^2, & 0 \leqslant z < 1, \\ 1 - \dfrac{1}{2}(2-z)^2, & 1 \leqslant z < 2, \\ 1, & z \geqslant 2, \end{cases}$$

故
$$f_Z(z) = F_Z'(z) = \begin{cases} z, & 0 < z < 1, \\ 2-z, & 1 < z < 2, \\ 0, & 其他. \end{cases}$$

(2) 用期望公式,即 $EZ = \displaystyle\int_{-\infty}^{+\infty} z f_Z(z) \mathrm{d}z = \int_0^1 z \cdot z \mathrm{d}z + \int_1^2 z(2-z)\mathrm{d}z = 1.$

5.10 【解】如果用 X_i 表示"第 i 个元件的使用寿命",则 X_i 的概率密度、分布函数分别为

$$f_i(x) = \begin{cases} \lambda_i \mathrm{e}^{-\lambda_i x}, & x > 0, \\ 0, & x \leqslant 0, \end{cases} \quad F_i(x) = \begin{cases} 1 - \mathrm{e}^{-\lambda_i x}, & x \geqslant 0, \\ 0, & x < 0, \end{cases}$$

且 X_1 与 X_2 相互独立. 要求 X 的分布函数,关键是对三种不同情况,写出相应的函数关系 $X = g(X_1, X_2)$.

(1) 依题意 $X = \min\{X_1, X_2\}$, X_1 与 X_2 相互独立,所以

$$\begin{aligned} F(x) &= P\{\min\{X_1, X_2\} \leqslant x\} = 1 - P\{\min\{X_1, X_2\} > x\} \\ &= 1 - P\{X_1 > x, X_2 > x\} = 1 - P\{X_1 > x\}P\{X_2 > x\} \\ &= 1 - (1 - P\{X_1 \leqslant x\})(1 - P\{X_2 \leqslant x\}) = 1 - [1 - F_1(x)][1 - F_2(x)] \\ &= \begin{cases} 1 - \mathrm{e}^{-(\lambda_1 + \lambda_2)x}, & x \geqslant 0, \\ 0, & x < 0, \end{cases} \end{aligned}$$

即 $\min\{X_1, X_2\} \sim E(\lambda_1 + \lambda_2)$.

(2) 依题意 $X = \max\{X_1, X_2\}$, X_1 与 X_2 相互独立,所以

$$\begin{aligned} F(x) &= P\{\max\{X_1, X_2\} \leqslant x\} = P\{X_1 \leqslant x, X_2 \leqslant x\} \\ &= P\{X_1 \leqslant x\}P\{X_2 \leqslant x\} = F_1(x)F_2(x) \\ &= \begin{cases} (1 - \mathrm{e}^{-\lambda_1 x})(1 - \mathrm{e}^{-\lambda_2 x}), & x \geqslant 0, \\ 0, & x < 0. \end{cases} \end{aligned}$$

(3) 依题意 $X = X_1 + X_2$, X_1 与 X_2 相互独立,所以

$$F(x) = P\{X_1 + X_2 \leqslant x\} = \iint\limits_{x_1 + x_2 \leqslant x} f_1(x_1) f_2(x_2) \mathrm{d}x_1 \mathrm{d}x_2.$$

如图 5-14 所示:当 $x < 0$ 时,$F(x) = 0$;

当 $x \geqslant 0$ 时,

$$\begin{aligned} F(x) &= \int_0^x \mathrm{d}x_1 \int_0^{x-x_1} \lambda_1 \lambda_2 \mathrm{e}^{-\lambda_1 x_1} \mathrm{e}^{-\lambda_2 x_2} \mathrm{d}x_2 = \lambda_1 \int_0^x \mathrm{e}^{-\lambda_1 x_1} \left[1 - \mathrm{e}^{-\lambda_2(x-x_1)}\right] \mathrm{d}x_1 \\ &= \lambda_1 \int_0^x \mathrm{e}^{-\lambda_1 x_1} \mathrm{d}x_1 - \lambda_1 \mathrm{e}^{-\lambda_2 x} \int_0^x \mathrm{e}^{-(\lambda_1 - \lambda_2)x_1} \mathrm{d}x_1 \end{aligned}$$

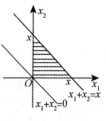

图 5-14

$$= 1 - \mathrm{e}^{-\lambda_1 x} + \frac{\lambda_1}{\lambda_1 - \lambda_2}(\mathrm{e}^{-\lambda_1 x} - \mathrm{e}^{-\lambda_2 x}).$$

【注1】第(1)问中的结论可以推广到一般情况,即若 X_i 相互独立,且分别服从参数为 λ_i 的指数分布,则 $\min\{X_1, X_2, \cdots, X_n\}$ 服从参数为 $\sum\limits_{i=1}^{n} \lambda_i$ 的指数分布.

【注2】如果仪器由3个元件组成,每个元件工作状态是相互独立的,且使用寿命均服从参数为 λ 的指数分布,元件按图 5-15 所示的方式连接. 求仪器使用寿命 X 的分布函数 $F(x)$.

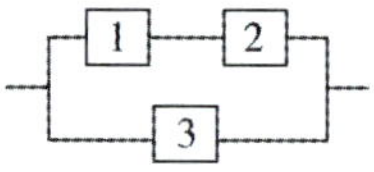

解 用 X_i 表示"第 i 个元件的使用寿命",由题设知,X_i 相互独立且有相同的分布函数

图 5-15

$$F_i(x) = \begin{cases} 1 - \mathrm{e}^{-\lambda x}, & x \geqslant 0, \\ 0, & x < 0 \end{cases} \quad (i = 1, 2, 3).$$

由于仪器使用寿命 $X \geqslant 0$ 且 $X = \max\{\min\{X_1, X_2\}, X_3\}$,所以 X 的分布函数 $F(x)$ 如下:

当 $x < 0$ 时,$F(x) = 0$;

当 $x \geqslant 0$ 时,

$$\begin{aligned} F(x) &= P\{\max\{\min\{X_1, X_2\}, X_3\} \leqslant x\} \\ &= P\{\min\{X_1, X_2\} \leqslant x, X_3 \leqslant x\} = P\{\min\{X_1, X_2\} \leqslant x\} P\{X_3 \leqslant x\} \\ &= (1 - P\{\min\{X_1, X_2\} > x\}) F_3(x) = (1 - P\{X_1 > x\} P\{X_2 > x\}) F_3(x) \\ &= \{1 - [1 - F_1(x)][1 - F_2(x)]\} F_3(x) \\ &= (1 - \mathrm{e}^{-2\lambda x})(1 - \mathrm{e}^{-\lambda x}). \end{aligned}$$

第6讲 数字特征

数学期望

- X
  - $X \sim p_i \Rightarrow EX = \sum_i x_i p_i$ {有限项相加；无穷项相加（无穷级数）}
  - $X \sim f(x) \Rightarrow EX = \int_{-\infty}^{+\infty} x f(x)\mathrm{d}x$ {有限区间积分（定积分）；无穷区间积分（反常积分）}

- $g(X)$
  - $X \sim p_i, Y = g(X) \Rightarrow EY = \sum_i g(x_i) p_i$
  - $X \sim f(x), Y = g(X) \Rightarrow EY = \int_{-\infty}^{+\infty} g(x) f(x)\mathrm{d}x$

- $g(X,Y)$
  - $(X,Y) \sim p_{ij}, Z = g(X,Y) \Rightarrow EZ = \sum_i \sum_j g(x_i, y_j) p_{ij}$
  - $(X,Y) \sim f(x,y), Z = g(X,Y) \Rightarrow EZ = \int_{-\infty}^{+\infty}\int_{-\infty}^{+\infty} g(x,y) f(x,y)\mathrm{d}x\mathrm{d}y$

- 最值
  - $Y = \min\{X_1, X_2, \cdots, X_n\}, EY = \int_{-\infty}^{+\infty} y f_Y(y)\mathrm{d}y$，其中 $f_Y(y) = n[1-F(y)]^{n-1} f(y)$
  - $Z = \max\{X_1, X_2, \cdots, X_n\}, EZ = \int_{-\infty}^{+\infty} z f_Z(z)\mathrm{d}z$，其中 $f_Z(z) = n[F(z)]^{n-1} f(z)$

- 分解 — $E(X_1 + X_2 + \cdots + X_n) = EX_1 + EX_2 + \cdots + EX_n$

- 性质
  - ① $Ea = a, E(EX) = EX$
  - ② $E(aX + bY) = aEX + bEY, E\left(\sum_{i=1}^n a_i X_i\right) = \sum_{i=1}^n a_i EX_i$（无条件）
  - ③ 若 X, Y 相互独立，则 $E(XY) = EXEY$

方差

- X
  - 定义 — $DX = E[(X - EX)^2]$
  - 定义法
    - $X \sim p_i \Rightarrow DX = E[(X-EX)^2] = \sum_i (x_i - EX)^2 p_i$
    - $X \sim f(x) \Rightarrow DX = E[(X-EX)^2] = \int_{-\infty}^{+\infty} (x - EX)^2 f(x)\mathrm{d}x$
  - 公式法 — $DX = E(X^2) - (EX)^2$

- 最值
  - $Y = \min\{X_1, X_2, \cdots, X_n\}, E(Y^2) = \int_{-\infty}^{+\infty} y^2 f_Y(y)\mathrm{d}y \Rightarrow DY = E(Y^2) - (EY)^2$
  - $Z = \max\{X_1, X_2, \cdots, X_n\}, E(Z^2) = \int_{-\infty}^{+\infty} z^2 f_Z(z)\mathrm{d}z \Rightarrow DZ = E(Z^2) - (EZ)^2$

- 分解 — $D(X_1 + X_2 + \cdots + X_n) = DX_1 + DX_2 + \cdots + DX_n + 2\sum_{1 \leqslant i < j \leqslant n} \mathrm{Cov}(X_i, X_j) \xlongequal{独立} DX_1 + DX_2 + \cdots + DX_n$

- 性质
  - ① $DX \geqslant 0, E(X^2) = DX + (EX)^2 \geqslant (EX)^2$
  - ② $Dc = 0$（c 为常数）
  - ③ $DX = 0 \Leftrightarrow X$ 几乎处处为某个常数 a，即 $P\{X = a\} = 1$
  - ④ $D(aX + b) = a^2 DX$
  - ⑤ $D(X \pm Y) = DX + DY \pm 2\mathrm{Cov}(X, Y)$
  - ⑥ $D\left(\sum_{i=1}^n a_i X_i\right) = \sum_{i=1}^n a_i^2 DX_i + 2\sum_{1 \leqslant i < j \leqslant n} a_i a_j \mathrm{Cov}(X_i, X_j)$
  - ⑦ $D(aX + bY) \xlongequal{独立} a^2 DX + b^2 DY$
  - ⑧ $D(XY) \xlongequal{独立} DX \cdot DY + DX(EY)^2 + DY(EX)^2 \geqslant DX \cdot DY$
  - ⑨ 对任意常数 c，有 $DX = E[(X - EX)^2] \leqslant E[(X - c)^2]$

$$
\text{常用分布的 } EX, DX
\begin{cases}
① 0-1 \text{ 分布}, EX = p, DX = p - p^2 = (1-p)p \\
② X \sim B(n,p), EX = np, DX = np(1-p) \\
③ X \sim P(\lambda), EX = \lambda, DX = \lambda \\
④ X \sim G(p), EX = \dfrac{1}{p}, DX = \dfrac{1-p}{p^2} \\
⑤ X \sim U(a,b), EX = \dfrac{a+b}{2}, DX = \dfrac{(b-a)^2}{12} \\
⑥ X \sim E(\lambda), EX = \dfrac{1}{\lambda}, DX = \dfrac{1}{\lambda^2} \\
⑦ X \sim N(\mu, \sigma^2), EX = \mu, DX = \sigma^2 \\
⑧ X \sim \chi^2(n), EX = n, DX = 2n
\end{cases}
$$

协方差 $\mathrm{Cov}(X,Y)$ 与相关系数 ρ_{XY}

$\mathrm{Cov}(X,Y)$

- 定义 — $\mathrm{Cov}(X,Y) = E[(X-EX)(Y-EY)]$
- 定义法
$$
\begin{cases}
(X,Y) \sim p_{ij} \Rightarrow \mathrm{Cov}(X,Y) = \displaystyle\sum_i \sum_j (x_i - EX)(y_j - EY)p_{ij} \\
(X,Y) \sim f(x,y) \Rightarrow \mathrm{Cov}(X,Y) \\
\quad = \displaystyle\int_{-\infty}^{+\infty}\int_{-\infty}^{+\infty} (x-EX)(y-EY)f(x,y)\mathrm{d}x\mathrm{d}y
\end{cases}
$$
- 公式法 — $\mathrm{Cov}(X,Y) = E(XY) - EXEY$

ρ_{XY} 定义 — $\rho_{XY} = \dfrac{\mathrm{Cov}(X,Y)}{\sqrt{DX}\sqrt{DY}} \begin{cases} = 0 \Leftrightarrow X,Y \text{ 不相关} \\ \neq 0 \Leftrightarrow X,Y \text{ 相关} \end{cases}$

性质
$$
\begin{cases}
① \mathrm{Cov}(X,Y) = \mathrm{Cov}(Y,X) \\
② \mathrm{Cov}(aX, bY) = ab\mathrm{Cov}(X,Y) \\
③ \mathrm{Cov}(X_1 + X_2, Y) = \mathrm{Cov}(X_1, Y) + \mathrm{Cov}(X_2, Y) \\
④ \mid \rho_{XY} \mid \leqslant 1 \\
⑤ \rho_{XY} = 1 \Leftrightarrow P\{Y = aX + b\} = 1(a > 0) \\
⑥ \rho_{XY} = -1 \Leftrightarrow P\{Y = aX + b\} = 1(a < 0) \\
⑦ \rho_{XY} = 0 \Leftrightarrow \mathrm{Cov}(X,Y) = 0 \Leftrightarrow E(XY) = EX \cdot EY \\
\quad \Leftrightarrow D(X+Y) = DX + DY \Leftrightarrow D(X-Y) = DX + DY \\
⑧ X,Y \text{ 独立} \Rightarrow \rho_{XY} = 0 \\
⑨ \text{ 若}(X,Y) \sim N(\mu_1, \mu_2; \sigma_1^2, \sigma_2^2; \rho_{XY}), \text{则 } X,Y \text{ 独立} \Leftrightarrow X,Y \text{ 不相关}(\rho_{XY} = 0)
\end{cases}
$$

独立性与不相关性的判定

用分布判独立
$$
\begin{cases}
① \text{ 若}(X,Y) \text{ 是连续型的，则 } X \text{ 与 } Y \text{ 相互独立的充要条件是} \\
\quad f(x,y) = f_X(x) \cdot f_Y(y) \\
② \text{ 若}(X,Y) \text{ 是离散型的，则 } X \text{ 与 } Y \text{ 相互独立的充要条件是} \\
\quad P\{X = x_i, Y = y_j\} = P\{X = x_i\} \cdot P\{Y = y_j\}
\end{cases}
$$

用数字特征判不相关 — $\rho_{XY} = 0 \Leftrightarrow \mathrm{Cov}(X,Y) = 0$
$$\Leftrightarrow E(XY) = EX \cdot EY \Leftrightarrow D(X \pm Y) = DX + DY$$

步骤 — 先计算 $\mathrm{Cov}(X,Y)$，而后按下列步骤进行判断或再计算：
$$
\mathrm{Cov}(X,Y) = E(XY) - EXEY
\begin{cases}
\neq 0 \Leftrightarrow X \text{ 与 } Y \text{ 相关} \Rightarrow X \text{ 与 } Y \text{ 不独立} \\
= 0 \Leftrightarrow X \text{ 与 } Y \text{ 不相关}, \text{通过} \begin{cases} \text{分布推断} \begin{cases} X,Y \text{ 独立} \\ X,Y \text{ 不独立} \end{cases} \\ \text{反证法} \end{cases}
\end{cases}
$$

重要结论
$$
\begin{cases}
① \text{ 如果 } X \text{ 与 } Y \text{ 独立，则 } X,Y \text{ 不相关，反之不然} \\
② \text{ 如果 } X \text{ 与 } Y \text{ 相关，则 } X,Y \text{ 不独立} \\
③ \text{ 如果}(X,Y) \text{ 服从二维正态分布，则 } X,Y \text{ 独立} \Leftrightarrow X,Y \text{ 不相关} \\
④ \text{ 如果 } X \text{ 与 } Y \text{ 均服从 } 0-1 \text{ 分布，则 } X,Y \text{ 独立} \Leftrightarrow X,Y \text{ 不相关}
\end{cases}
$$

切比雪夫不等式
$$
\begin{cases}
P\{\mid X - EX \mid \geqslant \varepsilon\} \leqslant \dfrac{DX}{\varepsilon^2} \\
P\{\mid X - EX \mid < \varepsilon\} \geqslant 1 - \dfrac{DX}{\varepsilon^2}
\end{cases}
$$

 数学期望

数学期望就是随机变量的取值与取值概率乘积的和.

1. X

①$X \sim p_i \Rightarrow EX = \sum\limits_i x_i p_i \begin{cases} \text{有限项相加,} \\ \text{无穷项相加(无穷级数).} \end{cases}$

见例 6.1 方法一.

②$X \sim f(x) \Rightarrow EX = \int_{-\infty}^{+\infty} x f(x) \mathrm{d}x \begin{cases} \text{有限区间积分(定积分),} \\ \text{无穷区间积分(反常积分).} \end{cases}$

见例 6.2(1),例 6.3.

2. $g(X)$

g 为连续函数(或分段连续函数).

①$X \sim p_i, Y = g(X) \Rightarrow EY = \sum\limits_i g(x_i) p_i.$

②$X \sim f(x), Y = g(X) \Rightarrow EY = \int_{-\infty}^{+\infty} g(x) f(x) \mathrm{d}x.$

见例 6.2(2),例 6.6 方法一.

3. $g(X,Y)$

①$(X,Y) \sim p_{ij}, Z = g(X,Y) \Rightarrow EZ = \sum\limits_i \sum\limits_j g(x_i, y_j) p_{ij}.$

②$(X,Y) \sim f(x,y), Z = g(X,Y) \Rightarrow EZ = \int_{-\infty}^{+\infty} \int_{-\infty}^{+\infty} g(x,y) f(x,y) \mathrm{d}x \mathrm{d}y.$

见例 6.5,例 6.6 方法二.

4. 最值

若 $X_i(i=1,2,\cdots,n,n \geqslant 2)$ 独立同分布,其分布函数为 $F(x)$,概率密度为 $f(x)$,记 $Y = \min\{X_1, X_2, \cdots, X_n\}$,$Z = \max\{X_1, X_2, \cdots, X_n\}$,则

$F_Y(y) = 1 - [1 - F(y)]^n, f_Y(y) = n[1 - F(y)]^{n-1} f(y) \Rightarrow EY = \int_{-\infty}^{+\infty} y f_Y(y) \mathrm{d}y;$

$F_Z(z) = [F(z)]^n, f_Z(z) = n[F(z)]^{n-1} f(z) \Rightarrow EZ = \int_{-\infty}^{+\infty} z f_Z(z) \mathrm{d}z.$

见例 6.4.

5. 分解

若 $X = X_1 + X_2 + \cdots + X_n$,则 $EX = EX_1 + EX_2 + \cdots + EX_n.$

见例 6.1 方法二,例 6.7.

6. 性质

①$Ea = a, E(EX) = EX$.

②$E(aX + bY) = aEX + bEY, E\left(\sum_{i=1}^{n} a_i X_i\right) = \sum_{i=1}^{n} a_i EX_i$(无条件).

③若 X, Y 相互独立,则 $E(XY) = EXEY$.

见例 6.6 方法三.

1. X

①定义.

$DX = E[(X - EX)^2], X$ 的方差就是 $Y = (X - EX)^2$ 的数学期望.

②定义法.

$$\begin{cases} X \sim p_i \Rightarrow DX = E[(X - EX)^2] = \sum_i (x_i - EX)^2 p_i, \\ X \sim f(x) \Rightarrow DX = E[(X - EX)^2] = \int_{-\infty}^{+\infty} (x - EX)^2 f(x)\,\mathrm{d}x. \end{cases}$$

③公式法.

$DX = E(X^2) - (EX)^2$.

见例 6.2(1),例 6.3.

2. 最值

接"一、数学期望"的"4.",有

$$E(Y^2) = \int_{-\infty}^{+\infty} y^2 f_Y(y)\,\mathrm{d}y \Rightarrow DY = E(Y^2) - (EY)^2,$$

$$E(Z^2) = \int_{-\infty}^{+\infty} z^2 f_Z(z)\,\mathrm{d}z \Rightarrow DZ = E(Z^2) - (EZ)^2.$$

3. 分解

若 $X = X_1 + X_2 + \cdots + X_n$,则 $DX = DX_1 + DX_2 + \cdots + DX_n + 2\sum_{1 \leqslant i < j \leqslant n} \text{Cov}(X_i, X_j)$.

见例 6.7.

当 $X_1, X_2, \cdots, X_n$ 相互独立时,有 $DX = DX_1 + DX_2 + \cdots + DX_n$.

4. 性质

①$DX \geqslant 0, E(X^2) = DX + (EX)^2 \geqslant (EX)^2$.

②$Dc = 0(c$ 为常数$)$.

　$DX = 0 \Leftrightarrow X$ 几乎处处为某个常数 a,即 $P\{X = a\} = 1$.

③$D(aX + b) = a^2 DX$.

④$D(X \pm Y) = DX + DY \pm 2\text{Cov}(X, Y)$,

$$D\Big(\sum_{i=1}^{n}a_iX_i\Big)=\sum_{i=1}^{n}a_i^2DX_i+2\sum_{1\leqslant i<j\leqslant n}a_ia_j\mathrm{Cov}(X_i,X_j).$$

⑤ 如果 X 与 Y 相互独立,则

$$D(aX+bY)=a^2DX+b^2DY,$$
$$D(XY)=DX\cdot DY+DX(EY)^2+DY(EX)^2\geqslant DX\cdot DY.$$

【注】证 因 X,Y 相互独立,故 X^2,Y^2 也相互独立,即有

$$E(XY)=EXEY,$$
$$E(X^2Y^2)=E(X^2)E(Y^2),$$
$$D(XY)=E(X^2Y^2)-[E(XY)]^2=E(X^2)E(Y^2)-(EX)^2(EY)^2$$
$$=[DX+(EX)^2][DY+(EY)^2]-(EX)^2(EY)^2$$
$$=DXDY+(EX)^2DY+(EY)^2DX.$$

又 $(EX)^2DY+(EY)^2DX\geqslant 0$,所以 $D(XY)\geqslant DXDY.$

一般地,如果 $X_1,X_2,\cdots,X_n$ 相互独立,$g_i(x)$ 为 x 的连续函数,则

$$D\Big(\sum_{i=1}^{n}a_iX_i\Big)=\sum_{i=1}^{n}a_i^2DX_i,$$
$$D\Big[\sum_{i=1}^{n}g_i(X_i)\Big]=\sum_{i=1}^{n}D[g_i(X_i)].$$

⑥ 对任意常数 c,有 $DX=E[(X-EX)^2]\leqslant E[(X-c)^2].$

三 常用分布的 EX,DX

考生应记住如下常用分布的 EX,DX.

① $0-1$ 分布,$EX=p,DX=p-p^2=(1-p)p.$

② $X\sim B(n,p),EX=np,DX=np(1-p).$

③ $X\sim P(\lambda),EX=\lambda,DX=\lambda.$

④ $X\sim G(p),EX=\dfrac{1}{p},DX=\dfrac{1-p}{p^2}.$

⑤ $X\sim U(a,b),EX=\dfrac{a+b}{2},DX=\dfrac{(b-a)^2}{12}.$

⑥ $X\sim E(\lambda),EX=\dfrac{1}{\lambda},DX=\dfrac{1}{\lambda^2}.$

⑦ $X\sim N(\mu,\sigma^2),EX=\mu,DX=\sigma^2.$

⑧ $X\sim \chi^2(n),EX=n,DX=2n.$

四 协方差 $\mathrm{Cov}(X,Y)$ 与相关系数 ρ_{XY}

(1) $\mathrm{Cov}(X,Y).$

① 定义.

$\mathrm{Cov}(X,Y)=E[(X-EX)(Y-EY)].$

【注】$Cov(X,X) = E[(X-EX)(X-EX)]$

$$= E[(X-EX)^2] = DX.$$

② 定义法.

$$\begin{cases} (X,Y) \sim p_{ij} \Rightarrow Cov(X,Y) = \sum_i \sum_j (x_i - EX)(y_j - EY)p_{ij}, \\ (X,Y) \sim f(x,y) \Rightarrow Cov(X,Y) = \int_{-\infty}^{+\infty} \int_{-\infty}^{+\infty} (x-EX)(y-EY)f(x,y)dxdy. \end{cases}$$

③ 公式法.

$$Cov(X,Y) = E(XY - X \cdot EY - EX \cdot Y + EX \cdot EY)$$

$$= E(XY) - EX \cdot EY - EX \cdot EY + EX \cdot EY$$

$$= E(XY) - EXEY.$$

(2) ρ_{XY} 定义.

$$\rho_{XY} = \frac{Cov(X,Y)}{\sqrt{DX}\sqrt{DY}} \begin{cases} = 0 \Leftrightarrow X,Y \text{ 不相关}, \\ \neq 0 \Leftrightarrow X,Y \text{ 相关}. \end{cases}$$

(量纲为 1,无单位)

(3) 性质.

① $Cov(X,Y) = Cov(Y,X).$

② $Cov(aX,bY) = abCov(X,Y).$

③ $Cov(X_1 + X_2, Y) = Cov(X_1,Y) + Cov(X_2,Y).$

④ $|\rho_{XY}| \leqslant 1.$

⑤ $\rho_{XY} = 1 \Leftrightarrow P\{Y = aX+b\} = 1(a > 0).$

$\rho_{XY} = -1 \Leftrightarrow P\{Y = aX+b\} = 1(a < 0).$

考试时,$Y = aX+b, a > 0 \Rightarrow \rho_{XY} = 1.$

$Y = aX+b, a < 0 \Rightarrow \rho_{XY} = -1.$

⑥ 五个充要条件.

$\rho_{XY} = 0 \Leftrightarrow Cov(X,Y) = 0 \Leftrightarrow E(XY) = EX \cdot EY$

$\Leftrightarrow D(X+Y) = DX + DY \Leftrightarrow D(X-Y) = DX + DY.$

⑦ X,Y 独立 $\Rightarrow \rho_{XY} = 0.$

⑧ 若 $(X,Y) \sim (\mu_1,\mu_2;\sigma_1^2,\sigma_2^2;\rho_{XY})$,则 X,Y 独立 $\Leftrightarrow X,Y$ 不相关 $(\rho_{XY} = 0).$

见例 6.8,例 6.9.

例 6.1 已知甲、乙两箱中装有同种产品,其中甲箱中装有 3 件合格品和 3 件次品,乙箱中仅装有 3 件合格品,从甲箱中任取 3 件放入乙箱后,求乙箱中次品数 X 的数学期望.

【解】**方法一** 先求乙箱中次品数 X 的概率分布.

X 的可能取值为 $0,1,2,3.$ 由

$$P\{X=k\} = \frac{C_3^k C_3^{3-k}}{C_6^3}, k = 0,1,2,3,$$

得

$$X \sim \begin{pmatrix} 0 & 1 & 2 & 3 \\ \dfrac{1}{20} & \dfrac{9}{20} & \dfrac{9}{20} & \dfrac{1}{20} \end{pmatrix},$$

因此
$$EX = \sum_{k=0}^{3} kP\{X=k\} = \sum_{k=0}^{3} k \frac{C_3^k C_3^{3-k}}{C_6^3} = \frac{3}{2}.$$

方法二 将抽取过程分解,设第 i 次取出的次品数为 $X_i(i=1,2,3)$,且 $X = \sum_{i=1}^{3} X_i$,则

$$X_i = \begin{cases} 0, & \text{从甲箱取到合格品,} \\ 1, & \text{从甲箱取到次品,} \end{cases} \quad \text{且 } X_i \sim \begin{pmatrix} 0 & 1 \\ \dfrac{1}{2} & \dfrac{1}{2} \end{pmatrix},$$

于是有
$$EX_i = \frac{1}{2}, EX = E(X_1 + X_2 + X_3) = 3 \times \frac{1}{2} = \frac{3}{2}.$$

【注】在分解从甲箱中抽取产品的过程时,每次抽到次品的概率都应该是相同的,其原理与抽签问题相同,无论抽签的先后次序如何,抽到易签(或难签)的机会是均等的。

例 6.2 设 $X \sim f(x) = \begin{cases} \dfrac{4x^2}{a^3\sqrt{\pi}}e^{-\frac{x^2}{a^2}}, & x > 0, \\ 0, & x \leqslant 0, \end{cases}$ a 为正常数. 求:

(1) EX, DX;

(2) $E\left(\dfrac{1}{2}kX^2\right)$,其中 k 为正常数.

【解】(1)
$$EX = \int_{-\infty}^{+\infty} xf(x)\mathrm{d}x = \int_0^{+\infty} \frac{4}{a^3\sqrt{\pi}}x^3 e^{-\frac{x^2}{a^2}}\mathrm{d}x$$

$$= \int_0^{+\infty} \frac{2a}{\sqrt{\pi}} \cdot \frac{x^2}{a^2}e^{-\frac{x^2}{a^2}}\mathrm{d}\left(\frac{x^2}{a^2}\right)$$

$$\xlongequal{u=\frac{x^2}{a^2}} \frac{2a}{\sqrt{\pi}}\int_0^{+\infty} ue^{-u}\mathrm{d}u = \frac{2a}{\sqrt{\pi}},$$

$$E(X^2) = \int_0^{+\infty} \frac{4}{a^3\sqrt{\pi}}x^4 e^{-\frac{x^2}{a^2}}\mathrm{d}x$$

$$\xlongequal{v=\frac{x}{a}} \int_0^{+\infty} \frac{4a^2}{\sqrt{\pi}}v^4 e^{-v^2}\mathrm{d}v$$

$$= \frac{2a^2}{\sqrt{\pi}}v^3(-e^{-v^2})\Big|_0^{+\infty} + \int_0^{+\infty} \frac{6a^2}{\sqrt{\pi}}v^2 e^{-v^2}\mathrm{d}v$$

$$= \frac{3a^2}{\sqrt{\pi}}v(-e^{-v^2})\Big|_0^{+\infty} + \int_0^{+\infty} \frac{3a^2}{\sqrt{\pi}}e^{-v^2}\mathrm{d}v$$

$$= \frac{3a^2}{2},$$

故
$$DX = E(X^2) - (EX)^2 = \frac{3a^2}{2} - \frac{4a^2}{\pi} = \left(\frac{3}{2} - \frac{4}{\pi}\right)a^2.$$

(2) 利用 $E(X^2)$ 的结果,得
$$E\left(\frac{1}{2}kX^2\right) = \frac{1}{2}kE(X^2) = \frac{3ka^2}{4}.$$

例 6.3 某类型电话的呼唤时间 T 为连续型随机变量,满足

$$P\{T>t\}=\alpha e^{-\lambda t}+(1-\alpha)e^{-\mu t},t\geqslant 0;0\leqslant \alpha\leqslant 1;\lambda,\mu>0,$$

求 ET,DT.

【解】用分布函数法,先求 T 的概率密度.

当 $t\geqslant 0$ 时,$F(t)=P\{T\leqslant t\}=1-P\{T>t\}=1-\alpha e^{-\lambda t}-(1-\alpha)e^{-\mu t}$.

又 $F(0)=0$,$F(t)$ 单调不减且非负,知当 $t<0$ 时,$F(t)=0$,所以

$$F(t)=\begin{cases}1-\alpha e^{-\lambda t}-(1-\alpha)e^{-\mu t}, & t\geqslant 0,\\ 0, & t<0,\end{cases}$$

则 T 的概率密度为 $\qquad f(t)=F'(t)=\begin{cases}\alpha\lambda e^{-\lambda t}+\mu(1-\alpha)e^{-\mu t}, & t>0,\\ 0, & \text{其他},\end{cases}$

从而得

$$ET=\int_{-\infty}^{+\infty}tf(t)\mathrm{d}t=\int_0^{+\infty}[\alpha\lambda te^{-\lambda t}+\mu(1-\alpha)te^{-\mu t}]\mathrm{d}t=\frac{\alpha}{\lambda}+\frac{1-\alpha}{\mu},$$

其中 $\int_0^{+\infty}te^{-kt}\mathrm{d}t=-\frac{t}{k}e^{-kt}\Big|_0^{+\infty}+\frac{1}{k}\int_0^{+\infty}e^{-kt}\mathrm{d}t=\frac{1}{k^2}$.

$$E(T^2)=\int_{-\infty}^{+\infty}t^2f(t)\mathrm{d}t=\int_0^{+\infty}[\alpha\lambda t^2e^{-\lambda t}+\mu(1-\alpha)t^2e^{-\mu t}]\mathrm{d}t=\frac{2\alpha}{\lambda^2}+\frac{2(1-\alpha)}{\mu^2},$$

其中 $\int_0^{+\infty}t^2e^{-kt}\mathrm{d}t=-\frac{t^2}{k}e^{-kt}\Big|_0^{+\infty}+\frac{2}{k}\int_0^{+\infty}te^{-kt}\mathrm{d}t=\frac{2}{k}\cdot\frac{1}{k^2}=\frac{2}{k^3}$.

因此 $\qquad DT=E(T^2)-(ET)^2=\frac{2\alpha}{\lambda^2}+\frac{2(1-\alpha)}{\mu^2}-\left(\frac{\alpha}{\lambda}+\frac{1-\alpha}{\mu}\right)^2$

$$=\frac{\alpha(2-\alpha)}{\lambda^2}+\frac{1-\alpha^2}{\mu^2}-\frac{2\alpha(1-\alpha)}{\lambda\mu}.$$

【注】计算积分时,若能用上"Γ 函数"的知识,会既快速又准确,现详述如下.

(1) 计算

$$I_n=\int_0^{+\infty}x^ne^{-x}\mathrm{d}x(n\text{ 为非负整数}).$$

解 由分部积分法,得

$$I_n=-\int_0^{+\infty}x^n\mathrm{d}(e^{-x})=(-x^ne^{-x})\Big|_0^{+\infty}+n\int_0^{+\infty}x^{n-1}e^{-x}\mathrm{d}x=nI_{n-1},n=1,2,\cdots,$$

其中 $\lim_{x\to+\infty}x^ne^{-x}=0$. 又因为

$$I_0=\int_0^{+\infty}e^{-x}\mathrm{d}x=-e^{-x}\Big|_0^{+\infty}=1,$$

从而

$$I_n=nI_{n-1}=n(n-1)I_{n-2}=\cdots=n(n-1)\cdots 1\cdot I_0=n!.$$

(2) 称 $\qquad\qquad \Gamma(\alpha)=\int_0^{+\infty}x^{\alpha-1}e^{-x}\mathrm{d}x(\alpha>0)$

为 Γ 函数. 这样就有 $\qquad\qquad \Gamma(n+1)=n!$.

利用分部积分公式,可建立其递推公式

$$\Gamma(\alpha+1)=\alpha\Gamma(\alpha),\alpha>0. \tag{$*$}$$

从($*$)式的递推关系形式来看,Γ 函数可以看成是非负整数的阶乘的推广.

如果令 $x=t^2$,可得 Γ 函数的另一形式

$$\Gamma(\alpha)=2\int_0^{+\infty}t^{2\alpha-1}\mathrm{e}^{-t^2}\mathrm{d}t.$$

又 $\int_0^{+\infty}\mathrm{e}^{-x^2}\mathrm{d}x=\dfrac{\sqrt{\pi}}{2}$,有 $\Gamma\left(\dfrac{1}{2}\right)=\sqrt{\pi}$. 根据递推公式($*$),很快算出很多复杂积分的结果,如

$$\Gamma\left(\frac{7}{2}\right)=2\int_0^{+\infty}x^6\mathrm{e}^{-x^2}\mathrm{d}x=\frac{5}{2}\cdot\frac{3}{2}\cdot\frac{1}{2}\Gamma\left(\frac{1}{2}\right)=\frac{15}{8}\sqrt{\pi}.$$

上面这个知识来自欧拉写给哥德巴赫的一封信.

(3) 根据上述知识,本题计算便可有下面写法:

$$\int_0^{+\infty}t\mathrm{e}^{-kt}\mathrm{d}t=\frac{1}{k^2}\int_0^{+\infty}(kt)^{2-1}\mathrm{e}^{-kt}\mathrm{d}(kt)=\frac{1}{k^2}\Gamma(2)=\frac{1}{k^2}\cdot1!=\frac{1}{k^2},$$

$$\int_0^{+\infty}t^2\mathrm{e}^{-kt}\mathrm{d}t=\frac{1}{k^3}\int_0^{+\infty}(kt)^{3-1}\mathrm{e}^{-kt}\mathrm{d}(kt)=\frac{1}{k^3}\Gamma(3)=\frac{1}{k^3}\cdot2!=\frac{2}{k^3},$$

在例 6.2 中,
$$EX=\int_0^{+\infty}\frac{4}{a^3\sqrt{\pi}}x^3\mathrm{e}^{-\frac{x^2}{a^2}}\mathrm{d}x$$

$$=\frac{2a}{\sqrt{\pi}}\cdot2\int_0^{+\infty}\left(\frac{x}{a}\right)^{2\cdot2-1}\mathrm{e}^{-(\frac{x}{a})^2}\mathrm{d}\left(\frac{x}{a}\right)=\frac{2a}{\sqrt{\pi}}\cdot\Gamma(2)=\frac{2a}{\sqrt{\pi}},$$

$$E(X^2)=\frac{2a^2}{\sqrt{\pi}}\cdot2\int_0^{+\infty}\left(\frac{x}{a}\right)^{2\cdot\frac{5}{2}-1}\mathrm{e}^{-(\frac{x}{a})^2}\mathrm{d}\left(\frac{x}{a}\right)=\frac{2a^2}{\sqrt{\pi}}\cdot\Gamma\left(\frac{5}{2}\right)$$

$$=\frac{2a^2}{\sqrt{\pi}}\cdot\frac{3}{2}\cdot\frac{1}{2}\cdot\Gamma\left(\frac{1}{2}\right)=\frac{3}{2}a^2.$$

例 6.4 设随机变量 $X_1,X_2,\cdots,X_n$ 相互独立,且都服从 $(0,\theta)$ 上的均匀分布,记
$$Y=\max\{X_1,X_2,\cdots,X_n\},Z=\min\{X_1,X_2,\cdots,X_n\},$$
求 EY 和 EZ.

【解】记 $X_i(i=1,2,\cdots,n)$ 的概率密度和分布函数分别为

$$f(x)=\begin{cases}\dfrac{1}{\theta},&0<x<\theta,\\0,&其他,\end{cases}\quad F(x)=\begin{cases}0,&x<0,\\\dfrac{x}{\theta},&0\leqslant x<\theta,\\1,&x\geqslant\theta,\end{cases}$$

则当 $0<t<\theta$ 时,Y 与 Z 的概率密度分别为

$$f_Y(t)=n[F(t)]^{n-1}f(t)=n\left(\frac{t}{\theta}\right)^{n-1}\frac{1}{\theta},$$

$$f_Z(t)=n[1-F(t)]^{n-1}f(t)=n\left(1-\frac{t}{\theta}\right)^{n-1}\frac{1}{\theta},$$

所以

$$EY=\frac{n}{\theta^n}\int_0^\theta t^n\mathrm{d}t=\frac{n\theta}{n+1},$$

$$EZ = \frac{n}{\theta^n} \int_0^\theta t(\theta - t)^{n-1} \mathrm{d}t = \frac{\theta}{n+1}.$$

例 6.5 设随机变量 X 在区间 $(0,1)$ 上服从均匀分布,当 X 取到 $x(0 < x < 1)$ 时,随机变量 Y 等可能地在 $(x,1)$ 上取值.求 (X,Y) 的概率密度,并计算概率 $P\{X+Y > 1\}$ 及数学期望 $E(|X-Y|)$.

【解】 $X \sim f_X(x) = \begin{cases} 1, & 0 < x < 1, \\ 0, & 其他. \end{cases}$ 随机变量 Y 在 $X = x$ 的条件下,在 $(x,1)$ 上服从均匀分布,所以 Y 的条件概率密度为

$$f_{Y|X}(y \mid x) = \begin{cases} \dfrac{1}{1-x}, & 0 < x < y < 1, \\ 0, & 其他. \end{cases}$$

故

$$f(x,y) = f_X(x) f_{Y|X}(y \mid x) = \begin{cases} \dfrac{1}{1-x}, & 0 < x < y < 1, \\ 0, & 其他. \end{cases}$$

因此有

$$\begin{aligned} P\{X+Y > 1\} &= \iint\limits_{x+y>1} f(x,y) \mathrm{d}x\mathrm{d}y \\ &= \int_0^{\frac{1}{2}} \mathrm{d}x \int_{1-x}^1 \frac{1}{1-x} \mathrm{d}y + \int_{\frac{1}{2}}^1 \mathrm{d}x \int_x^1 \frac{1}{1-x} \mathrm{d}y \\ &= \int_0^{\frac{1}{2}} \left(\frac{1}{1-x} - 1\right) \mathrm{d}x + \frac{1}{2} = \ln 2, \end{aligned}$$

$$\begin{aligned} E(|X-Y|) &= \int_{-\infty}^{+\infty} \int_{-\infty}^{+\infty} |x-y| f(x,y) \mathrm{d}x\mathrm{d}y \\ &= \iint\limits_{x<y} (y-x) f(x,y) \mathrm{d}x\mathrm{d}y \\ &= \int_0^1 \mathrm{d}x \int_x^1 \frac{y-x}{1-x} \mathrm{d}y = \int_0^1 \frac{\mathrm{d}x}{1-x} \int_x^1 (y-x) \mathrm{d}y \\ &= \int_0^1 \frac{1-x}{2} \mathrm{d}x = \frac{1}{4}. \end{aligned}$$

例 6.6 设随机变量 (X,Y) 服从区域 D 上的均匀分布,$D = \{(x,y) \mid 0 \leqslant x \leqslant 2, 0 \leqslant y \leqslant 2\}$,令 $U = (X+Y)^2$,求 EU 与 DU.

【解】方法一 令 $V = X+Y$,先求 V 的分布函数 $F_V(v)$ 与概率密度 $f_V(v)$.

$$F_V(v) = P\{X+Y \leqslant v\} = \begin{cases} 0, & v < 0, \\ \dfrac{S_{D_1}}{S_D}, & 0 \leqslant v < 2, \\ \dfrac{S_D - S_{D_2}}{S_D}, & 2 \leqslant v < 4, \\ 1, & v \geqslant 4, \end{cases}$$

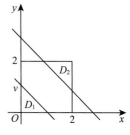

其中,D_1 与 D_2 如图 6-1 所示.于是

图 6-1

$$F_V(v) = \begin{cases} 0, & v < 0, \\ \dfrac{v^2}{8}, & 0 \leqslant v < 2, \\ 1 - \dfrac{(4-v)^2}{8}, & 2 \leqslant v < 4, \\ 1, & v \geqslant 4, \end{cases}$$

$$f_V(v) = F_V'(v) = \begin{cases} \dfrac{v}{4}, & 0 < v \leqslant 2, \\ 1 - \dfrac{v}{4}, & 2 < v < 4, \\ 0, & \text{其他}. \end{cases}$$

故
$$EU = E(V^2) = \int_0^2 \frac{v^3}{4} \mathrm{d}v + \int_2^4 \left(v^2 - \frac{v^3}{4} \right) \mathrm{d}v = \frac{14}{3}.$$

又
$$E(U^2) = E(V^4) = \int_0^2 \frac{v^5}{4} \mathrm{d}v + \int_2^4 \left(v^4 - \frac{v^5}{4} \right) \mathrm{d}v = \frac{496}{15},$$

因此
$$DU = E(U^2) - (EU)^2 = \frac{496}{15} - \frac{196}{9} = \frac{508}{45}.$$

方法二　直接应用随机变量函数的期望公式：若 $(X,Y) \sim f(x,y)$，则有
$$E[g(X,Y)] = \int_{-\infty}^{+\infty} \int_{-\infty}^{+\infty} g(x,y) f(x,y) \mathrm{d}x \mathrm{d}y.$$

由题意可知，$f(x,y) = \begin{cases} \dfrac{1}{4}, & (x,y) \in D, \\ 0, & (x,y) \notin D, \end{cases}$ 则

$$EU = E[(X+Y)^2] = \frac{1}{4} \int_0^2 \int_0^2 (x+y)^2 \mathrm{d}x \mathrm{d}y$$

$$= \frac{1}{4} \int_0^2 \mathrm{d}x \int_0^2 (x^2 + 2xy + y^2) \mathrm{d}y = \frac{14}{3},$$

$$E(U^2) = E[(X+Y)^4] = \frac{1}{4} \int_0^2 \int_0^2 (x+y)^4 \mathrm{d}x \mathrm{d}y$$

$$= \frac{1}{4} \int_0^2 \mathrm{d}x \int_0^2 (x^4 + 4x^3 y + 6x^2 y^2 + 4xy^3 + y^4) \mathrm{d}y = \frac{496}{15}.$$

故
$$DU = E(U^2) - (EU)^2 = \frac{508}{45}.$$

方法三　就本题具体条件可以判断该二维均匀分布随机变量 (X,Y) 的两个分量 X 与 Y 相互独立，且都服从区间 $[0,2]$ 上的均匀分布，因此有

$$EX = EY = 1, DX = DY = \frac{1}{3}, E(X+Y) = 2, D(X+Y) = DX + DY = \frac{2}{3},$$

$$EU = E[(X+Y)^2] = D(X+Y) + [E(X+Y)]^2 = \frac{2}{3} + 4 = \frac{14}{3};$$

$$E(Y^2) = E(X^2) = DX + (EX)^2 = \frac{4}{3}, E(Y^3) = E(X^3) = \int_0^2 \frac{x^3}{2} \mathrm{d}x = 2,$$

$$E(Y^4) = E(X^4) = \int_0^2 \frac{x^4}{2} \mathrm{d}x = \frac{16}{5},$$

$$E(U^2) = E[(X+Y)^4] = E(X^4) + 4E(X^3 Y) + 6E(X^2 Y^2) + 4E(XY^3) + E(Y^4).$$

由于 X 与 Y 相互独立，因此 X^3 与 Y，X^2 与 Y^2，X 与 Y^3 也分别相互独立，其乘积的期望等于期望的乘

积,则

$$E(U^2) = E(X^4) + 4E(X^3)EY + 6E(X^2)E(Y^2) + 4EXE(Y^3) + E(Y^4)$$

$$= \frac{16}{5} + 8 + 6 \times \frac{4}{3} \times \frac{4}{3} + 8 + \frac{16}{5} = \frac{496}{15},$$

故

$$DU = E(U^2) - (EU)^2 = \frac{496}{15} - \frac{196}{9} = \frac{508}{45}.$$

【注】在方法一中求 $X+Y$ 的概率密度 $f_V(v)$ 亦可用独立和的卷积公式,即

$$f_V(v) = \int_{-\infty}^{+\infty} f_X(x) f_Y(v-x) \mathrm{d}x.$$

由于只有当 $0 \leqslant x \leqslant 2, 0 \leqslant v-x \leqslant 2$ 时,即 $0 \leqslant x \leqslant 2, v-2 \leqslant x \leqslant v$ 时,被积函数才不等于 0,且此时 $f_X(x)f_Y(v-x) = f(x,v-x) = \frac{1}{4}$,于是

$$f_V(v) = \begin{cases} \int_0^v f_X(x)f_Y(v-x)\mathrm{d}x, & 0 < v \leqslant 2, \\ \int_{v-2}^2 f_X(x)f_Y(v-x)\mathrm{d}x, & 2 < v < 4, \\ 0, & \text{其他} \end{cases} = \begin{cases} \frac{v}{4}, & 0 < v \leqslant 2, \\ \frac{4-v}{4}, & 2 < v < 4, \\ 0, & \text{其他}. \end{cases}$$

【例 6.7】 设 n 个信封内分别装有发给 n 个人的通知,但信封上各收信人的地址是随机填写的. 以 X 表示收到自己通知的人数,求 X 的数学期望和方差.

【解】① 记 $A_k = \{$第 k 封信的地址与内容一致$\}$ $(k=1,2,\cdots,n)$. 第 k 个人的通知随意装入 n 个信封中的一个信封,恰好装进写有其地址的信封的概率等于 $\frac{1}{n}$,故 $P(A_k) = \frac{1}{n}$. 同理,

$$P(A_iA_j) = P(A_i)P(A_j \mid A_i) = \frac{1}{n(n-1)} (i \neq j, i,j = 1,2,\cdots,n).$$

引进随机变量

$$U_k = \begin{cases} 1, & A_k \text{ 发生}, \\ 0, & A_k \text{ 不发生}, \end{cases}$$

则 $X = U_1 + U_2 + \cdots + U_n$,从而,有

$$P\{U_k = 1\} = P(A_k) = \frac{1}{n},$$

$$EU_k = P(A_k) = \frac{1}{n},$$

$$DU_k = P(A_k)[1 - P(A_k)] = \frac{n-1}{n^2},$$

$$EX = EU_1 + EU_2 + \cdots + EU_n = n \cdot \frac{1}{n} = 1.$$

② 对于任意 $i \neq j$,乘积 U_iU_j 只有 0 和 1 两个可能值,且

$$P\{U_iU_j = 1\} = P(A_iA_j) = P(A_i)P(A_j \mid A_i) = \frac{1}{n(n-1)},$$

因此,对于任意 $i \neq j$,有

$$\mathrm{Cov}(U_i, U_j) = E(U_iU_j) - EU_iEU_j = \frac{1}{n(n-1)} - \frac{1}{n^2}.$$

③ 最后求方差 DX.

$$DX = \sum_{k=1}^{n} DU_k + 2 \sum_{1 \leqslant i < j \leqslant n} \text{Cov}(U_i, U_j)$$

$$= nDU_1 + n(n-1)\text{Cov}(U_1, U_2)$$

$$= n \cdot \frac{n-1}{n^2} + n(n-1)\left[\frac{1}{n(n-1)} - \frac{1}{n^2}\right] = 1.$$

【注】该题的解法具有典型性:求解时并没有直接利用 X 的概率分布,仅利用数学期望和方差的性质. 当然,也可以先求 X 的概率分布,然后再根据定义求数学期望.然而,求概率分布需要相当复杂的计算过程,并且由此概率分布求数学期望也并非易事.

例 6.8 设总体 X 的数学期望和方差存在,$X_1, X_2, \cdots, X_n$ 是来自总体 X 的简单随机样本,$\overline{X}$ 是样本均值. 对于任意 $i, j (i \neq j, i, j = 1, 2, \cdots, n)$,求 $X_i - \overline{X}$ 和 $X_j - \overline{X}$ 的相关系数 ρ_{ij}.

【解】记 $\mu = EX, \sigma^2 = DX$. 对任意 $i, j (i \neq j, i, j = 1, 2, \cdots, n)$,因 X_i 和 X_j 独立同分布,故 $\text{Cov}(X_i, X_j) = 0$ 且 $\text{Cov}(X_i, \overline{X}) = \text{Cov}(X_j, \overline{X})$,有

$$\text{Cov}(X_i - \overline{X}, X_j - \overline{X}) = \text{Cov}(X_i, X_j) + \text{Cov}(\overline{X}, \overline{X}) - 2\text{Cov}(X_i, \overline{X})$$

$$= D\overline{X} - 2\text{Cov}\left(X_i, \frac{1}{n}\sum_{k=1}^{n} X_k\right) = \frac{\sigma^2}{n} - \frac{2}{n}\sigma^2 = -\frac{\sigma^2}{n}.$$

现在计算 $X_i - \overline{X}$ 和 $X_j - \overline{X}$ 的方差:

$$D(X_i - \overline{X}) = D(X_j - \overline{X}) = \text{Cov}(X_j - \overline{X}, X_j - \overline{X})$$

$$= \text{Cov}(X_j, X_j) + \text{Cov}(\overline{X}, \overline{X}) - 2\text{Cov}(X_j, \overline{X})$$

$$= DX_j + D\overline{X} - \frac{2}{n}DX_j = \left(1 - \frac{1}{n}\right)\sigma^2.$$

于是,对于任意 $i, j (i \neq j, i, j = 1, 2, \cdots, n)$,得 $X_i - \overline{X}$ 和 $X_j - \overline{X}$ 的相关系数为

$$\rho_{ij} = \frac{\text{Cov}(X_i - \overline{X}, X_j - \overline{X})}{\sqrt{D(X_i - \overline{X})D(X_j - \overline{X})}} = -\frac{\sigma^2}{n} \bigg/ \left(1 - \frac{1}{n}\right)\sigma^2 = -\frac{1}{n-1}.$$

例 6.9 设随机变量 X 与 Y 的相关系数为 1,又随机变量 $Z = X + Y$,则 X 与 Z 的相关系数为( ).

(A) -1　　　　　　(B) 0　　　　　　(C) $\frac{1}{2}$　　　　　　(D) 1

【解】应选(D).

由题设知 $\dfrac{\text{Cov}(X, Y)}{\sqrt{DX}\sqrt{DY}} = 1$,所以 X 与 Z 的相关系数为

$$\frac{\text{Cov}(X, Z)}{\sqrt{DX}\sqrt{DZ}} = \frac{\text{Cov}(X, X + Y)}{\sqrt{DX}\sqrt{D(X + Y)}}$$

$$= \frac{\text{Cov}(X, X) + \text{Cov}(X, Y)}{\sqrt{DX}\sqrt{DX + DY + 2\text{Cov}(X, Y)}}$$

$$= \frac{DX + \sqrt{DX}\sqrt{DY}}{\sqrt{DX}\sqrt{DX + DY + 2\sqrt{DX}\sqrt{DY}}}$$

$$= \frac{\sqrt{DX} + \sqrt{DY}}{\sqrt{DX} + \sqrt{DY}} = 1,$$

选(D).

五 独立性与不相关性的判定

(1) 用分布判独立.

随机变量 X 与 Y 相互独立,指对任意实数 x,y,事件 $\{X \leq x\}$ 与 $\{Y \leq y\}$ 相互独立,即 (X,Y) 的联合分布等于边缘分布相乘: $F(x,y) = F_X(x) \cdot F_Y(y)$.

① 若 (X,Y) 是连续型的,则 X 与 Y 相互独立的充要条件是 $f(x,y) = f_X(x) \cdot f_Y(y)$;

② 若 (X,Y) 是离散型的,则 X 与 Y 相互独立的充要条件是

$$P\{X = x_i, Y = y_j\} = P\{X = x_i\} \cdot P\{Y = y_j\}.$$

(2) 用数字特征判不相关.

随机变量 X 与 Y 不相关,意指 X 与 Y 之间不存在线性相依性,即 $\rho_{XY} = 0$,其充要条件是

$$\rho_{XY} = 0 \Leftrightarrow \text{Cov}(X,Y) = 0 \Leftrightarrow E(XY) = EX \cdot EY \Leftrightarrow D(X \pm Y) = DX + DY.$$

(3) 步骤.

先计算 $\text{Cov}(X,Y)$,而后按下列步骤进行判断或再计算:

$$\text{Cov}(X,Y) = E(XY) - EXEY \begin{cases} \neq 0 \Leftrightarrow X \text{ 与 } Y \text{ 相关} \Rightarrow X \text{ 与 } Y \text{ 不独立.} \\ = 0 \Leftrightarrow X \text{ 与 } Y \text{ 不相关,通过} \begin{cases} \text{分布推断} \begin{cases} X,Y \text{ 独立,} \\ X,Y \text{ 不独立.} \end{cases} \\ \text{反证法.} \end{cases} \end{cases}$$

(4) 重要结论.

① 如果 X 与 Y 独立,则 X,Y 不相关,反之不然.

② 由"①"知,如果 X 与 Y 相关,则 X,Y 不独立.

③ 如果 (X,Y) 服从二维正态分布,则 X,Y 独立 $\Leftrightarrow X,Y$ 不相关.

④ 如果 X 与 Y 均服从 $0-1$ 分布,则 X,Y 独立 $\Leftrightarrow X,Y$ 不相关.

【注】 上述讨论均假设方差存在并且不为零.

见例 6.10.

例 6.10 设随机变量 X 与 Y 相互独立,X 服从参数为 1 的指数分布,Y 的概率分布为 $P\{Y = -1\} = p, P\{Y = 1\} = 1 - p(0 < p < 1)$. 令 $Z = XY$.

(1) 求 Z 的概率密度;

(2) p 为何值,X 与 Z 不相关?

(3) X 与 Z 是否相互独立?

【解】 (1) Z 的分布函数为

$$F_Z(z) = P\{Z \leq z\}$$
$$= P\{Y = -1\}P\{XY \leq z \mid Y = -1\} + P\{Y = 1\}P\{XY \leq z \mid Y = 1\}$$
$$= pP\{-X \leq z\} + (1-p)P\{X \leq z\}.$$

当 $z < 0$ 时,$F_Z(z) = pP\{X \geqslant -z\} + (1-p) \cdot 0 = pe^z$;

当 $z \geqslant 0$ 时,$F_Z(z) = p \cdot 1 + (1-p)P\{X \leqslant z\} = 1 - (1-p)e^{-z}$.

所以 Z 的概率密度为

$$f_Z(z) = F'_Z(z) = \begin{cases} pe^z, & z < 0, \\ (1-p)e^{-z}, & z \geqslant 0. \end{cases}$$

(2)
$$\begin{aligned}
\mathrm{Cov}(X,Z) &= E(XZ) - EXEZ \\
&= E(X^2Y) - EX \cdot E(XY) \\
&= E(X^2) \cdot EY - (EX)^2 \cdot EY \\
&= DX \cdot EY \\
&= 1 - 2p,
\end{aligned}$$

令 $\mathrm{Cov}(X,Z) = 0$, 解得 $p = \dfrac{1}{2}$. 所以当 $p = \dfrac{1}{2}$ 时,X 与 Z 不相关.

(3) 因为

$$P\{X \leqslant 1, Z \leqslant -1\} = P\{X \leqslant 1, XY \leqslant -1\} = 0,$$
$$P\{X \leqslant 1\} > 0, P\{Z \leqslant -1\} > 0,$$

所以 $P\{X \leqslant 1, Z \leqslant -1\} \neq P\{X \leqslant 1\}P\{Z \leqslant -1\}$, 故 X 与 Z 不相互独立.

六 切比雪夫不等式

设随机变量 X 的数学期望与方差存在,则对任意 $\varepsilon > 0$,

$$P\{|X-EX| \geqslant \varepsilon\} \leqslant \frac{DX}{\varepsilon^2} \text{ 或 } P\{|X-EX| < \varepsilon\} \geqslant 1 - \frac{DX}{\varepsilon^2}.$$

见例 6.11.

例 6.11 (1) 设 X,Y 为随机变量,数学期望都是 2,方差分别为 1 和 4,相关系数为 0.5,用切比雪夫不等式估计概率 $P\{|X-Y| \geqslant 6\}$;

(2) 设随机变量 X 的概率密度为

$$f(x) = \begin{cases} \dfrac{x^2 e^{-x}}{2}, & x > 0, \\ 0, & \text{其他}, \end{cases}$$

用切比雪夫不等式证明:$P\{0 < X < 6\} \geqslant \dfrac{2}{3}$.

(1)【解】已知 $EX = EY = 2$, $DX = 1$, $DY = 4$, $\rho_{XY} = 0.5 = \dfrac{\mathrm{Cov}(X,Y)}{\sqrt{DX}\sqrt{DY}} = \dfrac{\mathrm{Cov}(X,Y)}{2}$. 记 $\xi = X - Y$, 则

$$E\xi = 0, D\xi = D(X-Y) = DX + DY - 2\mathrm{Cov}(X,Y) = 1 + 4 - 2 \times 0.5 \times 2 = 3.$$

取 $\varepsilon = 6$, 由切比雪夫不等式,得

$$P\{|X-Y| \geqslant 6\} \leqslant \frac{D(X-Y)}{6^2} = \frac{3}{36} = \frac{1}{12}.$$

(2)【证】由题设知

$$EX = \int_0^{+\infty} x \cdot \frac{x^2 e^{-x}}{2} \mathrm{d}x = \frac{1}{2} \int_0^{+\infty} x^3 e^{-x} \mathrm{d}x = \frac{1}{2}\Gamma(4) = \frac{1}{2} \times 3! = 3,$$

$$E(X^2) = \int_0^{+\infty} x^2 \cdot \frac{x^2 e^{-x}}{2} dx = \frac{1}{2} \int_0^{+\infty} x^4 e^{-x} dx = \frac{1}{2} \Gamma(5) = \frac{4!}{2} = 12,$$

$$DX = E(X^2) - (EX)^2 = 12 - 9 = 3,$$

其中 $\Gamma(n+1) = \int_0^{+\infty} x^n e^{-x} dx = n!$.

由切比雪夫不等式,得

$$P\{\mid X - EX \mid < \varepsilon\} = P\{EX - \varepsilon < X < EX + \varepsilon\} \geqslant 1 - \frac{DX}{\varepsilon^2},$$

取 $\varepsilon = 3$,有 $P\{0 < X < 6\} \geqslant 1 - \frac{3}{9} = 1 - \frac{1}{3} = \frac{2}{3}$.

习题

6.1 一辆机场巴士送 25 名乘客到 9 个车站,设每个乘客都可能在同一车站下车,并且下车与否相互独立.已知巴士在车上有人下车时停车,求机场巴士停车次数的数学期望.

6.2 设随机变量 X 的概率密度为 $f(x) = \begin{cases} 2^{-x} \ln 2, & x > 0, \\ 0, & \text{其他}. \end{cases}$

对 X 进行独立重复的观测,直到第 2 个大于 3 的观测值出现时停止,记 Y 为观测次数.

(1) 求 Y 的概率分布;

(2) 求 EY.

6.3 设随机变量 X 的概率密度为

$$f(x) = \begin{cases} 0, & x \leqslant 0, \\ \dfrac{1}{2}, & 0 < x < 1, \\ \dfrac{1}{2x^2}, & x \geqslant 1, \end{cases}$$

则随机变量 $Y = \begin{cases} 0, & X < \dfrac{1}{2}, \\ 1, & \dfrac{1}{2} \leqslant X < 2, \\ 2, & X \geqslant 2 \end{cases}$ 的数学期望、方差分别为(   ).

(A)$1, \dfrac{1}{2}$ (B)$1, 2$ (C)$\dfrac{1}{2}, 1$ (D)$2, 1$

6.4 点 P 随机地落在圆心在原点且半径为 R 的圆周上,并对弧长服从均匀分布,求落点 P 的纵坐标的数学期望与方差.

6.5 设 X 是随机变量,$EX = \mu$,$DX = \sigma^2(\mu, \sigma > 0, \text{常数})$,则对任意常数 C,必有(   ).

(A)$E[(X-C)^2] = EX - C^2$ (B)$E[(X-C)^2] = E[(X-\mu)^2]$

(C)$E[(X-C)^2] \leqslant E[(X-\mu)^2]$ (D)$E[(X-C)^2] \geqslant E[(X-\mu)^2]$

6.6 一微波线路有两个中间站,其中任何一个出现故障都要引起线路故障.设两个中间站无故障工作的时间都服从指数分布,平均无故障工作的时间分别为 1 和 0.5(千小时),求线路无故障工作时间 X

的数学期望.

6.7 设二维随机变量 (X,Y) 的概率密度为

$$f(x,y)=\frac{1}{2}\left[f_1(x,y)+f_2(x,y)\right],$$

其中 $f_1(x,y)$ 和 $f_2(x,y)$ 都是二维正态概率密度,它们对应的二维随机变量的相关系数分别为 $\frac{1}{3}$ 和 $-\frac{1}{3}$,且它们的边缘概率密度所对应的随机变量的数学期望都是 0,方差都是 1.

(1) 求随机变量 X 和 Y 的边缘概率密度;

(2) 求随机变量 X 和 Y 的相关系数;

(3) 问 X 与 Y 是否独立?说明理由.

6.8 设随机变量 X_1 和 X_2 独立同分布(方差大于零),令

$$X=X_1+aX_2,Y=X_1+bX_2(a,b\text{ 均不为零}),$$

如果 X 与 Y 不相关,则有(　　).

(A) a,b 可以是任意常数　　　　　　　(B) $a=b$

(C) a 与 b 互为负倒数　　　　　　　(D) a 与 b 互为倒数

6.9 设随机变量 $X_1,X_2,\cdots,X_n(n>1)$ 独立同分布,其方差 $\sigma^2>0$,令 $Y=\frac{1}{n}\sum_{i=1}^{n}X_i$,则(　　).

(A) $\text{Cov}(X_1,Y)=\frac{\sigma^2}{n}$ 　　　　　　(B) $\text{Cov}(X_1,Y)=\sigma^2$

(C) $D(X_1+Y)=\frac{n+2}{n}\sigma^2$ 　　　　(D) $D(X_1-Y)=\frac{n+1}{n}\sigma^2$

6.10 设随机变量 X 和 Y 的数学期望都等于 1,方差都等于 2,其相关系数为 0.25,求随机变量 $U=X+2Y$ 和 $V=X-2Y$ 的相关系数 ρ.

6.11 设随机变量 X 与 Y 都服从正态分布,且 X 与 Y 不相关,则(　　).

(A) X 与 Y 一定相互独立　　　　　(B) (X,Y) 服从二维正态分布

(C) X 与 Y 未必相互独立　　　　　(D) $X+Y$ 服从一维正态分布

6.12 设随机变量 (X,Y) 服从二维正态分布,参数为 $\mu_1=\mu_2=0,\sigma_1^2=\sigma_2^2=1,\rho=0,\Phi(x)$ 为标准正态分布函数,则下列结论错误的是(　　).

(A) X 与 Y 都服从标准正态分布 $N(0,1)$　　(B) X 与 Y 相互独立

(C) $\text{Cov}(X,Y)=1$　　　　　　　　(D) (X,Y) 的分布函数为 $\Phi(x)\Phi(y)$

6.13 设随机变量 (X,Y) 在圆域 $x^2+y^2\leqslant r^2$ 上服从二维均匀分布.

(1) 求 X 与 Y 的相关系数 ρ_{XY};

(2) 判断 X 与 Y 是否相互独立.

6.14 设加工某种零件内径 X(单位:mm)服从正态分布 $N(\mu,1)$,内径小于 10 mm 或大于 12 mm 为不合格产品,其余为合格品. 销售合格品获利,销售不合格品亏损. 已知销售利润 T(单位:元)与销售零件的内径 X 有以下关系

$$T = \begin{cases} -1, & X < 10, \\ 20, & 10 \leqslant X \leqslant 12, \\ -5, & X > 12, \end{cases}$$

问平均内径 μ 取何值时,销售 1 个零件的平均利润最大?

6.15 加工某种零件,其内径 X(单位:mm)服从正态分布 $N(\mu, \sigma^2)$,如果 $\mu - 1 \leqslant X \leqslant \mu + 1$,则该零件为合格品,每件售价 a(元);如果 $X < \mu - 1$ 或 $X > \mu + 1$,则为不合格品,以废品售出,每件售价 1(元).为提高收益,决定对"$X < \mu - 1$"的零件进行二次加工,再加工后零件为合格品的概率是 p,仍然为不合格品的概率为 $1 - p$.设每个零件材料的成本价为 b(元),每加工一次需花加工费 c(元)$(a > b + 2c)$.问 p 在满足什么条件下,对"$X < \mu - 1$"的零件进行二次加工,其获利的期望值比不进行二次加工获利的期望值大.

6.16 设随机变量 X 和 Y 相互独立,并且都服从正态分布 $N(\mu, \sigma^2)$,求随机变量 $Z = \min\{X, Y\}$ 的数学期望.

6.17 设随机变量 X 的概率密度为 $f(x) = c e^{-\lambda |x|} (\lambda > 0, -\infty < x < +\infty)$,$Y = |X|$.

(1) 求常数 c 及 EX, DX;

(2) X 与 Y 是否相关?说明理由;

(3) X 与 Y 是否独立?说明理由;

(4) 求 (X, Y) 的分布函数及 X 的边缘分布.

6.18 设每次试验事件 A 发生的概率都是 $p(0 < p < 1)$,现进行 1000 次独立重复试验,用事件 A 发生的频率估计概率 p.用切比雪夫不等式求这种估计所产生的误差小于 10% 的概率.

6.19 设 A, B 是两个随机事件,定义二元随机变量

$$X = \begin{cases} 1, & A \text{ 发生}, \\ -1, & A \text{ 不发生}, \end{cases} \quad Y = \begin{cases} 1, & B \text{ 发生}, \\ -1, & B \text{ 不发生}. \end{cases}$$

证明:(1) 随机变量 X 与 Y 不相关的充要条件是 A, B 相互独立;

(2) 随机变量 X 与 Y 独立的充要条件是 A 与 B 相互独立.

6.20 对于任意两个事件 $A, B, 0 < P(A) < 1, 0 < P(B) < 1$,

$$\rho = \frac{P(AB) - P(A)P(B)}{\sqrt{P(A)P(B)P(\overline{A})P(\overline{B})}}$$

称为事件 A, B 的相关系数.

(1) 证明:事件 A 和 B 独立的充分必要条件是其相关系数为零;

(2) 利用随机变量相关系数的性质证明:$|\rho| \leqslant 1$.

解析

6.1 【分析】按数学期望的定义计算停车次数的期望值,应先计算停车次数的概率分布,即求出停车次数为 1 到 9 的概率,这是很复杂的.若利用数学期望的性质,可先计算出在每一车站停车的数学期望,再相加得停车总次数的期望值,考虑到每个车站停车次数服从 0-1 分布,计算就较方便.

【解】设 $X_i = \begin{cases} 1, & \text{巴士在第 } i \text{ 个车站停车,} \\ 0, & \text{巴士在第 } i \text{ 个车站不停车} \end{cases} (i=1,2,\cdots,9)$,于是巴士总的停车次数为 $X = \sum\limits_{i=1}^{9} X_i$.

又设 $A_k (k=1,2,\cdots,25)$ 为"第 k 个人在第 i 个车站下车",从而有 $P(A_k) = \dfrac{1}{9}, P(\overline{A_k}) = \dfrac{8}{9}$,巴士在"第 i 个车站不停车"的概率为 $P(\overline{A_1}\,\overline{A_2}\cdots\overline{A_{25}}) = \left(\dfrac{8}{9}\right)^{25}$,因此

$$X_i \sim \begin{pmatrix} 0 & 1 \\ \left(\dfrac{8}{9}\right)^{25} & 1-\left(\dfrac{8}{9}\right)^{25} \end{pmatrix} (i=1,2,\cdots,9), EX_i = 1-\left(\dfrac{8}{9}\right)^{25},$$

进而得巴士总停车次数的数学期望为 $EX = \sum\limits_{i=1}^{9} EX_i = 9\left[1-\left(\dfrac{8}{9}\right)^{25}\right]$.

6.2 【解】(1) 记 p 为"观测值大于 3"的概率,则 $p = P\{X > 3\} = \int_3^{+\infty} 2^{-x} \ln 2\, dx = \dfrac{1}{8}$.

依题意 Y 为离散型随机变量,而且取值为 $2,3,\cdots$,则 Y 的概率分布为

$$P\{Y=k\} = C_{k-1}^1 p(1-p)^{k-2} \cdot p = C_{k-1}^1 p^2(1-p)^{k-2} = (k-1)\left(\dfrac{1}{8}\right)^2\left(\dfrac{7}{8}\right)^{k-2}, k=2,3,\cdots.$$

(2) $EY = \sum\limits_{k=2}^{\infty} k \cdot (k-1)\left(\dfrac{1}{8}\right)^2\left(\dfrac{7}{8}\right)^{k-2} = \dfrac{1}{64}\sum\limits_{k=2}^{\infty} k(k-1)\left(\dfrac{7}{8}\right)^{k-2}$

$= \dfrac{1}{64}\sum\limits_{k=2}^{\infty}(x^k)'' \Big|_{x=\frac{7}{8}} = \dfrac{1}{64}\left(\sum\limits_{k=2}^{\infty} x^k\right)'' \Big|_{x=\frac{7}{8}} = \dfrac{1}{64} \cdot \left(\dfrac{x^2}{1-x}\right)'' \Big|_{x=\frac{7}{8}}$

$= \dfrac{1}{64} \cdot \dfrac{2}{(1-x)^3} \Big|_{x=\frac{7}{8}} = 16.$

6.3 【解】应选(A).

方法一 由连续型随机变量的数学期望公式,得

$$EY = \int_{-\infty}^{+\infty} y(x)f(x)dx = \int_{\frac{1}{2}}^{1} \dfrac{1}{2}dx + \int_{1}^{2}\dfrac{1}{2x^2}dx + \int_{2}^{+\infty}\dfrac{1}{x^2}dx = 1,$$

$$E(Y^2) = \int_{-\infty}^{+\infty} y^2(x)f(x)dx = \int_{\frac{1}{2}}^{1}\dfrac{1}{2}dx + \int_{1}^{2}\dfrac{1}{2x^2}dx + \int_{2}^{+\infty}\dfrac{2}{x^2}dx = \dfrac{3}{2},$$

$$DY = E(Y^2) - (EY)^2 = \dfrac{3}{2} - 1 = \dfrac{1}{2}.$$

方法二 先求出 Y 的概率分布,即由 Y 可能取值为 $0,1,2$ 得

$$P\{Y=0\} = P\left\{X < \dfrac{1}{2}\right\} = \int_0^{\frac{1}{2}}\dfrac{1}{2}dx = \dfrac{1}{4},$$

$$P\{Y=1\} = P\left\{\dfrac{1}{2} \leqslant X < 2\right\} = \int_{\frac{1}{2}}^{1}\dfrac{1}{2}dx + \int_1^2 \dfrac{1}{2x^2}dx = \dfrac{1}{2},$$

$$P\{Y=2\} = 1 - \dfrac{1}{4} - \dfrac{1}{2} = \dfrac{1}{4},$$

从而有 $Y \sim \begin{pmatrix} 0 & 1 & 2 \\ \dfrac{1}{4} & \dfrac{1}{2} & \dfrac{1}{4} \end{pmatrix}$,于是

$$EY = 0 \times \dfrac{1}{4} + 1 \times \dfrac{1}{2} + 2 \times \dfrac{1}{4} = 1,$$

$$E(Y^2) = 0^2 \times \frac{1}{4} + 1^2 \times \frac{1}{2} + 2^2 \times \frac{1}{4} = \frac{3}{2},$$

$$DY = E(Y^2) - (EY)^2 = \frac{3}{2} - 1 = \frac{1}{2},$$

故选择(A).

6.4 【分析】本题主要找出两个函数：一是落点 P 距点 $(R,0)$ 的弧长的概率密度；二是弧长与点 P 的纵坐标的函数关系.

【解】设"落点 P 距点 $(R,0)$ 的弧长"为 S,依题设, S 的概率密度为

$$f(s) = \begin{cases} \dfrac{1}{2\pi R}, & 0 \leqslant s \leqslant 2\pi R, \\ 0, & \text{其他.} \end{cases}$$

如图 6-2 所示, $S = R\theta$,其中 θ 为线段 OP 与 x 轴的夹角(逆时针方向),点 P 的

纵坐标 $Y = R\sin\theta = R\sin\dfrac{S}{R}$,因此

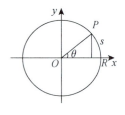

图 6-2

$$EY = \int_{-\infty}^{+\infty} R\sin\frac{s}{R} \cdot f(s)\mathrm{d}s = \frac{1}{2\pi}\int_0^{2\pi R}\sin\frac{s}{R}\mathrm{d}s = 0,$$

$$E(Y^2) = \int_{-\infty}^{+\infty}\left(R\sin\frac{s}{R}\right)^2 \cdot f(s)\mathrm{d}s = \frac{R}{2\pi}\int_0^{2\pi R}\sin^2\frac{s}{R}\mathrm{d}s$$

$$\xlongequal{x=\frac{s}{R}} \frac{R^2}{2\pi}\int_0^{2\pi}\sin^2 x\mathrm{d}x = \frac{R^2}{2\pi} \cdot \pi = \frac{R^2}{2},$$

$$DY = E(Y^2) - (EY)^2 = \frac{R^2}{2},$$

其中 $\int_0^{2\pi}\sin^2 x\mathrm{d}x = 4\int_0^{\frac{\pi}{2}}\sin^2 x\mathrm{d}x = 4 \times \frac{1}{2} \times \frac{\pi}{2} = \pi.$

6.5 【解】应选(D).

由 $E(\xi^2) = D\xi + (E\xi)^2$,则

当 $\xi = X - C$ 时,

$$E[(X-C)^2] = D(X-C) + [E(X-C)]^2 = \sigma^2 + (\mu-C)^2;$$

当 $\xi = X - \mu$ 时,

$$E[(X-\mu)^2] = D(X-\mu) + [E(X-\mu)]^2 = \sigma^2,$$

从而有 $E[(X-C)^2] \geqslant E[(X-\mu)^2]$,故选择(D).

6.6 【解】设 $X_i(i=1,2)$ 是"第 i 个中间站的无故障工作时间",则 $X = \min\{X_1, X_2\}$.由条件知,

可以认为 X_1 和 X_2 独立, $EX_1 = 1, EX_2 = 0.5 = \frac{1}{2}$,所以 $\lambda_1 = 1, \lambda_2 = 2$.

$$f_1(x) = \begin{cases} \mathrm{e}^{-x}, & x > 0, \\ 0, & x \leqslant 0, \end{cases} \quad f_2(x) = \begin{cases} 2\mathrm{e}^{-2x}, & x > 0, \\ 0, & x \leqslant 0, \end{cases}$$

$$f(x_1, x_2) = \begin{cases} 2\mathrm{e}^{-x_1-2x_2}, & x_1 > 0, x_2 > 0, \\ 0, & \text{其他.} \end{cases}$$

方法一 根据数学期望的定义式,有

$$EX = \int_{-\infty}^{+\infty}\int_{-\infty}^{+\infty} \min\{x_1,x_2\} f(x_1,x_2)\mathrm{d}x_1\mathrm{d}x_2$$

$$= \iint\limits_{x_1<x_2} x_1 f(x_1,x_2)\mathrm{d}x_1\mathrm{d}x_2 + \iint\limits_{x_1\geqslant x_2} x_2 f(x_1,x_2)\mathrm{d}x_1\mathrm{d}x_2$$

$$= \int_0^{+\infty} x_1\mathrm{e}^{-x_1}\mathrm{d}x_1\int_{x_1}^{+\infty} 2\mathrm{e}^{-2x_2}\mathrm{d}x_2 + \int_0^{+\infty} 2x_2\mathrm{e}^{-2x_2}\mathrm{d}x_2\int_{x_2}^{+\infty}\mathrm{e}^{-x_1}\mathrm{d}x_1$$

$$= 3\int_0^{+\infty} t\mathrm{e}^{-3t}\mathrm{d}t = \frac{1}{3}(千小时).$$

方法二 先求 X 的概率密度 $f(x)$. X 的分布函数为

$$F(x) = P\{X\leqslant x\} = P\{\min\{X_1,X_2\}\leqslant x\} = 1 - P\{\min\{X_1,X_2\}>x\}$$

$$= 1 - P\{X_1>x, X_2>x\}$$

$$= 1 - [1-F_1(x)][1-F_2(x)],$$

又

$$F_1(x)=\begin{cases}1-\mathrm{e}^{-x}, & x\geqslant 0,\\ 0, & x<0,\end{cases} \quad F_2(x)=\begin{cases}1-\mathrm{e}^{-2x}, & x\geqslant 0,\\ 0, & x<0,\end{cases}$$

因此,有

$$F(x)=\begin{cases}1-\mathrm{e}^{-3x}, & x\geqslant 0,\\ 0, & x<0,\end{cases} \quad f(x)=\begin{cases}3\mathrm{e}^{-3x}, & x>0,\\ 0, & x\leqslant 0,\end{cases} \quad EX = 3\int_0^{+\infty} t\mathrm{e}^{-3t}\mathrm{d}t = \frac{1}{3}(千小时).$$

6.7 【解】(1) 依题设,$f_1(x,y)$ 和 $f_2(x,y)$ 对应的边缘分布均为标准正态分布,边缘概率密度均为标准正态分布的概率密度 $f(x),f(y)$,因此

$$f_X(x) = \int_{-\infty}^{+\infty} f(x,y)\mathrm{d}y = \frac{1}{2}\left[\int_{-\infty}^{+\infty} f_1(x,y)\mathrm{d}y + \int_{-\infty}^{+\infty} f_2(x,y)\mathrm{d}y\right]$$

$$= \frac{1}{2}[f(x)+f(x)] = f(x),$$

$$f_Y(y) = \int_{-\infty}^{+\infty} f(x,y)\mathrm{d}x = \frac{1}{2}\left[\int_{-\infty}^{+\infty} f_1(x,y)\mathrm{d}x + \int_{-\infty}^{+\infty} f_2(x,y)\mathrm{d}x\right]$$

$$= \frac{1}{2}[f(y)+f(y)] = f(y).$$

(2) 显然,$EX=EY=0, DX=DY=1$,于是

$$\frac{\mathrm{Cov}(X,Y)}{\sqrt{DX}\sqrt{DY}} = E(XY),$$

$$\int_{-\infty}^{+\infty}\int_{-\infty}^{+\infty} xy f_1(x,y)\mathrm{d}x\mathrm{d}y = \frac{1}{3},\quad \int_{-\infty}^{+\infty}\int_{-\infty}^{+\infty} xy f_2(x,y)\mathrm{d}x\mathrm{d}y = -\frac{1}{3},$$

从而有

$$\rho = \frac{\mathrm{Cov}(X,Y)}{\sqrt{DX}\sqrt{DY}} = E(XY) = \int_{-\infty}^{+\infty}\int_{-\infty}^{+\infty} xy f(x,y)\mathrm{d}x\mathrm{d}y$$

$$= \frac{1}{2}\left[\int_{-\infty}^{+\infty}\int_{-\infty}^{+\infty} xy f_1(x,y)\mathrm{d}x\mathrm{d}y + \int_{-\infty}^{+\infty}\int_{-\infty}^{+\infty} xy f_2(x,y)\mathrm{d}x\mathrm{d}y\right]$$

$$= \frac{1}{2}\left(\frac{1}{3}-\frac{1}{3}\right) = 0.$$

(3) 显然 $f(x,y)\neq f_X(x)f_Y(y)$,因此 X 与 Y 不独立.

6.8 【解】应选(C).

由于 X_1 和 X_2 独立同分布,则有
$$EX_1 = EX_2, DX_1 = DX_2, \text{Cov}(X_1, X_2) = 0,$$
因此,若 X 与 Y 不相关,则
$$\text{Cov}(X, Y) = \text{Cov}(X_1 + aX_2, X_1 + bX_2)$$
$$= DX_1 + (a+b)\text{Cov}(X_1, X_2) + abDX_2$$
$$= (1+ab)DX_1 = 0,$$
得 $1+ab = 0$,即 $a = -\dfrac{1}{b}$,故选择(C).

6.9 【解】应选(A).

对于(A),(B),依题设,$\text{Cov}(X_1, X_i) = 0 \ (i=2,3,\cdots,n)$. 从而有
$$\text{Cov}(X_1, Y) = \sum_{i=1}^{n} \text{Cov}\left(X_1, \frac{1}{n}X_i\right) = \text{Cov}\left(X_1, \frac{1}{n}X_1\right) = \frac{\sigma^2}{n}.$$

对于(C),(D),
$$D(X_1 + Y) = D\left[\left(1 + \frac{1}{n}\right)X_1 + \frac{1}{n}\sum_{i=2}^{n}X_i\right] = \left[\frac{(1+n)^2}{n^2} + \frac{n-1}{n^2}\right]\sigma^2 = \frac{n+3}{n}\sigma^2.$$

同理,$D(X_1 - Y) = \dfrac{n-1}{n}\sigma^2$. 故选择(A).

6.10 【解】首先求 U 和 V 的数学期望和方差.
$$EU = E(X+2Y) = 3, EV = E(X-2Y) = -1.$$
由条件知
$$\text{Cov}(X,Y) = 0.25 \times 2 = 0.5,$$
$$\text{Cov}(X,2Y) = 2\text{Cov}(X,Y) = 1, \text{Cov}(X,-2Y) = -2\text{Cov}(X,Y) = -1.$$
$$DU = D(X+2Y) = DX + 4DY + 2\text{Cov}(X,2Y) = 12,$$
$$DV = D(X-2Y) = DX + 4DY + 2\text{Cov}(X,-2Y) = 8.$$
注意到 $UV = X^2 - 4Y^2, E(X^2) = E(Y^2) = DY + (EY)^2 = 3$,有
$$\text{Cov}(U,V) = E(UV) - EUEV = E(X^2 - 4Y^2) - EUEV$$
$$= E(X^2) - 4E(Y^2) - EUEV = 3 - 12 + 3 = -6,$$
从而,随机变量 $U = X+2Y$ 和 $V = X-2Y$ 的相关系数为
$$\rho = \frac{\text{Cov}(U,V)}{\sqrt{DU}\sqrt{DV}} = \frac{-6}{4\sqrt{6}} = -\frac{\sqrt{6}}{4}.$$

6.11 【解】应选(C).

对任意两个随机变量而言,若相互独立,则必不相关,但反之不真,故选(C). 又 X 与 Y 都服从正态分布,但 $X+Y$ 未必服从一维正态分布,X 与 Y 联合分布也未必服从二维正态分布. 仅当 (X,Y) 服从二维正态分布时,X 与 Y 相互独立的充要条件是 X 与 Y 不相关.

6.12 【解】应选(C).

对于服从二维正态分布的随机变量 (X,Y),当 $\rho = 0$ 时,X 与 Y 相互独立,且有
$$X \sim N(0,1), Y \sim N(0,1), F(x,y) = \Phi(x)\Phi(y), \text{Cov}(X,Y) = 0,$$

显然选项(C) 不正确,故选(C).

6.13 【解】依题设,(X,Y) 的概率密度为

$$f(x,y)=\begin{cases}\dfrac{1}{\pi r^2}, & x^2+y^2\leqslant r^2,\\[2mm]0, & \text{其他},\end{cases}$$

于是

$$f_X(x)=\int_{-\infty}^{+\infty}f(x,y)\mathrm{d}y=\int_{-\sqrt{r^2-x^2}}^{\sqrt{r^2-x^2}}\frac{1}{\pi r^2}\mathrm{d}y=\frac{2}{\pi r^2}\sqrt{r^2-x^2},|x|\leqslant r,$$

$$f_Y(y)=\int_{-\infty}^{+\infty}f(x,y)\mathrm{d}x=\int_{-\sqrt{r^2-y^2}}^{\sqrt{r^2-y^2}}\frac{1}{\pi r^2}\mathrm{d}x=\frac{2}{\pi r^2}\sqrt{r^2-y^2},|y|\leqslant r.$$

(1) 由对称性

$$EX=\int_{-\infty}^{+\infty}xf_X(x)\mathrm{d}x=\int_{-r}^{r}\frac{2x\sqrt{r^2-x^2}}{\pi r^2}\mathrm{d}x=0,$$

$$EY=\int_{-\infty}^{+\infty}yf_Y(y)\mathrm{d}y=\int_{-r}^{r}\frac{2y\sqrt{r^2-y^2}}{\pi r^2}\mathrm{d}y=0,$$

$$E(XY)=\iint_{x^2+y^2\leqslant r^2}\frac{xy}{\pi r^2}\mathrm{d}x\mathrm{d}y=0,$$

则有 $\mathrm{Cov}(X,Y)=0$,故 $\rho_{XY}=0$.

(2) 由于 $f(x,y)\neq f_X(x)f_Y(y)$,故 X 与 Y 不相互独立.

6.14 【解】依题设 X 服从正态分布 $N(\mu,1)$,销售 1 个零件平均利润为

$$\begin{aligned}ET&=20P\{10\leqslant X\leqslant 12\}-P\{X<10\}-5P\{X>12\}\\&=20[\Phi(12-\mu)-\Phi(10-\mu)]-\Phi(10-\mu)-5[1-\Phi(12-\mu)]\\&=25\Phi(12-\mu)-21\Phi(10-\mu)-5.\end{aligned}$$

令

$$\frac{\mathrm{d}ET}{\mathrm{d}\mu}=-25\varphi(12-\mu)+21\varphi(10-\mu)=0,$$

其中 $\varphi(x)$ 是标准正态分布的概率密度,得

$$\frac{25}{\sqrt{2\pi}}\mathrm{e}^{-\frac{(12-\mu)^2}{2}}=\frac{21}{\sqrt{2\pi}}\mathrm{e}^{-\frac{(10-\mu)^2}{2}},$$

取对数 $\ln\dfrac{25}{21}=\dfrac{1}{2}[(12-\mu)^2-(10-\mu)^2]=22-2\mu$,解得 $\mu\approx 10.91$.

依题意,销售利润存在最大值,又驻点唯一,知当平均内径 μ 约为 10.91 mm时,销售 1 个零件的平均利润最大.

6.15 【解】这个题目是要通过计算、比较在二种不同情况下期望值的大小来决定 p 的取值范围的.为此,要在不同情况下建立利润函数(通常是随机变量的函数).依题意,不进行二次加工每个零件获利为

$$Y_1=\begin{cases}1-(b+c), & X<\mu-1,\\a-(b+c), & \mu-1\leqslant X\leqslant \mu+1,\\1-(b+c), & X>\mu+1,\end{cases}$$

进行二次加工每个零件获利为

$$Y_2 = \begin{cases} 1-(b+2c), & X<\mu-1 \text{ 且 } \overline{A} \text{ 发生}, \\ a-(b+2c), & X<\mu-1 \text{ 且 } A \text{ 发生}, \\ a-(b+c), & \mu-1 \leqslant X \leqslant \mu+1, \\ 1-(b+c), & X>\mu+1, \end{cases}$$

其中事件 $A=\{$经过二次加工后的零件为合格品$\}$，由题设知

$$P\{A \mid X<\mu-1\}=p, P\{\overline{A} \mid X<\mu-1\}=1-p.$$

所求 p 应使 $EY_2>EY_1$，从 Y_1 与 Y_2 的表达式中可得

$$EY_2>EY_1 \Leftrightarrow (1-b-2c)P\{X<\mu-1,\overline{A}\}+(a-b-2c)P\{X<\mu-1,A\}$$
$$>(1-b-c)P\{X<\mu-1\},$$

即

$$(1-b-2c)P\{\overline{A} \mid X<\mu-1\}+(a-b-2c)P\{A \mid X<\mu-1\}>1-b-c,$$
$$(1-b-2c)(1-p)+(a-b-2c)p=1-p-b-2c+ap>1-b-c,$$

由此解得 $p>\dfrac{c}{a-1}$.

故当二次加工合格率 p 超过 $\dfrac{c}{a-1}$ 时，对"$X<\mu-1$"的零件进行二次加工获利的期望值比不进行二次加工获利的期望值大.

6.16 【解】设 $U=\dfrac{X-\mu}{\sigma}, V=\dfrac{Y-\mu}{\sigma}$，有

$$Z=\min\{\sigma U+\mu, \sigma V+\mu\}=\sigma\min\{U,V\}+\mu.$$

U 和 V 服从标准正态分布 $N(0,1)$，其联合概率密度为

$$f(u,v)=\frac{1}{2\pi}\exp\left\{-\frac{u^2+v^2}{2}\right\},$$

如图 6-3 所示，有

$$E(\min\{U,V\}) = \int_{-\infty}^{+\infty}\int_{-\infty}^{+\infty}\min\{u,v\}f(u,v)\,du\,dv$$
$$= \frac{1}{2\pi}\int_{-\infty}^{+\infty}\int_{-\infty}^{+\infty}\min\{u,v\}\exp\left\{-\frac{u^2+v^2}{2}\right\}du\,dv$$
$$= \frac{1}{2\pi}\int_{-\infty}^{+\infty}e^{-\frac{v^2}{2}}dv\int_{-\infty}^{v}ue^{-\frac{u^2}{2}}du + \frac{1}{2\pi}\int_{-\infty}^{+\infty}e^{-\frac{u^2}{2}}du\int_{-\infty}^{u}ve^{-\frac{v^2}{2}}dv$$
$$= -\frac{1}{\sqrt{\pi}}.$$

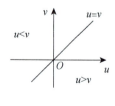

图 6-3

故

$$EZ=E(\min\{X,Y\})=\sigma E(\min\{U,V\})+\mu=\mu-\frac{\sigma}{\sqrt{\pi}}.$$

【注】同理可以求得 $E(\max\{X,Y\})=\mu+\dfrac{\sigma}{\sqrt{\pi}}$.

6.17 【解】(1) 由于

$$\int_{-\infty}^{+\infty} f(x)\mathrm{d}x = 1,$$

所以

$$c\int_{-\infty}^{+\infty} \mathrm{e}^{-\lambda|x|}\mathrm{d}x = 2c\int_{0}^{+\infty} \mathrm{e}^{-\lambda x}\mathrm{d}x = \frac{2c}{\lambda} = 1,$$

故 $c = \dfrac{\lambda}{2}$.

又 $f(x)$ 是偶函数,所以

$$EX = \int_{-\infty}^{+\infty} xf(x)\mathrm{d}x = 0,$$

$$DX = E(X^2) = \int_{-\infty}^{+\infty} x^2 f(x)\mathrm{d}x = 2\cdot\frac{\lambda}{2}\int_{0}^{+\infty} x^2 \mathrm{e}^{-\lambda x}\mathrm{d}x = \frac{2}{\lambda^2}(\text{应用指数分布的计算结果}).$$

(2) 由于 $f(x)$ 是偶函数,故

$$E(XY) = E(X\mid X\mid) = \int_{-\infty}^{+\infty} x\mid x\mid f(x)\mathrm{d}x = 0,$$

而 $EX = 0$,所以 $E(XY) = EXEY$,X 与 Y 不相关.

(3) 下面应用事件关系证明 X 与 $Y = \mid X\mid$ 不独立.

因为 $\{\mid X\mid \leqslant 1\} \subseteq \{X\leqslant 1\}$. 又

$$P\{\mid X\mid \leqslant 1\} = \int_{-1}^{1} f(x)\mathrm{d}x \neq 0,$$

$$P\{X\leqslant 1\} = \int_{-\infty}^{1} f(x)\mathrm{d}x \neq 1,$$

所以 $\{\mid X\mid \leqslant 1\}$ 与 $\{X\leqslant 1\}$ 不独立(包含关系不独立),故 X 与 $Y = \mid X\mid$ 不独立.

(4) 应用定义求 (X,Y) 的分布函数 $F(x,y)$ 及其边缘分布.

已知

$$X \sim f(x) = \frac{\lambda}{2}\mathrm{e}^{-\lambda|x|} = \begin{cases} \dfrac{\lambda}{2}\mathrm{e}^{\lambda x}, & x < 0, \\ \dfrac{\lambda}{2}\mathrm{e}^{-\lambda x}, & x \geqslant 0, \end{cases} \quad Y = \mid X\mid,$$

所以 (X,Y) 的分布函数 $F(x,y) = P\{X\leqslant x, \mid X\mid \leqslant y\}$.

当 $y < 0$ 时,$F(x,y) = 0$;

当 $y \geqslant 0$ 时,$F(x,y) = P\{X\leqslant x, -y\leqslant X\leqslant y\}$,

由此知:

当 $y \geqslant 0, x\leqslant -y$ 时,$F(x,y) = 0$;

当 $-y < x\leqslant 0$ 时,

$$F(x,y) = P\{-y\leqslant X\leqslant x\} = \int_{-y}^{x} \frac{\lambda}{2}\mathrm{e}^{\lambda t}\mathrm{d}t = \frac{1}{2}\mathrm{e}^{\lambda x} - \frac{1}{2}\mathrm{e}^{-\lambda y};$$

当 $0 < x < y$ 时,

$$F(x,y) = P\{-y\leqslant X\leqslant x\} = P\{-y\leqslant X\leqslant 0\} + P\{0 < X\leqslant x\}$$

$$= \int_{-y}^{0} \frac{\lambda}{2} e^{\lambda t} dt + \int_{0}^{x} \frac{\lambda}{2} e^{-\lambda t} dt = 1 - \frac{1}{2} e^{-\lambda y} - \frac{1}{2} e^{-\lambda x};$$

当 $0 \leqslant y \leqslant x$ 时,

$$F(x,y) = P\{-y \leqslant X \leqslant y\} = \int_{-y}^{y} \frac{\lambda}{2} e^{-\lambda|t|} dt = \lambda \int_{0}^{y} e^{-\lambda t} dt = 1 - e^{-\lambda y}.$$

综上,得 (X, Y) 的分布函数为

$$F(x,y) = \begin{cases} \frac{1}{2} e^{\lambda x} - \frac{1}{2} e^{-\lambda y}, & -y < x \leqslant 0, \\ 1 - \frac{1}{2} e^{-\lambda y} - \frac{1}{2} e^{-\lambda x}, & 0 < x < y, \\ 1 - e^{-\lambda y}, & 0 \leqslant y \leqslant x, \\ 0, & \text{其他}. \end{cases}$$

X 的边缘分布为

$$F_X(x) = F(x, +\infty) = \begin{cases} 1 - \frac{1}{2} e^{-\lambda x}, & x \geqslant 0, \\ \frac{1}{2} e^{\lambda x}, & x < 0. \end{cases}$$

6.18 【解】设 1000 次试验中 A 发生的次数为 X,则 $X \sim B(1000, p)$,其中 p 未知,

$$EX = 1000p, DX = 1000p(1-p).$$

依题意要用切比雪夫不等式估算,

$$P\left\{ \left| \frac{X}{1000} - p \right| < 0.1 \right\} = P\{| X - 1000p | < 100\}$$

$$= P\{| X - EX | < 100\} \geqslant 1 - \frac{DX}{100^2}$$

$$= 1 - 0.1p(1-p) = 0.1p^2 - 0.1p + 1$$

$$= 0.1(p^2 - p + 10),$$

因为 p 未知,取二次函数 $y = p^2 - p + 10, y' = 2p - 1$,当 $p = 0.5$ 时取最小值 $0.5^2 - 0.5 + 10 = 9.75$,所以

$$P\left\{ \left| \frac{X}{1000} - p \right| < 10\% \right\} \geqslant 0.1(p^2 - p + 10) \geqslant 0.975.$$

6.19 【证】(1) 记 $P(A) = p_1, P(B) = p_2, P(AB) = p_{12}$,则

$$EX = 1 \cdot P(A) + (-1) \cdot P(\overline{A}) = p_1 - (1 - p_1) = 2p_1 - 1,$$

$$EY = 1 \cdot P(B) + (-1) \cdot P(\overline{B}) = p_2 - (1 - p_2) = 2p_2 - 1.$$

又

$$P\{XY = 1\} = P(AB) + P(\overline{A}\,\overline{B}) = P(AB) + P(\overline{A \cup B})$$

$$= P(AB) + 1 - P(A) - P(B) + P(AB)$$

$$= 2p_{12} - p_1 - p_2 + 1,$$

$$P\{XY = -1\} = P(A\overline{B}) + P(\overline{A}B) = 1 - P\{XY = 1\} = p_1 + p_2 - 2p_{12},$$

于是

$$E(XY) = 1 \cdot P\{XY = 1\} + (-1) \cdot P\{XY = -1\} = 4p_{12} - 2p_1 - 2p_2 + 1,$$

$$\mathrm{Cov}(X,Y)=E(XY)-EXEY$$
$$=4p_{12}-2p_1-2p_2+1-(2p_1-1)(2p_2-1)$$
$$=4p_{12}-4p_1p_2,$$

因此,X 与 Y 不相关的充要条件是 $\mathrm{Cov}(X,Y)=0$,即 $p_{12}-p_1p_2=0,P(AB)=P(A)P(B)$,也即 A,B 相互独立.

(2) 由 A 与 B 独立,则 A 与 $\overline{B}$,$\overline{A}$ 与 B,$\overline{A}$ 与 $\overline{B}$ 均独立,于是有

$$P\{X=1,Y=1\}=P(AB)=P(A)P(B)=P\{X=1\}\cdot P\{Y=1\},$$
$$P\{X=1,Y=-1\}=P(A\overline{B})=P(A)P(\overline{B})=P\{X=1\}\cdot P\{Y=-1\},$$
$$P\{X=-1,Y=1\}=P(\overline{A}B)=P(\overline{A})P(B)=P\{X=-1\}\cdot P\{Y=1\},$$
$$P\{X=-1,Y=-1\}=P(\overline{A}\,\overline{B})=P(\overline{A})P(\overline{B})=P\{X=-1\}\cdot\{Y=-1\},$$

故 A 与 B 独立 $\Leftrightarrow$ 随机变量 X 与 Y 独立.

【注】将 X,Y 化为伯努利计数变量(事实上二元随机变量必可化为伯努利计数变量),并记

$$U=\frac{X+1}{2}=\begin{cases}1,&A\text{ 发生},\\0,&A\text{ 不发生},\end{cases}\quad V=\frac{Y+1}{2}=\begin{cases}1,&B\text{ 发生},\\0,&B\text{ 不发生}.\end{cases}$$

则 U 与 V 不相关 $\Leftrightarrow U$ 与 V 独立.

证明并不难,

$$EU=1\cdot P(A)+0\cdot P(\overline{A})=P(A),$$
$$EV=1\cdot P(B)+0\cdot P(\overline{B})=P(B),$$
$$E(UV)=P(AB),$$

所以,U 与 V 不相关 $\Leftrightarrow E(UV)=EU\cdot EV\Leftrightarrow P(AB)=P(A)P(B)\Leftrightarrow A,B$ 相互独立.

而 A,B 独立 $\Leftrightarrow A$ 与 $\overline{B}$,$\overline{A}$ 与 B,$\overline{A}$ 与 $\overline{B}$ 均独立.于是有

$$P\{U=1,V=1\}=P(AB)=P(A)P(B)=P\{U=1\}\cdot P\{V=1\},$$
$$P\{U=1,V=0\}=P(A\overline{B})=P(A)P(\overline{B})=P\{U=1\}\cdot P\{V=0\},$$
$$P\{U=0,V=1\}=P(\overline{A}B)=P(\overline{A})P(B)=P\{U=0\}\cdot P\{V=1\},$$
$$P\{U=0,V=0\}=P(\overline{A}\,\overline{B})=P(\overline{A})P(\overline{B})=P\{U=0\}\cdot P\{V=0\},$$

得到 U,V 独立,故 U 与 V 不相关 $\Leftrightarrow U$ 与 V 相互独立.

由上述证明可知,对于二元随机变量 X,Y,有 X 与 Y 不相关 $\Leftrightarrow X$ 与 Y 相互独立.

6.20 **【证】**(1) 由 ρ 的定义式知,$\rho=0$ 当且仅当

$$P(AB)=P(A)P(B),$$

即 A,B 相互独立.

(2) 设随机变量 X,Y 分别为

$$X=\begin{cases}1,&A\text{ 发生},\\0,&A\text{ 不发生},\end{cases}\quad Y=\begin{cases}1,&B\text{ 发生},\\0,&B\text{ 不发生},\end{cases}$$

于是

$$X\sim\begin{pmatrix}0&1\\1-P(A)&P(A)\end{pmatrix},Y\sim\begin{pmatrix}0&1\\1-P(B)&P(B)\end{pmatrix},$$

有

$$EX = P(A), E(X^2) = P(A),$$
$$EY = P(B), E(Y^2) = P(B),$$
$$DX = E(X^2) - (EX)^2 = P(A) - [P(A)]^2 = P(A)P(\overline{A}),$$
$$DY = E(Y^2) - (EY)^2 = P(B)P(\overline{B}),$$
$$P(AB) = P\{X=1, Y=1\} = 1 \cdot P\{XY=1\} + 0 \cdot P\{XY=0\} = E(XY),$$

所以

$$\text{Cov}(X,Y) = E(XY) - EXEY = P(AB) - P(A)P(B),$$
$$\rho_{XY} = \frac{\text{Cov}(X,Y)}{\sqrt{DX}\sqrt{DY}} = \rho.$$

因此,事件 A, B 的相关系数即为随机变量 X, Y 的相关系数,从而由随机变量的相关系数的基本性质,有 $|\rho| \leqslant 1$.

第7讲
大数定律与中心极限定理

知识结构

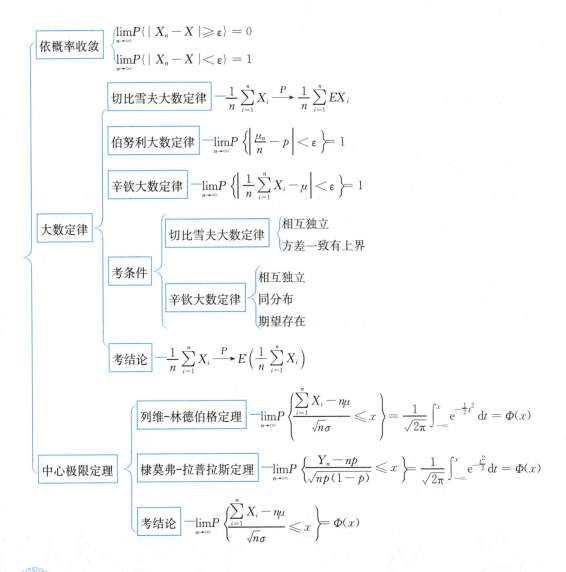

依概率收敛
$$\begin{cases} \lim_{n\to\infty} P\{|X_n - X| \geqslant \varepsilon\} = 0 \\ \lim_{n\to\infty} P\{|X_n - X| < \varepsilon\} = 1 \end{cases}$$

大数定律
- 切比雪夫大数定律 — $\dfrac{1}{n}\sum_{i=1}^{n} X_i \overset{P}{\longrightarrow} \dfrac{1}{n}\sum_{i=1}^{n} EX_i$
- 伯努利大数定律 — $\lim_{n\to\infty} P\left\{\left|\dfrac{\mu_n}{n} - p\right| < \varepsilon\right\} = 1$
- 辛钦大数定律 — $\lim_{n\to\infty} P\left\{\left|\dfrac{1}{n}\sum_{i=1}^{n} X_i - \mu\right| < \varepsilon\right\} = 1$
- 考条件
  - 切比雪夫大数定律
    - 相互独立
    - 方差一致有上界
  - 辛钦大数定律
    - 相互独立
    - 同分布
    - 期望存在
- 考结论 — $\dfrac{1}{n}\sum_{i=1}^{n} X_i \overset{P}{\longrightarrow} E\left(\dfrac{1}{n}\sum_{i=1}^{n} X_i\right)$

中心极限定理
- 列维-林德伯格定理 — $\lim_{n\to\infty} P\left\{\dfrac{\sum\limits_{i=1}^{n} X_i - n\mu}{\sqrt{n}\sigma} \leqslant x\right\} = \dfrac{1}{\sqrt{2\pi}}\int_{-\infty}^{x} e^{-\frac{1}{2}t^2}\,\mathrm{d}t = \varPhi(x)$
- 棣莫弗-拉普拉斯定理 — $\lim_{n\to\infty} P\left\{\dfrac{Y_n - np}{\sqrt{np(1-p)}} \leqslant x\right\} = \dfrac{1}{\sqrt{2\pi}}\int_{-\infty}^{x} e^{-\frac{t^2}{2}}\,\mathrm{d}t = \varPhi(x)$
- 考结论 — $\lim_{n\to\infty} P\left\{\dfrac{\sum\limits_{i=1}^{n} X_i - n\mu}{\sqrt{n}\sigma} \leqslant x\right\} = \varPhi(x)$

一 依概率收敛

设随机变量 X 与随机变量序列 $\{X_n\}$ $(n = 1, 2, 3, \cdots)$，如果对任意的 $\varepsilon > 0$，有

$$\lim_{n \to \infty} P\{|X_n - X| \geqslant \varepsilon\} = 0 \ \text{或} \lim_{n \to \infty} P\{|X_n - X| < \varepsilon\} = 1,$$

则称随机变量序列 $\{X_n\}$ **依概率收敛于随机变量** X，记为

$$\lim_{n \to \infty} X_n = X(P) \ \text{或} \ X_n \xrightarrow{P} X(n \to \infty).$$

【注】(1) 以上定义中将随机变量 X 写成数 a 也成立.

(2) 设 $X_n \xrightarrow{P} X, Y_n \xrightarrow{P} Y, g(x,y)$ 是二元连续函数,则

$$g(X_n, Y_n) \xrightarrow{P} g(X,Y).$$

一般地,对 m 元连续函数 $g(x_1, x_2, \cdots, x_m)$,上述结论亦成立.

(3) 在讨论未知参数估计量是否具有一致性(相合性)时,常常要用到依概率收敛这一性质和大数定律.

见例 7.1.

1. 切比雪夫大数定律

假设 $\{X_n\}(n=1,2,\cdots)$ 是相互独立的随机变量序列,如果方差 $DX_i(i \geqslant 1)$ 存在且一致有上界,即存在常数 C,使 $DX_i \leqslant C$ 对一切 $i \geqslant 1$ 均成立,则 $\{X_n\}$ 服从大数定律:

$$\frac{1}{n} \sum_{i=1}^{n} X_i \xrightarrow{P} \frac{1}{n} \sum_{i=1}^{n} EX_i.$$

2. 伯努利大数定律

假设 μ_n 是 n 重伯努利试验中事件 A 发生的次数,在每次试验中事件 A 发生的概率为 $p(0 < p < 1)$,则 $\frac{\mu_n}{n} \xrightarrow{P} p$,即对任意 $\varepsilon > 0$,有

$$\lim_{n \to \infty} P\left\{\left|\frac{\mu_n}{n} - p\right| < \varepsilon\right\} = 1.$$

3. 辛钦大数定律

假设 $\{X_n\}(n=1,2,\cdots)$ 是独立同分布的随机变量序列,如果数学期望 $EX_i = \mu(i=1,2,\cdots)$ 存在,则 $\frac{1}{n} \sum_{i=1}^{n} X_i \xrightarrow{P} \mu$,即对任意 $\varepsilon > 0$,有

$$\lim_{n \to \infty} P\left\{\left|\frac{1}{n} \sum_{i=1}^{n} X_i - \mu\right| < \varepsilon\right\} = 1.$$

4. 考条件

切比雪夫大数定律要求:① 相互独立;② 方差一致有上界.

辛钦大数定律要求:① 相互独立;② 同分布;③ 期望存在.

5. 考结论

在满足一定条件时,上面三个大数定律都在讲同一个结论

$$\frac{1}{n}\sum_{i=1}^{n}X_i \xrightarrow{P} E\left(\frac{1}{n}\sum_{i=1}^{n}X_i\right).$$

见例 7.2,例 7.3.

1. 列维－林德伯格定理

假设 $\{X_n\}$ 是独立同分布的随机变量序列,如果 $EX_i = \mu, DX_i = \sigma^2 > 0 (i = 1,2,\cdots)$ 存在,则 $\{X_n\}$ 服从中心极限定理,即对任意的实数 x,有

$$\lim_{n\to\infty}P\left\{\frac{\sum_{i=1}^{n}X_i - n\mu}{\sqrt{n}\sigma} \leqslant x\right\} = \frac{1}{\sqrt{2\pi}}\int_{-\infty}^{x}e^{-\frac{1}{2}t^2}dt = \Phi(x).$$

【注】(1) 定理的三个条件"独立、同分布、期望与方差存在",缺一不可.

(2) 只要 X_n 满足定理条件,那么当 n 很大时,独立同分布随机变量的和 $\sum_{i=1}^{n}X_i$ 近似服从正态分布 $N(n\mu, n\sigma^2)$,由此可知,当 n 很大时,有

$$P\left\{a < \sum_{i=1}^{n}X_i < b\right\} \approx \Phi\left(\frac{b - n\mu}{\sqrt{n}\sigma}\right) - \Phi\left(\frac{a - n\mu}{\sqrt{n}\sigma}\right),$$

这常常是解题的依据.只要题目涉及独立同分布随机变量的和 $\sum_{i=1}^{n}X_i$,我们就要考虑独立同分布的中心极限定理.

2. 棣莫弗－拉普拉斯定理

假设随机变量 $Y_n \sim B(n,p)(0 < p < 1, n \geqslant 1)$,则对任意实数 x,有

$$\lim_{n\to\infty}P\left\{\frac{Y_n - np}{\sqrt{np(1-p)}} \leqslant x\right\} = \frac{1}{\sqrt{2\pi}}\int_{-\infty}^{x}e^{-\frac{t^2}{2}}dt = \Phi(x).$$

【注】(1) 如果记 $X_i \sim B(1,p)(0 < p < 1)$,即 $X_i \sim \begin{pmatrix} 1 & 0 \\ p & 1-p \end{pmatrix}$ 且相互独立,则

$$Y_n = \sum_{i=1}^{n}X_i \sim B(n,p),$$

由列维-林德伯格定理推出棣莫弗-拉普拉斯定理.

(2) 二项分布概率计算的三种方法.设 $X \sim B(n,p)$.

① 当 n 不太大时 $(n \leqslant 10)$,直接计算

$$P\{X=k\}=C_n^k p^k (1-p)^{n-k}, k=0,1,\cdots,n;$$

② 当 n 较大且 p 较小时 $(n>10, p<0.1)$，$\lambda=np$ 适中，根据泊松定理有近似公式

$$P\{X=k\}=C_n^k p^k (1-p)^{n-k} \approx \frac{\lambda^k}{k!}e^{-\lambda}, k=0,1,\cdots,n;$$

③ 当 n 较大而 p 不太大时 $(p<0.1, np \geqslant 10)$，根据中心极限定理，有近似公式

$$P\{a<X<b\} \approx \Phi\left(\frac{b-np}{\sqrt{np(1-p)}}\right) - \Phi\left(\frac{a-np}{\sqrt{np(1-p)}}\right).$$

3. 考结论

不论 $X_i \overset{iid}{\sim} F(\mu, \sigma^2)$，$\mu=EX_i$，$\sigma^2=DX_i \Rightarrow \sum_{i=1}^n X_i \overset{n\to\infty}{\sim} N(n\mu, n\sigma^2) \Rightarrow \dfrac{\sum\limits_{i=1}^n X_i - n\mu}{\sqrt{n}\sigma} \overset{n\to\infty}{\sim} N(0,1)$，即

$$\lim_{n\to\infty} P\left\{\frac{\sum\limits_{i=1}^n X_i - n\mu}{\sqrt{n}\sigma} \leqslant x\right\} = \Phi(x).$$

见例 7.3.

例 7.1 设 $\{X_n\}$ 是一随机变量序列，$X_n(n=1,2,\cdots)$ 的概率密度为

$$f_n(x) = \frac{n}{\pi(1+n^2 x^2)}, -\infty < x < +\infty,$$

证明：$X_n \xrightarrow{P} 0 (n\to\infty)$.

【证】对任意给定的 $\varepsilon>0$，由于

$$P\{|X_n - 0| < \varepsilon\} = \int_{-\varepsilon}^{\varepsilon} \frac{n}{\pi(1+n^2 x^2)} dx = \frac{2}{\pi}\arctan(n\varepsilon),$$

故 $\lim\limits_{n\to\infty} P\{|X_n|<\varepsilon\} = \lim\limits_{n\to\infty} \frac{2}{\pi}\arctan(n\varepsilon) = 1$，所以 $X_n \xrightarrow{P} 0(n\to\infty)$.

例 7.2 设总体 X 服从参数为 2 的指数分布，$X_1, X_2, \cdots, X_n$ 为来自总体 X 的简单随机样本，则当 $n\to\infty$ 时，$Y_n = \frac{1}{n}\sum_{i=1}^n X_i^2$ 依概率收敛于_____.

【解】应填 $\frac{1}{2}$.

本题主要考查辛钦大数定律. 由题设，$X_i(i=1,2,\cdots,n)$ 均服从参数为 2 的指数分布，因此，

$$E(X_i^2) = DX_i + (EX_i)^2 = \frac{2}{\lambda^2} = \frac{1}{2}.$$

根据辛钦大数定律，若 $X_1, X_2, \cdots, X_n$ 独立同分布且具有相同的数学期望，即 $EX_i = \mu$，则对任意的正数 ε，有

$$\lim_{n\to\infty} P\left\{\left|\frac{1}{n}\sum_{i=1}^n X_i - \mu\right| < \varepsilon\right\} = 1,$$

从而，本题有

$$\lim_{n\to\infty} P\left\{\left|\frac{1}{n}\sum_{i=1}^n X_i^2 - \frac{1}{2}\right| < \varepsilon\right\} = 1,$$

即当 $n \to \infty$ 时,$Y_n = \dfrac{1}{n}\sum_{i=1}^{n} X_i^2$ 依概率收敛于 $\dfrac{1}{2}$.

例 7.3 设随机变量序列 $X_1, X_2, \cdots, X_n, \cdots$ 相互独立同分布,且 $EX_n = 0$,则 $\lim_{n \to \infty} P\left\{\sum_{i=1}^{n} X_i < n\right\} =$ _____;又若 $DX_n = \sigma^2$ 存在,则 $\lim_{n \to \infty} P\left\{\sum_{i=1}^{n} X_i \leqslant 0\right\} =$ _____.

【分析】这是一道计算数列 $a_n = P\left\{\sum_{i=1}^{n} X_i < x\right\}$ 极限的试题,而与此有关的内容有切比雪夫不等式、辛钦大数定律与中心极限定理.

切比雪夫不等式:$P\{|X - EX| \geqslant \varepsilon\} \leqslant \dfrac{DX}{\varepsilon^2}$,要求 DX 存在且 $\varepsilon > 0$,第一问缺少 DX 存在的假设,第二问要取 $\varepsilon = 0$,因此不能用切比雪夫不等式解答此题. 由题设"独立同分布且 $EX_n = 0$",自然想到用辛钦大数定律来计算.

【解】应填 1;$\dfrac{1}{2}$.

由于 $\dfrac{1}{n}\sum_{i=1}^{n} X_i \xrightarrow{P} EX_n = 0$,即对任意 $\varepsilon > 0$ 有 $\lim_{n \to \infty} P\left\{\left|\dfrac{1}{n}\sum_{i=1}^{n} X_i\right| \geqslant \varepsilon\right\} = 0$,取 $\varepsilon = 1$ 以及由 $\left\{\dfrac{1}{n}\sum_{i=1}^{n} X_i \geqslant 1\right\} \subseteq \left\{\left|\dfrac{1}{n}\sum_{i=1}^{n} X_i\right| \geqslant 1\right\}$,可得

$$\lim_{n \to \infty} P\left\{\dfrac{1}{n}\sum_{i=1}^{n} X_i \geqslant 1\right\} \leqslant \lim_{n \to \infty} P\left\{\left|\dfrac{1}{n}\sum_{i=1}^{n} X_i\right| \geqslant 1\right\} = 0,$$

从而有 $\lim_{n \to \infty} P\left\{\sum_{i=1}^{n} X_i < n\right\} = \lim_{n \to \infty} P\left\{\dfrac{1}{n}\sum_{i=1}^{n} X_i < 1\right\} = \lim_{n \to \infty}\left(1 - P\left\{\dfrac{1}{n}\sum_{i=1}^{n} X_i \geqslant 1\right\}\right) = 1$,所以第一空应填 1.

又若 $DX_n = \sigma^2$ 存在,根据独立同分布中心极限定理,知

$$\lim_{n \to \infty} P\left\{\dfrac{\sum_{i=1}^{n} X_i - E\left(\sum_{i=1}^{n} X_i\right)}{\sqrt{D\left(\sum_{i=1}^{n} X_i\right)}} \leqslant x\right\} = \Phi(x) \quad (-\infty < x < +\infty),$$

取 $x = 0$,即得 $\lim_{n \to \infty} P\left\{\sum_{i=1}^{n} X_i \leqslant 0\right\} = \Phi(0) = \dfrac{1}{2}$.

习题

7.1 下列命题正确的是( ).

(A) 由辛钦大数定律可以得出切比雪夫大数定律

(B) 由切比雪夫大数定律可以得出辛钦大数定律

(C) 由切比雪夫大数定律可以得出伯努利大数定律

(D) 由伯努利大数定律可以得出切比雪夫大数定律

7.2 设 $\{X_i\}$ 相互独立且均服从参数为 λ 的指数分布,记 $\overline{X}_n = \dfrac{1}{n}\sum_{i=1}^{n} X_i$,则当 $n \to \infty$ 时,$\overline{X}_n$ 依概率

收敛于 _____;$\dfrac{1}{n}\sum_{i=1}^{n} X_i^2$ 依概率收敛于 _____;$\dfrac{1}{n}\sum_{i=1}^{n}(X_i - \overline{X}_n)^2$ 依概率收敛于 _____;

$$\lim_{n\to\infty} P\left\{0 < \overline{X}_n < \frac{2}{\lambda}\right\} = \underline{\qquad}.$$

7.3 设 $\{X_k\}$ 为独立同分布的随机变量序列,并且 X_k 的概率分布为

$$P\{X_k = 2^{i-2\ln i}\} = 2^{-i}(i = 1, 2, \cdots),$$

证明:$\{X_k\}$ 服从大数定律.

7.4 设随机变量序列 $X_1, X_2, \cdots, X_n, \cdots$,记 $S_n = \sum_{i=1}^{n} X_i(n$ 足够大),则 S_n 可用正态分布近似的充分条件是( ).

(A) $X_1, X_2, \cdots, X_n, \cdots$ 独立同分布,且概率密度均为 $f(x) = \dfrac{1}{\pi(1+x^2)}$

(B) $X_1, X_2, \cdots, X_n, \cdots$ 均服从参数为 λ 的泊松分布

(C) $X_1, X_2, \cdots, X_n, \cdots$ 相互独立,均服从区间 $[a, b]$ 上的均匀分布

(D) $X_1, X_2, \cdots, X_n, \cdots$ 均服从参数为 $p(0 < p < 1)$ 的两点分布

7.5 设随机变量 $X_n(n > 1)$ 相互独立,且都在 $[-1, 1]$ 上服从均匀分布,则 $\lim_{n\to\infty} P\left\{\dfrac{\sum_{i=1}^{n} X_i}{\sqrt{n}} \leqslant 1\right\} = $

_____.(结果用标准正态分布函数 $\Phi(x)$ 表示)

7.6 某保险公司接受了 10000 辆电动自行车的保险,每辆每年的保费为 12 元.若车丢失,则车主获得赔偿 1000 元.设车的丢失率为 0.006,对于此项业务,利用中心极限定理,求保险公司:

(1) 亏损的概率 α;

(2) 一年所获利润不少于 40000 元的概率 β;$(\Phi(2.59) = 0.9952)$

(3) 一年所获利润不少于 60000 元的概率 γ.

解析

7.1 【解】应选(C).

切比雪夫大数定律的条件:随机变量 $X_1, X_2, \cdots, X_n, \cdots$ 相互独立,并且存在常数 C,使 $DX_i \leqslant C$ $(i = 1, 2, \cdots, n, \cdots)$. 显然这样的常数 C 对于选项(C)存在.事实上伯努利大数定律可以表述为假设随机变量 $X_1, X_2, \cdots, X_n, \cdots$ 独立且都服从参数为 p 的 $0-1$ 分布,则

$$\frac{1}{n} \sum_{i=1}^{n} X_i \xrightarrow{P} p.$$

对于服从参数为 p 的 $0-1$ 分布的随机变量 $X_1, X_2, \cdots, X_n, \cdots$,显然

$$DX_i = p(1-p) \leqslant \frac{1}{4}(i = 1, 2, \cdots, n, \cdots).$$

从而满足切比雪夫大数定律的条件.此外,(A),(B),(D) 选项中前者的条件均推不出后者的条件,故均不成立.

7.2 【解】应填 $\dfrac{1}{\lambda}$;$\dfrac{2}{\lambda^2}$;$\dfrac{1}{\lambda^2}$;1.

依题意,显然我们要用依概率收敛定义、性质及大数定律来计算所要的结果.

已知 $\{X_i\}$ 独立同分布,且 $EX_i = \dfrac{1}{\lambda}, DX_i = \dfrac{1}{\lambda^2}$,所以 $\{X_i^2\}$ 独立同分布,且 $E(X_i^2) = DX_i + (EX_i)^2 = \dfrac{2}{\lambda^2}$.

由辛钦大数定律知,

$$\overline{X}_n = \frac{1}{n}\sum_{i=1}^n X_i \xrightarrow{P} \frac{1}{\lambda}.$$

对 $\{X_i^2\}$ 应用辛钦大数定律得

$$\frac{1}{n}\sum_{i=1}^n X_i^2 \xrightarrow{P} \frac{2}{\lambda^2}.$$

而

$$\frac{1}{n}\sum_{i=1}^n (X_i - \overline{X}_n)^2 = \frac{1}{n}\sum_{i=1}^n (X_i^2 - 2\overline{X}_n X_i + \overline{X}_n^2)$$

$$= \frac{1}{n}\sum_{i=1}^n X_i^2 - 2\overline{X}_n \cdot \frac{1}{n}\sum_{i=1}^n X_i + \overline{X}_n^2$$

$$= \frac{1}{n}\sum_{i=1}^n X_i^2 - \overline{X}_n^2,$$

所以根据依概率收敛性质,得

$$\frac{1}{n}\sum_{i=1}^n (X_i - \overline{X}_n)^2 = \frac{1}{n}\sum_{i=1}^n X_i^2 - \overline{X}_n^2 \xrightarrow{P} \frac{2}{\lambda^2} - \frac{1}{\lambda^2} = \frac{1}{\lambda^2}.$$

因为 $\overline{X}_n \xrightarrow{P} \dfrac{1}{\lambda}$,所以对任意 $\varepsilon > 0$,有

$$\lim_{n\to\infty} P\left\{\left|\overline{X}_n - \frac{1}{\lambda}\right| < \varepsilon\right\} = \lim_{n\to\infty} P\left\{\frac{1}{\lambda} - \varepsilon < \overline{X}_n < \frac{1}{\lambda} + \varepsilon\right\} = 1.$$

取 $\varepsilon = \dfrac{1}{\lambda} > 0$,得

$$\lim_{n\to\infty} P\left\{0 < \overline{X}_n < \frac{2}{\lambda}\right\} = 1.$$

7.3 【证】因为

$$EX_k = \sum_{i=1}^{\infty} (2^{i-2\ln i} \times 2^{-i}) = \sum_{i=1}^{\infty} \frac{1}{2^{2\ln i}} = \sum_{i=1}^{\infty} \frac{1}{4^{\ln i}} < +\infty (存在),$$

由辛钦大数定律可知 $\{X_k\}$ 服从大数定律.

7.4 【解】应选(C).

适用中心极限定理的条件是 $X_1, X_2, \cdots, X_n, \cdots$ 独立同分布及期望与方差均存在,而选项(B)和(D)均无独立的条件,而选项(A)的期望不存在,由排除法,仅选项(C)满足要求,故选之.

7.5 【解】应填 $\Phi(\sqrt{3})$.

由题目的假设与要求,得知应根据独立同分布中心极限定理计算出结果.

由于 X_n 相互独立且都在 $[-1,1]$ 上服从均匀分布,所以 $EX_n = 0, DX_n = \dfrac{2^2}{12} = \dfrac{1}{3}$,根据独立同分布中心极限定理,对任意 $x \in \mathbf{R}$,有

$$\lim_{n\to\infty} P\left\{\frac{\sum_{i=1}^n X_i - E\left(\sum_{i=1}^n X_i\right)}{\sqrt{D\left(\sum_{i=1}^n X_i\right)}} \leqslant x\right\} = \lim_{n\to\infty} P\left\{\frac{\sum_{i=1}^n X_i}{\sqrt{\frac{n}{3}}} \leqslant x\right\} = \lim_{n\to\infty} P\left\{\frac{\sum_{i=1}^n X_i}{\sqrt{n}} \leqslant \frac{1}{\sqrt{3}}x\right\} = \Phi(x),$$

取 $x = \sqrt{3}$，有 $\lim\limits_{n \to \infty} P\left\{\dfrac{\sum\limits_{i=1}^{n} X_i}{\sqrt{n}} \leqslant 1\right\} = \Phi(\sqrt{3})$.

7.6 【解】设 X 为"需要赔偿的车主人数"，则需要赔偿的金额为 $Y = 0.1X$（万元）；保费总收入 $C = 12$ 万元. 易见，随机变量 X 服从参数为 (n, p) 的二项分布，其中 $n = 10000$，$p = 0.006$；且

$$EX = np = 60, \quad DX = np(1-p) = 59.64.$$

由棣莫弗-拉普拉斯定理知，随机变量 X 近似服从正态分布 $N(60, 59.64)$，则随机变量 Y 近似服从正态分布 $N(6, 0.5964)$.

（1）保险公司亏损的概率

$$\alpha = P\{Y > 12\} = P\left\{\frac{Y-6}{\sqrt{0.5964}} > \frac{12-6}{\sqrt{0.5964}}\right\} \approx 1 - \Phi(7.77) \approx 0.$$

（2）保险公司一年所获利润不少于 4 万元的概率

$$\beta = P\{12 - Y \geqslant 4\} = P\{Y \leqslant 8\} = P\left\{\frac{Y-6}{\sqrt{0.5964}} \leqslant \frac{8-6}{\sqrt{0.5964}}\right\} \approx \Phi(2.59) = 0.9952.$$

（3）保险公司一年所获利润不少于 6 万元的概率

$$\gamma = P\{12 - Y \geqslant 6\} = P\{Y \leqslant 6\} = P\left\{\frac{Y-6}{\sqrt{0.5964}} \leqslant 0\right\} \approx \Phi(0) = 0.5.$$

第8讲
统计量及其分布

统计量

- 样本均值 —— $\overline{X} = \dfrac{1}{n}\sum\limits_{i=1}^{n} X_i$

- 样本方差 —— $S^2 = \dfrac{1}{n-1}\sum\limits_{i=1}^{n}(X_i - \overline{X})^2 = \dfrac{1}{n-1}\left(\sum\limits_{i=1}^{n} X_i^2 - n\overline{X}^2\right)$

- 样本标准差 —— $S = \sqrt{\dfrac{1}{n-1}\sum\limits_{i=1}^{n}(X_i - \overline{X})^2}$

- 样本 k 阶原点矩 —— $A_k = \dfrac{1}{n}\sum\limits_{i=1}^{n} X_i^k (k=1,2,\cdots)$

- 样本 k 阶中心矩 —— $B_k = \dfrac{1}{n}\sum\limits_{i=1}^{n}(X_i - \overline{X})^k (k=2,3,\cdots)$

- 顺序统计量 $\begin{cases} X_{(1)} = \min\{X_1, X_2, \cdots, X_n\} \\ X_{(n)} = \max\{X_1, X_2, \cdots, X_n\} \end{cases}$

- 经验分布函数（仅数学三）—— $F_n(x) = \begin{cases} 0, & x < x_{(1)} \\ \dfrac{k}{n}, & x_{(k)} \leqslant x < x_{(k+1)}\,(k=1,2,\cdots,n-1) \\ 1, & x \geqslant x_{(n)} \end{cases}$

统计量的分布

- 正态分布 —— $X \sim N(0,1), P\{X > \mu_\alpha\} = \alpha\,(0 < \alpha < 1)$

- χ^2 分布 $\begin{cases} X_1, X_2, \cdots, X_n \text{ 独立同服从 } N(0,1), \text{则 } X = \sum\limits_{i=1}^{n} X_i^2 \sim \chi^2(n) \\ EX = n, DX = 2n \end{cases}$

- t 分布 $\begin{cases} X \sim N(0,1), Y \sim \chi^2(n), X, Y \text{ 独立}, t = \dfrac{X}{\sqrt{Y/n}} \sim t(n) \\ t_{1-\alpha}(n) = -t_\alpha(n) \end{cases}$

- F 分布 $\begin{cases} X \sim \chi^2(n_1), Y \sim \chi^2(n_2), X, Y \text{ 独立}, F = \dfrac{X/n_1}{Y/n_2} \sim F(n_1, n_2) \\ \dfrac{1}{F} \sim F(n_2, n_1), F_{1-\alpha}(n_1, n_2) = \dfrac{1}{F_\alpha(n_2, n_1)} \end{cases}$

正态总体下的常用结论

$\textcircled{1}\ \overline{X} \sim N\left(\mu, \dfrac{\sigma^2}{n}\right)$ ，即 $\dfrac{\overline{X} - \mu}{\dfrac{\sigma}{\sqrt{n}}} = \dfrac{\sqrt{n}(\overline{X} - \mu)}{\sigma} \sim N(0,1)$

$\textcircled{2}\ \dfrac{1}{\sigma^2}\sum\limits_{i=1}^{n}(X_i - \mu)^2 \sim \chi^2(n)$

$\textcircled{3}\ \dfrac{(n-1)S^2}{\sigma^2} = \sum\limits_{i=1}^{n}\left(\dfrac{X_i - \overline{X}}{\sigma}\right)^2 \sim \chi^2(n-1)$

$\textcircled{4}\ \dfrac{n(\overline{X} - \mu)^2}{S^2} \sim F(1, n-1)$

研究对象的某数量指标的全体称为总体 X，n 个相互独立且与总体 X 具有相同概率分布的随机变量 $X_1, X_2, \cdots, X_n$ 所组成的整体 $(X_1, X_2, \cdots, X_n)$ 称为来自总体 X 的容量为 n 的一个**简单随机样本**，简称**样本**。一次抽样结果的 n 个具体数值 $(x_1, x_2, \cdots, x_n)$ 称为样本 $X_1, X_2, \cdots, X_n$ 的一个**观测值**（或**样本值**）。

当 $X_1, X_2, \cdots, X_n$ 为来自总体 X 的一个样本时，$g(x_1, x_2, \cdots, x_n)$ 为 n 元函数，如果 g 中不含任何未知参数，则称 $g(X_1, X_2, \cdots, X_n)$ 为样本 $X_1, X_2, \cdots, X_n$ 的一个**统计量**。统计量就是由统计数据计算得来的量。统计量是随机样本的函数，也是随机变量。

一 统计量

设 $X_1, X_2, \cdots, X_n$ 是来自总体 X 的简单随机样本，则相应的统计量定义如下。

① **样本均值** $\overline{X} = \dfrac{1}{n} \sum\limits_{i=1}^{n} X_i$。

② **样本方差** $S^2 = \dfrac{1}{n-1} \sum\limits_{i=1}^{n} (X_i - \overline{X})^2 = \dfrac{1}{n-1} \left(\sum\limits_{i=1}^{n} X_i^2 - n\overline{X}^2 \right)$；

　　样本标准差 $S = \sqrt{\dfrac{1}{n-1} \sum\limits_{i=1}^{n} (X_i - \overline{X})^2}$。

③ **样本 k 阶原点矩** $A_k = \dfrac{1}{n} \sum\limits_{i=1}^{n} X_i^k \ (k = 1, 2, \cdots)$。

④ **样本 k 阶中心矩** $B_k = \dfrac{1}{n} \sum\limits_{i=1}^{n} (X_i - \overline{X})^k \ (k = 2, 3, \cdots)$。

⑤ **顺序统计量** 将样本 $X_1, X_2, \cdots, X_n$ 的 n 个观测量按其取值从小到大的顺序排列，得
$$X_{(1)} \leqslant X_{(2)} \leqslant \cdots \leqslant X_{(n)}.$$

随机变量 $X_{(k)} \ (k = 1, 2, \cdots, n)$ 称作**第 k 顺序统计量**，其中 $X_{(1)}$ 是最小观测量，而 $X_{(n)}$ 是最大观测量：
$$X_{(1)} = \min\{X_1, X_2, \cdots, X_n\}, \ X_{(n)} = \max\{X_1, X_2, \cdots, X_n\}.$$

【注】 数学三有一个考点，数学一不考，叫经验分布函数，即 $(x_1, x_2, \cdots, x_n)$ 为总体样本 $(X_1, X_2, \cdots, X_n)$ 的一个观测值，按大小顺序排列为 $x_{(1)} \leqslant x_{(2)} \leqslant \cdots \leqslant x_{(n)}$。对任意实数 x，称函数

$$F_n(x) = \dfrac{x_1, x_2, \cdots, x_n \text{中小于等于} x \text{的样本值个数}}{n}$$

$$= \begin{cases} 0, & x < x_{(1)}, \\ \dfrac{k}{n}, & x_{(k)} \leqslant x < x_{(k+1)} \ (k = 1, 2, \cdots, n-1), \\ 1, & x \geqslant x_{(n)} \end{cases}$$

为样本 $(X_1, X_2, \cdots, X_n)$ 的**经验分布函数**。

事实上，$F_n(x)$ 就是事件 $\{X \leqslant x\}$ 在 n 次试验中出现的频率，而 $P\{X \leqslant x\} = F(x)$ 是事件 $\{X \leqslant x\}$ 出现的概率，由伯努利大数定律（即频率收敛于概率）可知，当 n 充分大时，$F_n(x)$ 可作为未知分布函数 $F(x)$ 的一个近似，n 越大，近似效果越好。

例如，设 $(2, 1, 5, 2, 1, 3, 1)$ 是来自总体 X 的简单随机样本值，求总体 X 的经验分布函数 $F_7(x)$。

解 将各观测值按从小到大的顺序排列，得 $1, 1, 1, 2, 2, 3, 5$，则经验分布函数为

$$F_7(x) = \begin{cases} 0, & x < 1, \\ \dfrac{3}{7}, & 1 \leqslant x < 2, \\ \dfrac{5}{7}, & 2 \leqslant x < 3, \\ \dfrac{6}{7}, & 3 \leqslant x < 5, \\ 1, & x \geqslant 5. \end{cases}$$

这经验分布函数即可作为 X 的分布函数的近似.当然,$n \to \infty$ 时,$F_n(x) \xrightarrow{P} F(x)$ 这个结论,可通过习题 8.6 来作严格证明.

见例 8.1,例 8.2.

二 统计量的分布

定义:统计量的分布称为抽样分布.

1. 正态分布

如果 X 的概率密度为

$$f(x) = \frac{1}{\sqrt{2\pi}\sigma} \mathrm{e}^{-\frac{1}{2}\left(\frac{x-\mu}{\sigma}\right)^2} \quad (-\infty < x < +\infty),$$

其中 $-\infty < \mu < +\infty, \sigma > 0$,则称 X 服从参数为 (μ, σ^2) 的**正态分布**或称 X 为**正态变量**,记为 $X \sim N(\mu, \sigma^2)$. 此时 $f(x)$ 的图形关于直线 $x = \mu$ 对称,即 $f(\mu - x) = f(\mu + x)$,并在 $x = \mu$ 处有唯一最大值 $f(\mu) = \dfrac{1}{\sqrt{2\pi}\sigma}$.

称 $\mu = 0, \sigma = 1$ 时的正态分布 $N(0,1)$ 为**标准正态分布**,通常记标准正态分布的概率密度为 $\varphi(x) = \dfrac{1}{\sqrt{2\pi}} \mathrm{e}^{-\frac{1}{2}x^2}$,分布函数为 $\Phi(x) = \dfrac{1}{\sqrt{2\pi}} \displaystyle\int_{-\infty}^{x} \mathrm{e}^{-\frac{t^2}{2}} \mathrm{d}t$. 显然 $\varphi(x)$ 为偶函数,

$$\Phi(0) = \frac{1}{2}, \Phi(-x) = 1 - \Phi(x).$$

若 $X \sim N(0,1), P\{X > \mu_\alpha\} = \alpha (0 < \alpha < 1)$,则称 μ_α 为标准正态分布的**上侧 α 分位数**.

2. χ^2 分布

(1) χ^2 分布的概念定义.

若随机变量 $X_1, X_2, \cdots, X_n$ 相互独立,且都服从标准正态分布,则随机变量 $X = \displaystyle\sum_{i=1}^{n} X_i^2$ 服从自由度为 n 的 χ^2 分布,记为 $X \sim \chi^2(n)$. 其概率密度 $f(x)$ 的图形如图 8-1 所示.特别地,$X_i^2 \sim \chi^2(1)$.

对给定的 $\alpha(0 < \alpha < 1)$,称满足

$$P\{\chi^2 > \chi_\alpha^2(n)\} = \int_{\chi_\alpha^2(n)}^{+\infty} f(x)\mathrm{d}x = \alpha$$

的 $\chi_\alpha^2(n)$ 为 $\chi^2(n)$ 分布的**上 α 分位点**(如图 8-2).对于不同的 $\alpha, n, \chi^2(n)$ 分布上 α 分位点可通过查表求得.

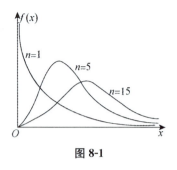

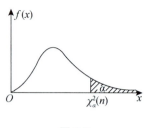

图 8-1 图 8-2

【注】(1) 自由度是指和式中独立变量的个数.

(2) 某分布上 α 分位点(亦称上侧 α 分位数)为 μ_α 意指:点 μ_α 上侧(即右侧),该概率密度曲线下方, x 轴上方图形面积为 α. 考研大纲中规定的便是上侧 α 分位数.

(2) χ^2 分布的性质.

① 若 $X_1 \sim \chi^2(n_1)$, $X_2 \sim \chi^2(n_2)$, X_1 与 X_2 相互独立,则 $X_1 + X_2 \sim \chi^2(n_1 + n_2)$.

一般地,若 $X_i \sim \chi^2(n_i)(i = 1, 2, \cdots, m)$, $X_1, X_2, \cdots, X_m$ 相互独立,则

$$\sum_{i=1}^{m} X_i \sim \chi^2\left(\sum_{i=1}^{m} n_i\right).$$

② 若 $X \sim \chi^2(n)$,则 $EX = n, DX = 2n$.

见例 8.3.

3. t 分布

(1) t 分布的概念定义.

设随机变量 $X \sim N(0, 1)$, $Y \sim \chi^2(n)$, X 与 Y 相互独立,则随机变量 $t = \dfrac{X}{\sqrt{Y/n}}$ 服从自由度为 n 的 t 分布,记为 $t \sim t(n)$.

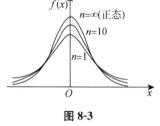

图 8-3

t 分布概率密度 $f(x)$ 的图形关于 $x = 0$ 对称(如图 8-3),因此

$$Et = 0(n \geqslant 2).$$

(2) t 分布的性质.

由 t 分布概率密度 $f(x)$ 图形的对称性知

$$P\{t > -t_\alpha(n)\} = P\{t > t_{1-\alpha}(n)\},$$

故 $t_{1-\alpha}(n) = -t_\alpha(n)$.

当 α 值在表中没有时,可用此式求得上 α 分位点.

见例 8.4.

4. F 分布

(1) F 分布的概念定义.

设随机变量 $X \sim \chi^2(n_1)$, $Y \sim \chi^2(n_2)$,且 X 与 Y 相互独立,则 $F = \dfrac{X/n_1}{Y/n_2}$ 服从自由度为 (n_1, n_2) 的 F 分

布,记为 $F \sim F(n_1, n_2)$,其中 n_1 称为第一自由度,n_2 称为第二自由度. F 分布的概率密度 $f(x)$ 的图形如图 8-4 所示.

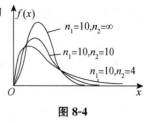

(2) F 分布的性质.

① 若 $F \sim F(n_1, n_2)$,则 $\dfrac{1}{F} \sim F(n_2, n_1)$.

② $F_{1-\alpha}(n_1, n_2) = \dfrac{1}{F_\alpha(n_2, n_1)}$.

图 8-4

"②" 常用来求 F 分布表中未列出的上 α 分位点.

见例 8.5.

三 正态总体下的常用结论

设 $X_1, X_2, \cdots, X_n$ 是取自正态总体 $N(\mu, \sigma^2)$ 的一个样本,$\overline{X}, S^2$ 分别是样本均值和样本方差,则

① $\overline{X} \sim N\left(\mu, \dfrac{\sigma^2}{n}\right)$,即 $\dfrac{\overline{X} - \mu}{\dfrac{\sigma}{\sqrt{n}}} = \dfrac{\sqrt{n}(\overline{X} - \mu)}{\sigma} \sim N(0,1)$;

② $\dfrac{1}{\sigma^2} \sum\limits_{i=1}^{n} (X_i - \mu)^2 \sim \chi^2(n)$;

③ $\dfrac{(n-1)S^2}{\sigma^2} = \sum\limits_{i=1}^{n} \left(\dfrac{X_i - \overline{X}}{\sigma}\right)^2 \sim \chi^2(n-1)$($\mu$ 未知,在 "②" 中用 $\overline{X}$ 替代 μ);

④ $\overline{X}$ 与 S^2 相互独立,$\dfrac{\sqrt{n}(\overline{X} - \mu)}{S} \sim t(n-1)$($\sigma$ 未知,在 "①" 中用 S 替代 σ). 进一步有

$$\dfrac{n(\overline{X} - \mu)^2}{S^2} \sim F(1, n-1).$$

例 8.1 设总体 X 服从泊松分布 $P(\lambda)$,$X_1, X_2, \cdots, X_n (n > 2)$ 是其样本,$\overline{X}, S^2$ 分别为样本均值与样本方差,求 $D\overline{X}, E(S^2)$.

【解】
$$D\overline{X} = D\left(\dfrac{1}{n}\sum_{i=1}^{n} X_i\right) = \dfrac{1}{n^2}\sum_{i=1}^{n} DX_i = \dfrac{\lambda}{n},$$

$$E(S^2) = E\left[\dfrac{1}{n-1}\sum_{i=1}^{n}(X_i - \overline{X})^2\right] = \dfrac{1}{n-1}E\left(\sum_{i=1}^{n} X_i^2 - n\overline{X}^2\right),$$

而
$$E\left(\sum_{i=1}^{n} X_i^2 - n\overline{X}^2\right) = \sum_{i=1}^{n} E(X_i^2) - nE(\overline{X}^2)$$

$$= \sum_{i=1}^{n}\left[DX_i + (EX_i)^2\right] - n\left[D\overline{X} + (E\overline{X})^2\right]$$

$$= \sum_{i=1}^{n}(\lambda + \lambda^2) - n\left(\dfrac{\lambda}{n} + \lambda^2\right)$$

$$= n\lambda + n\lambda^2 - \lambda - n\lambda^2 = (n-1)\lambda,$$

因此 $E(S^2) = \lambda$.

例 8.2 设 $X_1, X_2, \cdots, X_n (n > 2)$ 为独立同分布的随机变量,且均服从正态分布 $N(0,1)$,记 $\overline{X} = \dfrac{1}{n}\sum\limits_{i=1}^{n} X_i$,$Y_i = X_i - \overline{X}$,$i = 1, 2, \cdots, n$. 求:

(1) Y_i 的方差 DY_i,$i = 1, 2, \cdots, n$;

(2)Y_1 与 Y_n 的协方差 $\mathrm{Cov}(Y_1,Y_n)$；

(3)$P\{Y_1+Y_n\leqslant 0\}$.

【解】(1)
$$DY_i=D(X_i-\overline{X})$$
$$=D\Big[\Big(1-\frac{1}{n}\Big)X_i-\frac{1}{n}\sum_{k\neq i}^n X_k\Big]=\Big(1-\frac{1}{n}\Big)^2+\frac{n-1}{n^2}$$
$$=\frac{n-1}{n},i=1,2,\cdots,n.$$

(2)
$$\mathrm{Cov}(Y_1,Y_n)=\mathrm{Cov}(X_1-\overline{X},X_n-\overline{X})=\mathrm{Cov}(X_1,X_n-\overline{X})-\mathrm{Cov}(\overline{X},X_n-\overline{X})$$
$$=\mathrm{Cov}(X_1,X_n)-\mathrm{Cov}(X_1,\overline{X})-\mathrm{Cov}(\overline{X},X_n)+\mathrm{Cov}(\overline{X},\overline{X}),$$

其中,
$$\mathrm{Cov}(X_1,X_n)=0,$$
$$\mathrm{Cov}(X_i,\overline{X})=\mathrm{Cov}\Big(X_i,\frac{X_i}{n}\Big)+\mathrm{Cov}\Big(X_i,\frac{1}{n}\sum_{j\neq i}^n X_j\Big)$$
$$=\frac{1}{n}DX_i=\frac{1}{n},i=1,2,\cdots,n,$$
$$\mathrm{Cov}(\overline{X},\overline{X})=D\overline{X}=\frac{1}{n}.$$

故 $\mathrm{Cov}(Y_1,Y_n)=0-\frac{1}{n}-\frac{1}{n}+\frac{1}{n}=-\frac{1}{n}$.

(3) 由 $Y_1+Y_n=X_1-\overline{X}+X_n-\overline{X}=\frac{n-2}{n}X_1+\frac{n-2}{n}X_n-\frac{2}{n}\sum_{i=2}^{n-1}X_i$ 知,Y_1+Y_n 为正态随机变量的线性组合,所以仍服从正态分布,且由 $E(Y_1+Y_n)=0$,有
$$P\{Y_1+Y_n\leqslant 0\}=\frac{1}{2}.$$

例8.3 设 $X_1,X_2,\cdots,X_{10}$ 是来自标准正态总体的一组简单随机样本,统计量
$$Y=\frac{1}{2}\sum_{i=1}^{10}X_i^2+\sum_{i=1}^5 X_{2i-1}X_{2i}.$$

(1) 求 EY;

(2) 判断统计量 Y 服从什么分布,说明理由.

【解】(1) 由题设知,$EX_i=0,DX_i=E(X_i^2)=1(i=1,2,\cdots,10)$,又 $X_1,X_2,\cdots,X_{10}$ 相互独立,所以
$$EY=\frac{1}{2}\sum_{i=1}^{10}E(X_i^2)+\sum_{i=1}^5 EX_{2i-1}EX_{2i}=\frac{1}{2}\times 10=5.$$

(2) 由于总体服从标准正态分布,而统计量 Y 又是样本的二次函数,因此 Y 的分布必然与 χ^2 分布有关,为求出 Y 的分布,将 Y 的表达式进行配方变换,即
$$Y=\frac{1}{2}(X_1^2+X_2^2+\cdots+X_{10}^2)+(X_1X_2+X_3X_4+\cdots+X_9X_{10})$$
$$=\Big(\frac{X_1+X_2}{\sqrt{2}}\Big)^2+\Big(\frac{X_3+X_4}{\sqrt{2}}\Big)^2+\cdots+\Big(\frac{X_9+X_{10}}{\sqrt{2}}\Big)^2$$
$$=\sum_{i=1}^5\Big(\frac{X_{2i-1}+X_{2i}}{\sqrt{2}}\Big)^2.$$

由于 $X_i\sim N(0,1)(i=1,2,\cdots,10)$ 且相互独立,故

$$X_{2i-1} + X_{2i} \sim N(0,2), \frac{X_{2i-1} + X_{2i}}{\sqrt{2}} \sim N(0,1), i = 1,2,\cdots,5,$$

所以 $\left(\dfrac{X_{2i-1} + X_{2i}}{\sqrt{2}}\right)^2 \sim \chi^2(1)$ 且相互独立,由 χ^2 分布的可加性,知 $Y = \displaystyle\sum_{i=1}^{5}\left(\dfrac{X_{2i-1} + X_{2i}}{\sqrt{2}}\right)^2 \sim \chi^2(5)$,即 Y 服从自由度为 5 的 χ^2 分布.

例 8.4 设 $X_1, X_2, \cdots, X_{10}$ 是来自正态总体 $X \sim N(0,\sigma^2)$ 的简单随机样本,$Y^2 = \dfrac{1}{9}\displaystyle\sum_{i=2}^{10}X_i^2$,则( ).

(A) $X_1^2 \sim \chi^2(1)$ (B) $Y^2 \sim \chi^2(9)$

(C) $\dfrac{X_1}{Y} \sim t(9)$ (D) $\dfrac{X_1^2}{Y^2} \sim F(9,1)$

【解】应选(C).

由于总体服从正态分布 $N(0,\sigma^2)$,由 χ^2 分布的定义知选项(A),(B) 不成立. 又选项(D) 中 F 分布自由度为 $(9,1)$ 与 $\dfrac{X_1^2}{Y^2}$ 自由度不相符,所以正确选项为(C).

事实上,由题设知,$\dfrac{X_i}{\sigma} \sim N(0,1), i = 1,2,\cdots,10$,且相互独立,所以

$$\frac{X_1^2}{\sigma^2} \sim \chi^2(1), \quad \sum_{i=2}^{10}\left(\frac{X_i}{\sigma}\right)^2 = \frac{9Y^2}{\sigma^2} \sim \chi^2(9).$$

又 X_1 与 Y^2 相互独立,故

$$\frac{X_1/\sigma}{\sqrt{\dfrac{9Y^2}{\sigma^2}\Big/9}} = \frac{X_1}{Y} \sim t(9),$$

选择(C).

例 8.5 设总体 X 和 Y 相互独立,且都服从正态分布 $N(0,\sigma^2)$,$X_1, X_2, \cdots, X_n$ 和 $Y_1, Y_2, \cdots, Y_n$ 分别是来自总体 X 和 Y 且容量都为 n 的两个简单随机样本,样本均值、样本方差分别为 $\overline{X}, S_X^2$ 和 $\overline{Y}, S_Y^2$,则( ).

(A) $\overline{X} - \overline{Y} \sim N(0,\sigma^2)$ (B) $S_X^2 + S_Y^2 \sim \chi^2(2n-2)$

(C) $\dfrac{\overline{X} - \overline{Y}}{\sqrt{S_X^2 + S_Y^2}} \sim t(2n-2)$ (D) $\dfrac{S_X^2}{S_Y^2} \sim F(n-1, n-1)$

【解】应选(D).

由题设知 $\overline{X}, \overline{Y}, S_X^2, S_Y^2$ 相互独立,且

$$\overline{X} \sim N\left(0, \frac{\sigma^2}{n}\right), \overline{Y} \sim N\left(0, \frac{\sigma^2}{n}\right),$$

$$\frac{(n-1)S_X^2}{\sigma^2} \sim \chi^2(n-1), \frac{(n-1)S_Y^2}{\sigma^2} \sim \chi^2(n-1),$$

由此可知 $\overline{X} - \overline{Y} \sim N\left(0, \dfrac{2\sigma^2}{n}\right)$,选项(A) 不正确.

$$\frac{n-1}{\sigma^2}(S_X^2 + S_Y^2) \sim \chi^2(2n-2),$$

选项(B) 不正确.

$$\frac{\sqrt{n}(\overline{X} - \overline{Y})/\sqrt{2}\sigma}{\sqrt{\dfrac{n-1}{\sigma^2}(S_X^2 + S_Y^2)\Big/2(n-1)}} = \frac{\sqrt{n}(\overline{X} - \overline{Y})}{\sqrt{S_X^2 + S_Y^2}} \sim t(2n-2),$$

选项(C) 不正确.

$$\frac{\dfrac{(n-1)S_X^2}{\sigma^2}\Big/(n-1)}{\dfrac{(n-1)S_Y^2}{\sigma^2}\Big/(n-1)} = \frac{S_X^2}{S_Y^2} \sim F(n-1,n-1),$$

选择(D).

习题

8.1 设总体 X 服从参数为 λ 的泊松分布,$X_1,X_2,\cdots,X_n$ 是来自总体 X 的简单随机样本,$\overline{X}$ 是样本均值,S^2 是样本方差,则对于任意实数 α,$E[\alpha\overline{X}+(1-\alpha)S^2]=$ _____.

8.2 设总体 X 服从正态分布 $N(\mu_1,\sigma^2)$,总体 Y 服从正态分布 $N(\mu_2,\sigma^2)$,$X_1,X_2,\cdots,X_{n_1}$;Y_1,$Y_2,\cdots,Y_{n_2}$ 分别为取自总体 X 和 Y 的简单随机样本,则 $E\left[\dfrac{\sum\limits_{i=1}^{n_1}(X_i-\overline{X})^2+\sum\limits_{j=1}^{n_2}(Y_j-\overline{Y})^2}{n_1+n_2-2}\right]=$ _____.

8.3 设总体 X 服从正态分布 $N(\mu,\sigma^2)$,$X_1,X_2,\cdots,X_n$ 是来自总体 X 的简单随机样本,且 $\overline{X}=\dfrac{1}{n}\sum\limits_{i=1}^{n}X_i$,$T^2=\sum\limits_{i=1}^{n}(X_i-\overline{X})^2$,求:

(1)$E(X_1T^2)$;

(2)$D(\overline{X}-T^2)$.

8.4 设总体 X 的概率密度 $f(x)=\begin{cases}|x|, & |x|<1,\\ 0, & \text{其他}.\end{cases}$ $\overline{X},S^2$ 分别为取自总体 X、容量为 n 的一个样本的样本均值和样本方差. 求 $E\overline{X},D\overline{X},E(S^2)$.

8.5 设总体 X 服从 $0-1$ 分布,$X\sim\begin{pmatrix}0 & 1\\ 1-p & p\end{pmatrix}(0<p<1)$. $X_1,X_2,\cdots,X_n$ 是取自总体 X 的样本,$\overline{X}$ 为其样本均值,则 $P\left\{\overline{X}=\dfrac{k}{n}\right\}=$ _____ $(k=0,1,\cdots,n)$.

8.6 (仅数学三) 设 $F(x)$ 是总体 X 的分布函数,$F_n(x)$ 是基于来自总体 X 的容量为 n 的简单随机样本的经验分布函数. 对于任意给定的 $x(-\infty<x<+\infty)$,求 $F_n(x)$ 的概率分布、数学期望和方差,并证明 $F_n(x)\xrightarrow{P}F(x)$.

8.7 (仅数学三) 设总体 X 在区间 $[0,2]$ 上服从均匀分布,$F_n(x)$ 是基于来自 X 的容量为 n 的简单随机样本的经验分布函数,则对于任意 $x\in[0,2]$,$E[F_n(x)]=$ _____.

8.8 设总体 $X\sim N(a,2)$,$Y\sim N(b,2)$,且相互独立;基于分别来自总体 X 和 Y 的容量相应为 m 和 n 的简单随机样本的样本方差为 S_X^2 和 S_Y^2,则统计量

$$T=\frac{1}{2}\big[(m-1)S_X^2+(n-1)S_Y^2\big]$$

服从参数为_____ 的_____ 分布.

8.9 设总体 X 与 Y 独立,且均服从正态分布 $N(0,\sigma^2)$,$X_1,X_2,\cdots,X_m$ 与 $Y_1,Y_2,\cdots,Y_n$ 是分别来自总体 X 与 Y 的简单随机样本,已知统计量 $T=\dfrac{2(X_1+X_2+\cdots+X_m)}{\sqrt{Y_1^2+Y_2^2+\cdots+Y_n^2}}$ 服从 t 分布,则 $\dfrac{m}{n}=$ _____.

8.10 设 $X_1,X_2,\cdots,X_9$ 为来自正态总体 X 的简单随机样本,且

$$Y_1=\frac{1}{6}(X_1+X_2+\cdots+X_6),Y_2=\frac{1}{3}(X_7+X_8+X_9),$$

$$S^2=\frac{1}{2}\sum_{i=7}^{9}(X_i-Y_2)^2,Z=\frac{\sqrt{2}\,(Y_1-Y_2)}{S},$$

证明:统计量 Z 服从自由度为 2 的 t 分布.

8.11 设随机变量 X 和 Y 都服从标准正态分布并且相互独立,则 $Z=\dfrac{X^2}{Y^2}$ 服从参数为 _____ 的 _____ 分布.

8.12 已知 (X,Y) 的概率密度为

$$f(x,y)=\frac{1}{12\pi}e^{-\frac{1}{72}(9x^2+4y^2-8y+4)}\;(-\infty<x,y<+\infty),$$

证明:$F=\dfrac{9X^2}{4(Y-1)^2}$ 服从参数为 $(1,1)$ 的 F 分布.

8.13 设 $F_\alpha(f_1,f_2)$ 是自由度为 (f_1,f_2) 的 F 分布水平上侧 α 分位数,证明

$$F_\alpha(f_1,f_2)F_{1-\alpha}(f_2,f_1)=1.$$

8.14 设 $X_1,X_2,\cdots,X_n$ 是取自如下指数分布的样本:

$$F(x)=1-e^{-\lambda x},x\geqslant 0.$$

求 $P\{X_{(1)}>a\}$ 与 $P\{X_{(n)}<b\}$,其中 a,b 为给定的正数,$X_{(1)}=\min\{X_1,X_2,\cdots,X_n\}$,$X_{(n)}=\max\{X_1,X_2,\cdots,X_n\}$.

8.15 设总体 X 的分布函数为 $F(x)$,概率密度为 $f(x)$,$X_1,X_2,\cdots,X_n$ 是来自总体 X 的简单随机样本,统计量 $X_{(1)}=\min\{X_1,X_2,\cdots,X_n\}$,$X_{(n)}=\max\{X_1,X_2,\cdots,X_n\}$,求 $(X_{(1)},X_{(n)})$ 的分布函数 $F(x,y)$ 及概率密度 $f(x,y)$.

解析

8.1 【解】应填 λ.

对于任何总体 X,样本均值 $\overline{X}$ 是总体数学期望的无偏估计量,样本方差 S^2 是总体方差的无偏估计量. 对于泊松分布,数学期望和方差都等于分布参数 λ,因此

$$E[\alpha\overline{X}+(1-\alpha)S^2]=\alpha E\overline{X}+(1-\alpha)E(S^2)=\alpha\lambda+(1-\alpha)\lambda=\lambda.$$

8.2 【解】应填 σ^2.

$$E\left[\frac{\sum_{i=1}^{n_1}(X_i-\overline{X})^2+\sum_{j=1}^{n_2}(Y_j-\overline{Y})^2}{n_1+n_2-2}\right]=\frac{1}{n_1+n_2-2}\left\{E\left[\sum_{i=1}^{n_1}(X_i-\overline{X})^2\right]+E\left[\sum_{j=1}^{n_2}(Y_j-\overline{Y})^2\right]\right\}$$

$$= \frac{1}{n_1 + n_2 - 2} \{ E[(n_1 - 1)S_1^2] + E[(n_2 - 1)S_2^2] \} = \sigma^2,$$

其中 S_1^2 与 S_2^2 分别为两个样本的样本方差.

8.3 【解】(1) $E(X_1 T^2) = E(X_2 T^2) = \cdots = E(X_n T^2) = E\left(\frac{X_1 + X_2 + \cdots + X_n}{n} T^2\right) = E(\overline{X} T^2)$

$$= E[\overline{X}(n-1)S^2] = (n-1)E\overline{X} \cdot E(S^2) = (n-1)\mu\sigma^2,$$

其中 $S^2 = \frac{1}{n-1} \sum_{i=1}^{n} (X_i - \overline{X})^2$, 且 $\overline{X}$ 与 S^2 独立.

(2) $D(\overline{X} - T^2) = D\overline{X} + DT^2 = \frac{\sigma^2}{n} + D[(n-1)S^2]$, 由 $\frac{(n-1)S^2}{\sigma^2} \sim \chi^2(n-1)$, 知

$$D\left[\frac{(n-1)S^2}{\sigma^2}\right] = 2(n-1),$$

所以 $D[(n-1)S^2] = 2(n-1)\sigma^4$, 于是 $D(\overline{X} - T^2) = \frac{\sigma^2}{n} + 2(n-1)\sigma^4$.

8.4 【解】由于 $E\overline{X} = EX$, $D\overline{X} = \frac{DX}{n}$, $E(S^2) = DX$, 所以只要求得 EX, DX 即可得到所要结果, 事实上,

$$EX = \int_{-\infty}^{+\infty} x f(x) \mathrm{d}x = \int_{-1}^{1} x |x| \mathrm{d}x = 0,$$

$$DX = E(X^2) = \int_{-\infty}^{+\infty} x^2 f(x) \mathrm{d}x = \int_{-1}^{1} x^2 |x| \mathrm{d}x = 2\int_{0}^{1} x^3 \mathrm{d}x = \frac{1}{2},$$

所以 $E\overline{X} = 0$, $D\overline{X} = \frac{1}{2n}$, $E(S^2) = \frac{1}{2}$.

8.5 【解】应填 $C_n^k p^k (1-p)^{n-k}$.

由于 $X_i \sim \begin{pmatrix} 0 & 1 \\ 1-p & p \end{pmatrix} (0 < p < 1)$ 且相互独立, 所以 $\sum_{i=1}^{n} X_i \sim B(n, p)$, 即

$$P\left\{\sum_{i=1}^{n} X_i = k\right\} = C_n^k p^k (1-p)^{n-k} (k = 0, 1, \cdots, n),$$

故 $\quad P\left\{\overline{X} = \frac{k}{n}\right\} = P\left\{\sum_{i=1}^{n} X_i = k\right\} = C_n^k p^k (1-p)^{n-k} (k = 0, 1, \cdots, n).$

8.6 【解】以 $\nu_n(x)$ 表示来自总体 X 的 n 次简单随机抽样中, 事件 $\{X \leqslant x\}$ 出现的次数, 则 $\nu_n(x)$ 服从参数为 $(n, F(x))$ 的二项分布. 经验分布函数 $F_n(x)$ 可以表示为

$$F_n(x) = \frac{\nu_n(x)}{n} (-\infty < x < +\infty).$$

由此可见, $F_n(x)$ 的概率分布、数学期望和方差相应为

$$P\left\{F_n(x) = \frac{k}{n}\right\} = P\{\nu_n(x) = k\} = C_n^k [F(x)]^k [1 - F(x)]^{n-k} (k = 0, 1, 2, \cdots, n),$$

$$E[F_n(x)] = F(x), \quad D[F_n(x)] = \frac{1}{n} F(x)[1 - F(x)].$$

由切比雪夫不等式, 对任意 $\varepsilon > 0$, 有

$$P\{|F_n(x) - F(x)| \geqslant \varepsilon\} \leqslant \frac{1}{\varepsilon^2 \cdot n} F(x)[1 - F(x)],$$

当 $n \to +\infty$ 时, $P\{|F_n(x) - F(x)| \geqslant \varepsilon\} \to 0$, 故 $F_n(x) \xrightarrow{P} F(x)$.

8.7 【解】应填 $\dfrac{x}{2}$.

总体 X 的分布函数为 $F(x)=\begin{cases}0, & x<0, \\ \dfrac{x}{2}, & 0\leqslant x<2, \\ 1, & x\geqslant 2.\end{cases}$ 对于任意 $x\in[0,2]$,以 $\nu_n(x)$ 表示 n 次简单随机抽

样中事件 $\{X\leqslant x\}$ 出现的次数,则 $\nu_n(x)$ 服从参数为 $(n,F(x))$ 的二项分布,因此 $E[\nu_n(x)]=nF(x)$,从而

$$E[F_n(x)]=E\left[\frac{\nu_n(x)}{n}\right]=F(x)=\frac{x}{2}.$$

8.8 【解】应填 $m+n-2$;χ^2.

记 $$T_1=\frac{1}{2}(m-1)S_X^2,\ T_2=\frac{1}{2}(n-1)S_Y^2,$$

则它们分别服从自由度为 $m-1$ 和 $n-1$ 的 χ^2 分布,并且相互独立.从而,由 χ^2 分布的可加性知,T 服从自由度为 $m+n-2$ 的 χ^2 分布.

8.9 【解】应填 $\dfrac{1}{4}$.

应用 t 分布的定义确定 $\dfrac{m}{n}$ 的值.依题意 $X_i\sim N(0,\sigma^2)(i=1,2,\cdots,m)$,$Y_j\sim N(0,\sigma^2)(j=1,2,\cdots,n)$,且相互独立,所以

$$\sum_{i=1}^m X_i\sim N(0,m\sigma^2),U=\frac{\sum\limits_{i=1}^m X_i}{\sqrt{m}\sigma}\sim N(0,1),$$

$$\frac{Y_j}{\sigma}\sim N(0,1),V=\sum_{j=1}^n\left(\frac{Y_j}{\sigma}\right)^2=\frac{\sum\limits_{j=1}^n Y_j^2}{\sigma^2}\sim \chi^2(n).$$

又 U 与 V 独立,由 t 分布的定义,知

$$\frac{U}{\sqrt{V/n}}=\sqrt{\frac{n}{m}}\frac{\sum\limits_{i=1}^m X_i}{\sqrt{\sum\limits_{j=1}^n Y_j^2}}\sim t(n).$$

根据题设 $\sqrt{\dfrac{n}{m}}=2$,所以 $\dfrac{m}{n}=\dfrac{1}{4}$.

8.10 【证】记 $DX=\sigma^2$,显然有 $EY_1=EY_2$,$DY_1=\dfrac{1}{6}\sigma^2$,$DY_2=\dfrac{1}{3}\sigma^2$.

由于 $X_1,X_2,\cdots,X_9$ 独立同分布,Y_1,Y_2 相互独立,且有

$$E(Y_1-Y_2)=0,D(Y_1-Y_2)=\frac{1}{2}\sigma^2,$$

因此 $$\frac{Y_1-Y_2}{\dfrac{\sigma}{\sqrt{2}}}\sim N(0,1).$$

对于正态总体的样本方差 S^2,随机变量 $\dfrac{2S^2}{\sigma^2}$ 服从自由度为 2 的 χ^2 分布.由于 Y_1 与 Y_2 相互独立,Y_1,S^2 相互独立,又由正态分布的样本均值 Y_2 与样本方差 S^2 独立,因此,Y_1-Y_2 与 S^2 相互独立.根据 t 分布的定义,统计量

$$Z = \frac{\sqrt{2}\,(Y_1 - Y_2)}{S} = \frac{\dfrac{Y_1 - Y_2}{\dfrac{\sigma}{\sqrt{2}}}}{\sqrt{\dfrac{2S^2}{\sigma^2}\Big/2}} \sim t(2).$$

【注】在证明过程中不可遗漏重要统计量定义中的独立条件.

8.11 【解】应填$(1,1)$；F.

由于X和Y都服从标准正态分布，可见X^2和Y^2都服从自由度为1的χ^2分布.此外，由X和Y相互独立，可见X^2和Y^2相互独立.从而，由F分布的定义，知$Z = \dfrac{X^2}{Y^2}$服从参数为$(1,1)$的F分布.

8.12 【证】用F分布的定义证明.由于(X,Y)的概率密度为

$$f(x,y) = \frac{1}{2\pi \times 2 \times 3}\exp\left\{-\frac{1}{2}\left(\frac{1}{4}x^2 + \frac{1}{9}y^2 - \frac{2}{9}y + \frac{1}{9}\right)\right\}$$
$$= \frac{1}{2\pi \times 2 \times 3}\exp\left\{-\frac{1}{2}\left[\left(\frac{x}{2}\right)^2 + \left(\frac{y-1}{3}\right)^2\right]\right\},$$

所以(X,Y)服从二维正态分布，且$X \sim N(0,2^2)$，$Y \sim N(1,3^2)$，$\rho = 0$，故X与Y相互独立.又

$$\frac{X}{2} \sim N(0,1), \quad \frac{Y-1}{3} \sim N(0,1),$$

所以$\dfrac{X^2}{4} \sim \chi^2(1)$，$\dfrac{(Y-1)^2}{9} \sim \chi^2(1)$，根据$F$分布的定义，知

$$F = \frac{\dfrac{X^2}{4}}{\dfrac{(Y-1)^2}{9}} = \frac{9X^2}{4(Y-1)^2} \sim F(1,1).$$

8.13 【证】设随机变量X服从自由度为(f_1,f_2)的F分布，则随机变量$Y = \dfrac{1}{X}$服从自由度为(f_2,f_1)的F分布.因此，有

$$1 - \alpha = P\left\{\frac{1}{X} \geqslant F_{1-\alpha}(f_2,f_1)\right\} = P\left\{X \leqslant \frac{1}{F_{1-\alpha}(f_2,f_1)}\right\},$$

即$P\left\{X \geqslant \dfrac{1}{F_{1-\alpha}(f_2,f_1)}\right\} = \alpha$，又$P\{X \geqslant F_\alpha(f_1,f_2)\} = \alpha$，由此可见$F_\alpha(f_1,f_2) = \dfrac{1}{F_{1-\alpha}(f_2,f_1)}$，所以

$$F_\alpha(f_1,f_2)F_{1-\alpha}(f_2,f_1) = 1.$$

8.14 【解】为求概率$P\{X_{(1)} > a\}$与$P\{X_{(n)} < b\}$，应先求$X_{(1)}$与$X_{(n)}$的分布.

$X_{(1)}$的分布函数为
$$F_{(1)}(x) = 1 - [1 - F(x)]^n = 1 - e^{-n\lambda x},$$
从而
$$P\{X_{(1)} > a\} = 1 - F_{(1)}(a) = e^{-n\lambda a}.$$

$X_{(n)}$的分布函数为
$$F_{(n)}(x) = [F(x)]^n = (1 - e^{-\lambda x})^n,$$
故
$$P\{X_{(n)} < b\} = F_{(n)}(b) = (1 - e^{-\lambda b})^n.$$

8.15 **【解】** 用定义计算,考虑到 max,min 的特点,在具体计算时应用全集分解式:

$$\{X_{(n)} \leqslant y\} = \{X_{(n)} \leqslant y, X_{(1)} \leqslant x\} \bigcup \{X_{(n)} \leqslant y, X_{(1)} > x\}.$$

由于 X_i 相互独立且有相同的分布函数 $F(x)$,故 $(X_{(1)}, X_{(n)})$ 的分布律

$$F(x,y) = P\{X_{(1)} \leqslant x, X_{(n)} \leqslant y\} = P\{X_{(n)} \leqslant y\} - P\{X_{(n)} \leqslant y, X_{(1)} > x\}$$

$$= P\{\max\{X_1, X_2, \cdots, X_n\} \leqslant y\} - P\{\max\{X_1, X_2, \cdots, X_n\} \leqslant y, \min\{X_1, X_2, \cdots, X_n\} > x\}$$

$$= P\{X_1 \leqslant y, \cdots, X_n \leqslant y\} - P\{X_1 \leqslant y, \cdots, X_n \leqslant y, X_1 > x, \cdots, X_n > x\}.$$

若 $x > y$,$F(x,y) = P\{X_1 \leqslant y, \cdots, X_n \leqslant y\} = \prod\limits_{i=1}^{n} P\{X_i \leqslant y\} = [F(y)]^n$;

若 $x \leqslant y$,$F(x,y) = P\{X_1 \leqslant y, \cdots, X_n \leqslant y\} - P\{x < X_1 \leqslant y, \cdots, x < X_n \leqslant y\}$

$$= [F(y)]^n - [F(y) - F(x)]^n,$$

所以

$$F(x,y) = \begin{cases} [F(y)]^n, & x > y, \\ [F(y)]^n - [F(y) - F(x)]^n, & x \leqslant y. \end{cases}$$

由此可求得概率密度

$$f(x,y) = \frac{\partial^2 F(x,y)}{\partial x \partial y} = \begin{cases} 0, & x > y, \\ n(n-1)[F(y) - F(x)]^{n-2} f(x) f(y), & x \leqslant y. \end{cases}$$

第9讲 参数估计与假设检验

知识结构

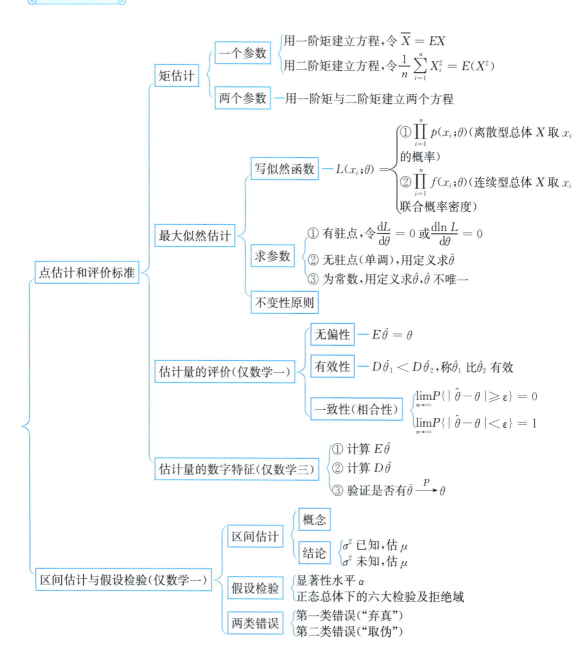

一 点估计和评价标准

设总体 X 的分布函数为 $F(x;\theta)$（可以是多维的），其中 θ 是一个未知参数，$X_1,X_2,\cdots,X_n$ 是取自总体 X 的一个样本. 由样本构造一个适当的统计量 $\hat{\theta}(X_1,X_2,\cdots,X_n)$ 作为参数 θ 的估计，则称统计量 $\hat{\theta}(X_1,X_2,\cdots,X_n)$ 为 θ 的**估计量**.

如果 $x_1,x_2,\cdots,x_n$ 是样本的一个观察值，将其代入估计量 $\hat{\theta}$ 中得值 $\hat{\theta}(x_1,x_2,\cdots,x_n)$，统计中称这个值为未知参数 θ 的**估计值**.

建立一个适当的统计量作为未知参数 θ 的估计量，并以相应的观察值为未知参数估计值的问题，称为参数 θ 的**点估计问题**. 考研中常考下面两种估计.

1. 矩估计

(1) 对于一个参数 $\begin{cases} ① \text{用一阶矩建立方程：令 } \overline{X}=EX, \\ ② \text{若 "①" 不能用，用二阶矩建立方程：令 } \dfrac{1}{n}\sum_{i=1}^{n}X_i^2=E(X^2). \end{cases}$

一个方程解出一个参数即可作为矩估计.

见例 9.2，例 9.3，例 9.6.

(2) 对于两个参数，用一阶矩与二阶矩建立两个方程，即 ① $\overline{X}=EX$ 与 ② $\dfrac{1}{n}\sum_{i=1}^{n}X_i^2=E(X^2)$，两个方程解出两个参数即可作为矩估计.

见例 9.4.

2. 最大似然估计

对未知参数 θ 进行估计时，在该参数可能的取值范围 I 内选取，使 "样本获此观测值 $x_1,x_2,\cdots,x_n$" 的概率最大的参数值 $\hat{\theta}$ 作为 θ 的估计，这样选定的 $\hat{\theta}$ 最有利于 $x_1,x_2,\cdots,x_n$ 的出现，即 "参数 $\theta=?$ 时，观测值出现的概率最大".

(1) 写似然函数 $L(x_1,x_2,\cdots,x_n;\theta)=\begin{cases} \prod\limits_{i=1}^{n}p(x_i;\theta) \text{（这是离散型总体 }X\text{ 取 }x_1,x_2,\cdots,x_n\text{ 的概率），} \\ \prod\limits_{i=1}^{n}f(x_i;\theta) \text{（这是连续型总体 }X\text{ 取 }x_1,x_2,\cdots,x_n\text{ 的联合概率密度）.} \end{cases}$

(2) 求参数 $\begin{cases} \text{若似然函数有驻点，则令 } \dfrac{\mathrm{d}L}{\mathrm{d}\theta}=0 \text{ 或 } \dfrac{\mathrm{d}\ln L}{\mathrm{d}\theta}=0，\text{解出 }\hat{\theta}, \\ \text{若似然函数无驻点（单调），则用定义求 }\hat{\theta}, \\ \text{若似然函数为常数，则用定义求 }\hat{\theta}，\text{此时 }\hat{\theta}\text{ 不唯一}. \end{cases}$

(3) 最大似然估计量的不变性原则.

设 $\hat{\theta}$ 是总体分布中未知参数 θ 的最大似然估计，函数 $u=u(\theta)$ 具有单值的反函数 $\theta=\theta(u)$，则 $\hat{u}=u(\hat{\theta})$ 是 $u(\theta)$ 的最大似然估计.

见例 9.1，例 9.2，例 9.3，例 9.5，例 9.6，例 9.7.

3. 估计量的评价(仅数学一)

(1) 无偏性.

对于估计量 $\hat{\theta}$,若 $E\hat{\theta} = \theta$,称 $\hat{\theta}$ 为 θ 的无偏估计量.

见例 9.7(1),例 9.8(1),例 9.9.

(2) 有效性.

若 $E\hat{\theta}_1 = \theta, E\hat{\theta}_2 = \theta$,即 $\hat{\theta}_1, \hat{\theta}_2$ 均是 θ 的无偏估计量,当 $D\hat{\theta}_1 < D\hat{\theta}_2$ 时,称 $\hat{\theta}_1$ 比 $\hat{\theta}_2$ 有效.

见例 9.8(2).

(3) 一致性(相合性)(只针对大样本 $n \to \infty$).

若 $\hat{\theta}$ 为 θ 的估计量,对任意 $\varepsilon > 0$,有

$$\lim_{n\to\infty}P\{|\hat{\theta}-\theta| \geqslant \varepsilon\} = 0,$$

或

$$\lim_{n\to\infty}P\{|\hat{\theta}-\theta| < \varepsilon\} = 1,$$

即 $\hat{\theta} \xrightarrow{P} \theta$ 时,称 $\hat{\theta}$ 为 θ 的一致(或相合)估计.

见例 9.9.

4. 估计量的数字特征(仅数学三)

(1) 求 $E\hat{\theta}$.

见例 9.7(1),例 9.8(1).

(2) 求 $D\hat{\theta}$.

见例 9.8(2).

(3) 验证 $\hat{\theta}$ 是否依概率收敛到 θ,即是否有 $\hat{\theta} \xrightarrow{P} \theta$,即对任意 $\varepsilon > 0$,

$$\lim_{n\to\infty}P\{|\hat{\theta}-\theta| \geqslant \varepsilon\} = 0 \text{ 或} \lim_{n\to\infty}P\{|\hat{\theta}-\theta| < \varepsilon\} = 1.$$

见例 9.9.

例 9.1 设 $X_1, X_2, \cdots, X_n$ 是取自总体 X 的样本,

(1)X 服从二项分布 $B(m,p)$,其中 p 未知,m 为已知,求 X 的期望 μ 的最大似然估计量;

(2)X 服从参数为 λ 的泊松分布,求 X 的期望 μ 的最大似然估计量.

【解】(1) 总体 X 的概率分布可以表示为

$$P(x;p) = C_m^x p^x (1-p)^{m-x}, x = 0,1,2,\cdots,m,$$

参数 p 的似然函数为

$$L(p) = \prod_{i=1}^{n} P(x_i;p) = \left(\prod_{i=1}^{n} C_m^{x_i}\right) p^{\sum_{i=1}^{n} x_i} (1-p)^{mn-\sum_{i=1}^{n} x_i},$$

取对数为

$$\ln L(p) = \ln\left(\prod_{i=1}^{n} C_m^{x_i}\right) + \sum_{i=1}^{n} x_i \ln p + \left(mn - \sum_{i=1}^{n} x_i\right)\ln(1-p),$$

令
$$\frac{\mathrm{d}\ln L(p)}{\mathrm{d}p} = \frac{1}{p}\sum_{i=1}^{n}x_i - \frac{1}{1-p}\Big(mn - \sum_{i=1}^{n}x_i\Big) = 0,$$

即
$$\frac{\overline{x}}{p} = \frac{m-\overline{x}}{1-p},$$

解得 p 的最大似然估计量为 $\hat{p} = \dfrac{\overline{X}}{m}$. 由于二项分布的期望为 $\mu = EX = mp$, 所以期望 μ 的最大似然估计量为

$$\hat{\mu} = m\hat{p} = \overline{X}.$$

(2) 总体 X 的概率分布为

$$P(x;\lambda) = \frac{\lambda^x}{x!}\mathrm{e}^{-\lambda}, x = 0,1,2,\cdots,$$

参数 λ 的似然函数为

$$L(\lambda) = \prod_{i=1}^{n}P(x_i;\lambda) = \mathrm{e}^{-n\lambda}\prod_{i=1}^{n}\frac{\lambda^{x_i}}{x_i!} = \mathrm{e}^{-n\lambda}\lambda^{\sum_{i=1}^{n}x_i}\prod_{i=1}^{n}\frac{1}{x_i!},$$

$$\ln L(\lambda) = -n\lambda + \sum_{i=1}^{n}x_i\ln\lambda + \ln\Big(\prod_{i=1}^{n}\frac{1}{x_i!}\Big),$$

令
$$\frac{\mathrm{d}\ln L(\lambda)}{\mathrm{d}\lambda} = -n + \frac{1}{\lambda}\sum_{i=1}^{n}x_i = -n + \frac{n\overline{x}}{\lambda} = 0,$$

解得 λ 的最大似然估计量为 $\hat{\lambda} = \overline{X}$.

由于泊松分布的期望 $\mu = EX = \lambda$, 所以期望 μ 的最大似然估计量 $\hat{\mu} = \overline{X}$.

例 9.2 设总体 X 的概率密度为

$$f(x;a) = \begin{cases} \dfrac{4x^2}{a^3\sqrt{\pi}}\mathrm{e}^{-\frac{x^2}{a^2}}, & x > 0, \\ 0, & x \leqslant 0 \end{cases} \quad (a > 0),$$

$x_1, x_2, \cdots, x_n$ 是从 X 取出的样本观测值, 求总体参数 a 的矩估计值与最大似然估计值.

【解】 ① 求矩估计.

由例 6.2 知, 总体 X 的数学期望 $EX = \dfrac{2a}{\sqrt{\pi}}$, 令 $\overline{x} = EX$, 即 $\dfrac{2a}{\sqrt{\pi}} = \overline{x}$, 故 a 的矩估计值为 $\hat{a} = \dfrac{\sqrt{\pi}}{2}\overline{x}$.

② 求最大似然估计.

参数 a 的似然函数为

$$L(a) = \prod_{i=1}^{n}\frac{4x_i^2}{a^3\sqrt{\pi}}\mathrm{e}^{-\frac{x_i^2}{a^2}} = \Big(\frac{4}{\sqrt{\pi}}\Big)^n\frac{1}{a^{3n}}\exp\Big\{-\frac{\sum_{i=1}^{n}x_i^2}{a^2}\Big\}\prod_{i=1}^{n}x_i^2,$$

两边取对数, 得
$$\ln L(a) = n\ln\frac{4}{\sqrt{\pi}} - 3n\ln a - \frac{\sum_{i=1}^{n}x_i^2}{a^2} + \ln\Big(\prod_{i=1}^{n}x_i^2\Big),$$

令
$$\frac{\mathrm{d}\ln L(a)}{\mathrm{d}a} = -\frac{3n}{a} + \frac{2\sum_{i=1}^{n}x_i^2}{a^3} = 0,$$

解之, 得 a 的最大似然估计值

$$\hat{a} = \sqrt{\frac{2}{3n}\sum_{i=1}^{n}x_i^2}.$$

例 9.3 设总体 X 的概率密度为 $f(x)=\dfrac{1}{2\theta}\mathrm{e}^{-\frac{|x|}{\theta}}$，$-\infty<x<+\infty,\theta>0$. $X_1,X_2,\cdots,X_n$ 是取自 X 的样本. 求未知参数 θ 的矩估计量和最大似然估计量.

【解】 ① 求矩估计.

总体只含有一个参数 θ，但由于一阶矩建立的方程

$$EX=\int_{-\infty}^{+\infty}x\cdot\frac{1}{2\theta}\mathrm{e}^{-\frac{|x|}{\theta}}\mathrm{d}x=0,$$

无法解出 θ，因此采用总体二阶矩建立方程：

$$E(X^2)=\int_{-\infty}^{+\infty}x^2\cdot\frac{1}{2\theta}\mathrm{e}^{-\frac{|x|}{\theta}}\mathrm{d}x=2\cdot\frac{1}{2\theta}\int_0^{+\infty}x^2\cdot\mathrm{e}^{-\frac{x}{\theta}}\mathrm{d}x$$

$$=\theta^2\int_0^{+\infty}\frac{x^2}{\theta^2}\mathrm{e}^{-\frac{x}{\theta}}\mathrm{d}\left(\frac{x}{\theta}\right)\xlongequal{t=\frac{x}{\theta}}\theta^2\int_0^{+\infty}t^2\mathrm{e}^{-t}\mathrm{d}t=\theta^2\Gamma(3)=2\theta^2,$$

其中 $\Gamma(n+1)=\int_0^{+\infty}x^n\mathrm{e}^{-x}\mathrm{d}x=n!$. 用样本二阶原点矩 $A_2=\dfrac{1}{n}\sum\limits_{i=1}^{n}X_i^2$ 代替总体二阶原点矩 $E(X^2)$ 得到 θ 的矩估计量为

$$\hat{\theta}=\sqrt{\frac{1}{2}A_2}=\sqrt{\frac{1}{2n}\sum_{i=1}^{n}X_i^2}.$$

② 求最大似然估计.

似然函数为

$$L(x;\theta)=\prod_{i=1}^{n}\frac{1}{2\theta}\mathrm{e}^{-\frac{|x_i|}{\theta}}=\left(\frac{1}{2\theta}\right)^n\mathrm{e}^{-\frac{1}{\theta}\sum\limits_{i=1}^{n}|x_i|},$$

取对数

$$\ln L(x;\theta)=-n(\ln 2+\ln\theta)-\frac{1}{\theta}\sum_{i=1}^{n}|x_i|,$$

令

$$\frac{\mathrm{d}\ln L}{\mathrm{d}\theta}=-\frac{n}{\theta}+\frac{\sum\limits_{i=1}^{n}|x_i|}{\theta^2}=0,$$

解之，得 θ 的最大似然估计量为

$$\hat{\theta}=\frac{1}{n}\sum_{i=1}^{n}|X_i|.$$

例 9.4 设总体 X 服从含有两个参数的指数分布，其概率密度为

$$f(x;\theta,\lambda)=\begin{cases}\dfrac{1}{\lambda}\mathrm{e}^{-\frac{1}{\lambda}(x-\theta)}, & x\geqslant\theta,\\[2mm]0, & \text{其他}\end{cases}\quad(\lambda>0),$$

$X_1,X_2,\cdots,X_n$ 是来自总体 X 的一个样本，求未知参数 λ,θ 的矩估计量.

【解】 这是求两个未知参数矩估计量的问题，仍然可以由定义求得结果.

由于

$$EX=\int_{\theta}^{+\infty}\frac{x}{\lambda}\mathrm{e}^{-\frac{1}{\lambda}(x-\theta)}\mathrm{d}x\xlongequal{\diamondsuit x-\theta=t}\int_0^{+\infty}\frac{t+\theta}{\lambda}\mathrm{e}^{-\frac{1}{\lambda}t}\mathrm{d}t$$

$$=\int_0^{+\infty}t\cdot\frac{1}{\lambda}\mathrm{e}^{-\frac{1}{\lambda}t}\mathrm{d}t+\theta\int_0^{+\infty}\frac{1}{\lambda}\mathrm{e}^{-\frac{1}{\lambda}t}\mathrm{d}t=\lambda+\theta,$$

$$E(X^2) = \int_{\theta}^{+\infty} \frac{x^2}{\lambda} e^{-\frac{1}{\lambda}(x-\theta)} \, dx \xrightarrow{\text{令} x - \theta = t} \int_{0}^{+\infty} \frac{(t+\theta)^2}{\lambda} e^{-\frac{1}{\lambda}t} \, dt$$

$$= \int_{0}^{+\infty} t^2 \cdot \frac{1}{\lambda} e^{-\frac{1}{\lambda}t} \, dt + 2\int_{0}^{+\infty} \theta \cdot t \frac{1}{\lambda} e^{-\frac{1}{\lambda}t} \, dt + \theta^2 \int_{0}^{+\infty} \frac{1}{\lambda} e^{-\frac{1}{\lambda}t} \, dt$$

$$= 2\lambda^2 + 2\theta\lambda + \theta^2 = \lambda^2 + (\lambda+\theta)^2.$$

矩法方程为

$$\begin{cases} EX = \overline{X}, \\ E(X^2) = \dfrac{1}{n}\sum_{i=1}^{n} X_i^2, \end{cases} \text{即} \begin{cases} \lambda + \theta = \overline{X}, \\ \lambda^2 + (\lambda+\theta)^2 = \dfrac{1}{n}\sum_{i=1}^{n} X_i^2, \end{cases}$$

由此解得 λ, θ 的矩估计量为

$$\hat{\lambda} = \sqrt{\frac{1}{n}\sum_{i=1}^{n} X_i^2 - \overline{X}^2}, \hat{\theta} = \overline{X} - \sqrt{\frac{1}{n}\sum_{i=1}^{n} X_i^2 - \overline{X}^2}.$$

【注】计算 $EX, E(X^2)$ 时应用了指数分布的结果,即

$$\int_{0}^{+\infty} \lambda e^{-\lambda x} \, dx = 1, \int_{0}^{+\infty} x\lambda e^{-\lambda x} \, dx = \frac{1}{\lambda}, \int_{0}^{+\infty} x^2 \lambda e^{-\lambda x} \, dx = \frac{2}{\lambda^2}.$$

例 9.5 设某种电器元件的寿命 X(单位:h)服从双指数分布,概率密度为

$$f(x) = \begin{cases} \dfrac{1}{\theta} e^{-\frac{x-c}{\theta}}, & x \geqslant c, \theta > 0, \\ 0, & \text{其他}, \end{cases}$$

其中 θ, c 为未知参数,从中抽取 n 件测其寿命,得它们的有效使用时间依次为 $x_1 \leqslant x_2 \leqslant \cdots \leqslant x_n$. 求 θ 与 c 的最大似然估计值.

【解】样本似然函数为

$$L(x_1, x_2, \cdots, x_n; \theta, c) = \begin{cases} \displaystyle\prod_{i=1}^{n} \frac{1}{\theta} e^{-\frac{x_i-c}{\theta}}, & x_1, x_2, \cdots, x_n \geqslant c, \\ 0, & \text{其他} \end{cases}$$

$$= \begin{cases} \dfrac{1}{\theta^n} e^{-\frac{1}{\theta}\left(\sum\limits_{i=1}^{n} x_i - nc\right)}, & x_1, x_2, \cdots, x_n \geqslant c, \\ 0, & \text{其他}. \end{cases}$$

取对数

$$\ln L(x_1, x_2, \cdots, x_n; \theta, c) = -n\ln\theta - \frac{1}{\theta}\left(\sum_{i=1}^{n} x_i - nc\right),$$

有

$$\begin{cases} \dfrac{\partial \ln L}{\partial \theta} = -\dfrac{n}{\theta} + \dfrac{1}{\theta^2}\left(\sum\limits_{i=1}^{n} x_i - nc\right), \\ \dfrac{\partial \ln L}{\partial c} = \dfrac{n}{\theta}, \end{cases}$$

令 $\dfrac{\partial \ln L}{\partial \theta} = 0$ 得到 $\theta = \dfrac{1}{n}\left(\sum\limits_{i=1}^{n} x_i - nc\right) = \overline{x} - c$,其中 $\overline{x} = \dfrac{1}{n}\sum\limits_{i=1}^{n} x_i$,而第二个方程中 $\dfrac{n}{\theta}$ 恒大于零,说明 $\ln L(x_1, x_2, \cdots, x_n; \theta, c)$ 是 c 的单调增函数,要使似然函数达到最大值,必须使 c 取到最大值,而 c 又必须满足 $c \leqslant x_i (i=1, 2, \cdots, n)$,即 $c = \min\{x_1, x_2, \cdots, x_n\} = x_1$,故

$$\hat{c} = x_1 = \min\{x_1, x_2, \cdots, x_n\} = x_{(1)}, \hat{\theta} = \overline{x} - c = \overline{x} - x_1 = \overline{x} - x_{(1)}.$$

【注】$x_{(1)}$ 是顺序统计量的表示方法. 该题给出 $x_1 \leqslant x_2 \leqslant \cdots \leqslant x_n$, 故 $x_1 = x_{(1)}$, 一般情况下可用顺序统计量表示.

例 9.6 设总体 X 的概率密度

$$f(x;\theta) = \begin{cases} 1, & \theta - \dfrac{1}{2} \leqslant x \leqslant \theta + \dfrac{1}{2}, \\ 0, & \text{其他}, \end{cases}$$

其中 $-\infty < \theta < +\infty$. $X_1, X_2, \cdots, X_n$ 为取自总体 X 的简单随机样本, 并记 $X_{(1)} = \min\{X_1, X_2, \cdots, X_n\}$, $X_{(n)} = \max\{X_1, X_2, \cdots, X_n\}$. 求参数 θ 的矩估计量 $\hat{\theta}_M$ 和最大似然估计量 $\hat{\theta}_L$.

【解】由 $EX = \displaystyle\int_{\theta-\frac{1}{2}}^{\theta+\frac{1}{2}} x \mathrm{d}x = \dfrac{1}{2}x^2 \Big|_{\theta-\frac{1}{2}}^{\theta+\frac{1}{2}} = \theta$, $\overline{X} = \dfrac{1}{n}\displaystyle\sum_{i=1}^{n} X_i$, 令 $EX = \overline{X}$, 得

$$\hat{\theta}_M = \overline{X}.$$

设 $x_1, x_2, \cdots, x_n$ 为简单随机样本的样本值, 则似然函数为

$$L(\theta) = \prod_{i=1}^{n} f(x_i;\theta) = \begin{cases} 1, & \theta - \dfrac{1}{2} \leqslant x_1, x_2, \cdots, x_n \leqslant \theta + \dfrac{1}{2}, \\ 0, & \text{其他} \end{cases}$$

$$= \begin{cases} 1, & \theta - \dfrac{1}{2} \leqslant \min\{x_1, x_2, \cdots, x_n\} \leqslant x_1, x_2, \cdots, x_n \leqslant \max\{x_1, x_2, \cdots, x_n\} \leqslant \theta + \dfrac{1}{2}, \\ 0, & \text{其他}, \end{cases}$$

由最大似然估计定义,

$$\begin{cases} \hat{\theta} - \dfrac{1}{2} \leqslant X_{(1)}, \\ \hat{\theta} + \dfrac{1}{2} \geqslant X_{(n)}, \end{cases}$$

故满足 $X_{(n)} - \dfrac{1}{2} \leqslant \hat{\theta}_L \leqslant X_{(1)} + \dfrac{1}{2}$ 的统计量均为 θ 的最大似然估计量.

例 9.7 设总体 X 服从对数正态分布, 即

$$\ln X \sim N(\mu, \sigma^2) \quad (-\infty < \mu < +\infty, \sigma > 0),$$

$X_1, X_2, \cdots, X_n$ 是取自总体 X 的简单随机样本.

(1) (仅数学一) 求 μ, σ^2 的最大似然估计量, 并讨论其无偏性;

　　(仅数学三) 求 μ, σ^2 的最大似然估计量, 并求估计量的数学期望;

(2) 求 EX 的最大似然估计量.

【解】(1) 令 $Y = \ln X \sim N(\mu, \sigma^2)$, 所以 $X = \mathrm{e}^Y$ 的分布函数为

$$F(x) = P\{X \leqslant x\} = P\{\mathrm{e}^Y \leqslant x\} = \begin{cases} 0, & x \leqslant 0, \\ P\{Y \leqslant \ln x\}, & x > 0 \end{cases} = \begin{cases} 0, & x \leqslant 0, \\ \Phi\left(\dfrac{\ln x - \mu}{\sigma}\right), & x > 0. \end{cases}$$

X 的概率密度为

$$f(x) = F'(x) = \begin{cases} 0, & x \leqslant 0, \\ \Phi'\left(\dfrac{\ln x - \mu}{\sigma}\right)\dfrac{1}{\sigma x}, & x > 0 \end{cases} = \begin{cases} 0, & x \leqslant 0, \\ \dfrac{1}{\sqrt{2\pi}\sigma x}\mathrm{e}^{-\frac{1}{2}\left(\frac{\ln x - \mu}{\sigma}\right)^2}, & x > 0. \end{cases}$$

因此,样本的似然函数为

$$L(\mu,\sigma^2) = \prod_{i=1}^n f(x_i) = (2\pi\sigma^2)^{-\frac{n}{2}} \left(\prod_{i=1}^n x_i^{-1} \right) \cdot \mathrm{e}^{-\frac{1}{2\sigma^2}\sum_{i=1}^n (\ln x_i - \mu)^2} \quad (x_i > 0, i=1,2,\cdots,n),$$

$$\ln L(\mu,\sigma^2) = -\frac{n}{2}\ln 2\pi - \frac{n}{2}\ln \sigma^2 + \sum_{i=1}^n \ln \frac{1}{x_i} - \frac{1}{2\sigma^2}\sum_{i=1}^n (\ln x_i - \mu)^2,$$

令

$$\begin{cases} \dfrac{\partial \ln L}{\partial \mu} = \dfrac{1}{\sigma^2}\sum_{i=1}^n (\ln x_i - \mu) = 0, \\[3mm] \dfrac{\partial \ln L}{\partial \sigma^2} = -\dfrac{n}{2\sigma^2} + \dfrac{1}{2\sigma^4}\sum_{i=1}^n (\ln x_i - \mu)^2 = 0, \end{cases}$$

解得

$$\hat{\mu} = \frac{1}{n}\sum_{i=1}^n \ln x_i, \quad \hat{\sigma}^2 = \frac{1}{n}\sum_{i=1}^n \left(\ln x_i - \frac{1}{n}\sum_{i=1}^n \ln x_i \right)^2.$$

故 μ,σ^2 的最大似然估计量为

$$\hat{\mu} = \frac{1}{n}\sum_{i=1}^n \ln X_i, \quad \hat{\sigma}^2 = \frac{1}{n}\sum_{i=1}^n \left(\ln X_i - \frac{1}{n}\sum_{i=1}^n \ln X_i \right)^2.$$

(仅数学一) 下面讨论 $\hat{\mu},\hat{\sigma}^2$ 的无偏性.

由于 $Y = \ln X \sim N(\mu,\sigma^2)$,而

$$\hat{\mu} = \frac{1}{n}\sum_{i=1}^n \ln X_i = \frac{1}{n}\sum_{i=1}^n Y_i = \overline{Y},$$

$$\hat{\sigma}^2 = \frac{1}{n}\sum_{i=1}^n \left(\ln X_i - \frac{1}{n}\sum_{i=1}^n \ln X_i \right)^2 = \frac{1}{n}\sum_{i=1}^n (Y_i - \overline{Y})^2 = \frac{n-1}{n} \cdot \frac{1}{n-1}\sum_{i=1}^n (Y_i - \overline{Y})^2.$$

所以, $E\hat{\mu} = \mu, E(\hat{\sigma}^2) = \dfrac{n-1}{n}\sigma^2$,即 $\hat{\mu}$ 为 μ 的无偏估计,$\hat{\sigma}^2$ 不是 σ^2 的无偏估计.

(仅数学三) 由于 $Y = \ln X \sim N(\mu,\sigma^2)$,而

$$\hat{\mu} = \frac{1}{n}\sum_{i=1}^n \ln X_i = \frac{1}{n}\sum_{i=1}^n Y_i = \overline{Y},$$

$$\hat{\sigma}^2 = \frac{1}{n}\sum_{i=1}^n \left(\ln X_i - \frac{1}{n}\sum_{i=1}^n \ln X_i \right)^2 = \frac{1}{n}\sum_{i=1}^n (Y_i - \overline{Y})^2 = \frac{n-1}{n} \cdot \frac{1}{n-1}\sum_{i=1}^n (Y_i - \overline{Y})^2.$$

所以, $E\hat{\mu} = \mu, E(\hat{\sigma}^2) = \dfrac{n-1}{n}\sigma^2$.

(2) 由于 $X = \mathrm{e}^Y, Y \sim N(\mu,\sigma^2)$,所以

$$EX = E\mathrm{e}^Y = \frac{1}{\sqrt{2\pi}\sigma} \int_{-\infty}^{+\infty} \mathrm{e}^y \mathrm{e}^{-\frac{1}{2}\left(\frac{y-\mu}{\sigma}\right)^2} \mathrm{d}y$$

$$= \frac{1}{\sqrt{2\pi}\sigma} \int_{-\infty}^{+\infty} \mathrm{e}^{-\frac{1}{2\sigma^2}(y^2 - 2\mu y + \mu^2 - 2\sigma^2 y)} \mathrm{d}y$$

$$= \mathrm{e}^{\mu+\frac{1}{2}\sigma^2} \frac{1}{\sqrt{2\pi}\sigma} \int_{-\infty}^{+\infty} \mathrm{e}^{-\frac{1}{2}\left[\frac{y-(\mu+\sigma^2)}{\sigma}\right]^2} \mathrm{d}y$$

$$= \mathrm{e}^{\mu+\frac{1}{2}\sigma^2}.$$

根据最大似然估计的不变性原理,EX 的最大似然估计量为 $\widehat{EX} = \mathrm{e}^{\hat{\mu}+\frac{1}{2}\hat{\sigma}^2}$,其中

$$\hat{\mu} = \frac{1}{n}\sum_{i=1}^n \ln X_i, \quad \hat{\sigma}^2 = \frac{1}{n}\sum_{i=1}^n \left(\ln X_i - \frac{1}{n}\sum_{i=1}^n \ln X_i \right)^2.$$

例 9.8 设总体 X 服从 $[0,\theta]$ 上的均匀分布,θ 未知($\theta > 0$),X_1, X_2, X_3 是取自 X 的一个样本.

(1) **(仅数学一)** 证明 $\hat{\theta}_1 = \dfrac{4}{3}\max\limits_{1\leqslant i\leqslant 3}\{X_i\}$，$\hat{\theta}_2 = 4\min\limits_{1\leqslant i\leqslant 3}\{X_i\}$ 都是 θ 的无偏估计；

  (仅数学三) 求 $\hat{\theta}_1 = \dfrac{4}{3}\max\limits_{1\leqslant i\leqslant 3}\{X_i\}$，$\hat{\theta}_2 = 4\min\limits_{1\leqslant i\leqslant 3}\{X_i\}$ 的数学期望；

(2) **(仅数学一)** 上述两个估计中哪个较有效？

  (仅数学三) 求 $\hat{\theta}_1$，$\hat{\theta}_2$ 的方差.

(1) **(仅数学一)【证】** 设 $F(x)$ 为 X 的分布函数，则

$$F(x) = \begin{cases} 1, & x \geqslant \theta, \\ \dfrac{x}{\theta}, & 0 \leqslant x < \theta, \\ 0, & x < 0. \end{cases}$$

令 $Y = \max\limits_{1\leqslant i\leqslant 3}\{X_i\}$，$Z = \min\limits_{1\leqslant i\leqslant 3}\{X_i\}$，则 Y 的分布函数与概率密度分别为

$$F_Y(x) = [F(x)]^3, f_Y(x;\theta) = \begin{cases} 3\left(\dfrac{x}{\theta}\right)^2 \dfrac{1}{\theta}, & 0 \leqslant x < \theta, \\ 0, & \text{其他}, \end{cases}$$

Z 的分布函数与概率密度分别为

$$F_Z(x) = 1 - [1 - F(x)]^3, f_Z(x;\theta) = \begin{cases} 3\left(1 - \dfrac{x}{\theta}\right)^2 \dfrac{1}{\theta}, & 0 \leqslant x < \theta, \\ 0, & \text{其他}, \end{cases}$$

所以
$$EY = \dfrac{3}{\theta^3}\int_0^\theta x^3 \mathrm{d}x = \dfrac{3}{4}\theta, E\left(\dfrac{4}{3}\max\limits_{1\leqslant i\leqslant 3}\{X_i\}\right) = \theta,$$

$$EZ = \dfrac{3}{\theta^3}\int_0^\theta x(\theta - x)^2 \mathrm{d}x = \dfrac{1}{4}\theta, E\left(4\min\limits_{1\leqslant i\leqslant 3}\{X_i\}\right) = \theta.$$

故 $\dfrac{4}{3}\max\limits_{1\leqslant i\leqslant 3}\{X_i\}$ 与 $4\min\limits_{1\leqslant i\leqslant 3}\{X_i\}$ 都是 θ 的无偏估计.

(仅数学三)【解】 设 $F(x)$ 为 X 的分布函数，则

$$F(x) = \begin{cases} 1, & x \geqslant \theta, \\ \dfrac{x}{\theta}, & 0 \leqslant x < \theta, \\ 0, & x < 0. \end{cases}$$

令 $Y = \max\limits_{1\leqslant i\leqslant 3}\{X_i\}$，$Z = \min\limits_{1\leqslant i\leqslant 3}\{X_i\}$，则 Y 的分布函数与概率密度分别为

$$F_Y(x) = [F(x)]^3, f_Y(x;\theta) = \begin{cases} 3\left(\dfrac{x}{\theta}\right)^2 \dfrac{1}{\theta}, & 0 \leqslant x < \theta, \\ 0, & \text{其他}, \end{cases}$$

Z 的分布函数与概率密度分别为

$$F_Z(x) = 1 - [1 - F(x)]^3, f_Z(x;\theta) = \begin{cases} 3\left(1 - \dfrac{x}{\theta}\right)^2 \dfrac{1}{\theta}, & 0 \leqslant x < \theta, \\ 0, & \text{其他}, \end{cases}$$

所以
$$EY = \dfrac{3}{\theta^3}\int_0^\theta x^3 \mathrm{d}x = \dfrac{3}{4}\theta, E\left(\dfrac{4}{3}\max\limits_{1\leqslant i\leqslant 3}\{X_i\}\right) = \theta,$$

$$EZ = \dfrac{3}{\theta^3}\int_0^\theta x(\theta - x)^2 \mathrm{d}x = \dfrac{1}{4}\theta, E\left(4\min\limits_{1\leqslant i\leqslant 3}\{X_i\}\right) = \theta.$$

(2)【解】**(仅数学一)** 因为

$$DY = E(Y^2) - (EY)^2 = \frac{3}{\theta}\int_0^\theta x^2 \left(\frac{x}{\theta}\right)^2 dx - \left(\frac{3}{4}\theta\right)^2$$

$$= \frac{3}{\theta^3}\int_0^\theta x^4 dx - \frac{9}{16}\theta^2 = \frac{3}{5}\theta^2 - \frac{9}{16}\theta^2 = \frac{3}{80}\theta^2,$$

所以

$$D\left(\frac{4}{3}\max_{1\le i\le 3}\{X_i\}\right) = \frac{16}{9}DY = \frac{1}{15}\theta^2.$$

因为

$$DZ = E(Z^2) - (EZ)^2 = \frac{3}{\theta}\int_0^\theta x^2 \left(1 - \frac{x}{\theta}\right)^2 dx - \left(\frac{1}{4}\theta\right)^2$$

$$= \frac{3}{\theta^3}\int_0^\theta x^2(\theta - x)^2 dx - \frac{1}{16}\theta^2 = \frac{1}{10}\theta^2 - \frac{1}{16}\theta^2 = \frac{3}{80}\theta^2,$$

所以

$$D(4\min_{1\le i\le 3}\{X_i\}) = 16DZ = 16 \times \frac{3}{80}\theta^2 = \frac{3}{5}\theta^2.$$

从而 $D\left(\frac{4}{3}Y\right) < D(4Z)$，即 $\frac{4}{3}\max_{1\le i\le 3}\{X_i\}$ 比 $4\min_{1\le i\le 3}\{X_i\}$ 更有效.

(仅数学三) 因为
$$DY = E(Y^2) - (EY)^2 = \frac{3}{\theta}\int_0^\theta x^2 \left(\frac{x}{\theta}\right)^2 dx - \left(\frac{3}{4}\theta\right)^2$$

$$= \frac{3}{\theta^3}\int_0^\theta x^4 dx - \frac{9}{16}\theta^2 = \frac{3}{5}\theta^2 - \frac{9}{16}\theta^2 = \frac{3}{80}\theta^2,$$

所以

$$D\left(\frac{4}{3}\max_{1\le i\le 3}\{X_i\}\right) = \frac{16}{9}DY = \frac{1}{15}\theta^2.$$

因为

$$DZ = E(Z^2) - (EZ)^2 = \frac{3}{\theta}\int_0^\theta x^2 \left(1 - \frac{x}{\theta}\right)^2 dx - \left(\frac{1}{4}\theta\right)^2$$

$$= \frac{3}{\theta^3}\int_0^\theta x^2(\theta - x)^2 dx - \frac{1}{16}\theta^2 = \frac{1}{10}\theta^2 - \frac{1}{16}\theta^2 = \frac{3}{80}\theta^2,$$

所以

$$D(4\min_{1\le i\le 3}\{X_i\}) = 16DZ = 16 \times \frac{3}{80}\theta^2 = \frac{3}{5}\theta^2.$$

例 9.9 设 $X_1, X_2, \cdots, X_n$ 是来自总体 X 的一个简单随机样本，$EX = \mu$，$DX = \sigma^2$.

(仅数学一) 证明统计量 $Y = \dfrac{2}{n(n+1)}\displaystyle\sum_{i=1}^n iX_i$ 是 μ 的无偏相合估计量.

(仅数学三) 求统计量 $Y = \dfrac{2}{n(n+1)}\displaystyle\sum_{i=1}^n iX_i$ 的数学期望，并证明 Y 依概率收敛到 μ.

【证】**(仅数学一)** 由于

$$EY = \frac{2}{n(n+1)}\sum_{i=1}^n E(iX_i) = \frac{2}{n(n+1)}\sum_{i=1}^n iEX_i$$

$$= \frac{2}{n(n+1)}(\mu + 2\mu + \cdots + n\mu) = \mu,$$

从而知，Y 是 μ 的无偏估计量.

又因

$$DY = \left[\frac{2}{n(n+1)}\right]^2 \sum_{i=1}^n i^2 DX_i = \frac{4\sigma^2}{n^2(n+1)^2}(1^2 + 2^2 + \cdots + n^2)$$

$$= \frac{4\sigma^2}{n^2(n+1)^2} \cdot \frac{1}{6}n(n+1)(2n+1) = \frac{2}{3} \cdot \frac{2n+1}{n(n+1)}\sigma^2,$$

于是由切比雪夫不等式，对任意实数 $\varepsilon > 0$，有

$$1 \geqslant P\{|Y-\mu|<\varepsilon\} \geqslant 1-\frac{DY}{\varepsilon^2}=1-\frac{2}{3} \cdot \frac{(2n+1)\sigma^2}{n(n+1)\varepsilon^2},$$

两边取极限,由 $\lim\limits_{n\to\infty}1=\lim\limits_{n\to\infty}\left[1-\frac{2}{3} \cdot \frac{(2n+1)\sigma^2}{n(n+1)\varepsilon^2}\right]=1$,有

$$\lim_{n\to\infty}P\{|Y-\mu|<\varepsilon\}=1,$$

所以 Y 是 μ 的无偏相合估计量.

（仅数学三）
$$EY=\frac{2}{n(n+1)}\sum_{i=1}^{n}E(iX_i)=\frac{2}{n(n+1)}\sum_{i=1}^{n}iEX_i$$
$$=\frac{2}{n(n+1)}(\mu+2\mu+\cdots+n\mu)=\mu.$$

又

$$DY=\left[\frac{2}{n(n+1)}\right]^2\sum_{i=1}^{n}i^2DX_i=\frac{4\sigma^2}{n^2(n+1)^2}(1^2+2^2+\cdots+n^2)$$
$$=\frac{4\sigma^2}{n^2(n+1)^2} \cdot \frac{1}{6}n(n+1)(2n+1)=\frac{2}{3} \cdot \frac{2n+1}{n(n+1)}\sigma^2,$$

于是由切比雪夫不等式,对任意实数 $\varepsilon>0$,有

$$1\geqslant P\{|Y-\mu|<\varepsilon\}\geqslant 1-\frac{DY}{\varepsilon^2}=1-\frac{2}{3} \cdot \frac{(2n+1)\sigma^2}{n(n+1)\varepsilon^2},$$

两边取极限,由 $\lim\limits_{n\to\infty}1=\lim\limits_{n\to\infty}\left[1-\frac{2}{3} \cdot \frac{(2n+1)\sigma^2}{n(n+1)\varepsilon^2}\right]=1$,有

$$\lim_{n\to\infty}P\{|Y-\mu|<\varepsilon\}=1,$$

所以 Y 依概率收敛到 μ.

二 区间估计与假设检验（仅数学一）

1. 区间估计

(1) 概念.

设 θ 是总体 X 的一个未知参数,对于给定 $\alpha(0<\alpha<1)$,如果由样本 $X_1,X_2,\cdots,X_n$ 确定的两个统计量 $\hat{\theta}_1=\hat{\theta}_1(X_1,X_2,\cdots,X_n)$,$\hat{\theta}_2=\hat{\theta}_2(X_1,X_2,\cdots,X_n)$,使

$$P\{\hat{\theta}_1(X_1,X_2,\cdots,X_n)<\theta<\hat{\theta}_2(X_1,X_2,\cdots,X_n)\}=1-\alpha,$$

则称随机区间 $(\hat{\theta}_1,\hat{\theta}_2)$ 是 θ 的置信度为 $1-\alpha$ 的**置信区间**,$\hat{\theta}_1$ 和 $\hat{\theta}_2$ 分别称为 θ 的置信度为 $1-\alpha$ 的双侧置信区间的**置信下限**和**置信上限**,$1-\alpha$ 称为**置信度**或**置信水平**,α 称为**显著性水平**. 如果 $P\{\theta<\hat{\theta}_1\}=P\{\theta>\hat{\theta}_2\}=\frac{\alpha}{2}$,则称这种置信区间为**等尾置信区间**.

(2) 结论.

设置信水平为 $1-\alpha$.

① σ^2 已知,估 $\mu \Rightarrow$
$$\overline{X}-\frac{\sigma}{\sqrt{n}}z_{\frac{\alpha}{2}} \qquad \overline{X} \qquad \overline{X}+\frac{\sigma}{\sqrt{n}}z_{\frac{\alpha}{2}}$$

② σ^2 未知,估 $\mu \Rightarrow$
$$\overline{X}-\frac{S}{\sqrt{n}}t_{\frac{\alpha}{2}}(n-1) \qquad \overline{X} \qquad \overline{X}+\frac{S}{\sqrt{n}}t_{\frac{\alpha}{2}}(n-1)$$

【注】上述叫置信区间,背住即可.若提"单侧置信限",把 $\frac{\alpha}{2}$ 改写成 α 即可.

见例 9.10,例 9.11.

2. 假设检验

关于总体(分布中的未知参数,分布的类型、特征、相关性、独立性 …)的每一种论断("看法")称为**统计假设**.然后根据样本观察数据或试验结果所提供的信息去推断(检验)这个"看法"(即假设)是否成立,这类统计推断问题称为**统计假设检验问题**,简称为**假设检验**,如果总体分布函数 $F(x;\theta)$ 形式已知,但其中的参数 θ 未知,只涉及参数 θ 的各种统计假设称为**参数假设**;如果一个统计假设完全确定总体的分布,则称这种假设为**简单假设**.常常把没有充分理由不能轻易否定的假设取为**原假设(基本假设或零假设)**,记为 H_0,将其否定的陈述(假设)称为**对立假设**或**备择假设**,记为 H_1.对假设进行检验的**基本思想**是采用**某种带有概率性质的反证法**.这种方法的依据是小概率原理 —— 概率很接近于 0 的事件在一次试验或观察中认为备择假设不会发生.若小概率事件发生了,则拒绝原假设.

(1) 显著性水平 α.

小概率事件中的"小概率"的值没有统一规定,通常是根据实际问题的要求,规定一个界限 $\alpha(0<\alpha<1)$,当一个事件的概率不大于 α 时,即认为它是小概率事件,在假设检验问题中,α 称为**显著性水平**,通常取 $\alpha=0.1,0.05,0.01$ 等.

(2) 正态总体下的六大检验及拒绝域.

① σ^2 已知,μ 未知. $H_0:\mu=\mu_0$,$H_1:\mu\neq\mu_0$,则拒绝域为 $\left(-\infty,\mu_0-\frac{\sigma}{\sqrt{n}}z_{\frac{\alpha}{2}}\right]\bigcup\left[\mu_0+\frac{\sigma}{\sqrt{n}}z_{\frac{\alpha}{2}},+\infty\right)$.

② σ^2 未知,μ 未知. $H_0:\mu=\mu_0$,$H_1:\mu\neq\mu_0$,则拒绝域为

$$\left(-\infty,\mu_0-\frac{S}{\sqrt{n}}t_{\frac{\alpha}{2}}(n-1)\right]\bigcup\left[\mu_0+\frac{S}{\sqrt{n}}t_{\frac{\alpha}{2}}(n-1),+\infty\right).$$

③ σ^2 已知,μ 未知. $H_0:\mu\leqslant\mu_0$,$H_1:\mu>\mu_0$,则拒绝域为 $\left[\mu_0+\frac{\sigma}{\sqrt{n}}z_\alpha,+\infty\right)$.

(或写 $\mu=\mu_0$)

④ σ^2 已知,μ 未知. $H_0:\mu\geqslant\mu_0$,$H_1:\mu<\mu_0$,则拒绝域为 $\left(-\infty,\mu_0-\frac{\sigma}{\sqrt{n}}z_\alpha\right]$.

(或写 $\mu=\mu_0$)

⑤ σ^2 未知，μ 未知. $H_0:\mu\leqslant\mu_0$，$H_1:\mu>\mu_0$，则拒绝域为 $\left[\mu_0+\dfrac{S}{\sqrt{n}}t_\alpha(n-1),+\infty\right)$.

（或写 $\mu=\mu_0$）

$$\begin{array}{c}\overline{\qquad\qquad\qquad\qquad}\\ \mu_0 \quad \mu_0+\frac{S}{\sqrt{n}}t_\alpha(n-1) \quad +\infty\end{array}$$

⑥ σ^2 未知，μ 未知. $H_0:\mu\geqslant\mu_0$，$H_1:\mu<\mu_0$，则拒绝域为 $\left(-\infty,\mu_0-\dfrac{S}{\sqrt{n}}t_\alpha(n-1)\right]$.

（或写 $\mu=\mu_0$）

$$\begin{array}{c}\overline{\qquad\qquad\qquad\qquad}\\ -\infty \quad \mu_0-\frac{S}{\sqrt{n}}t_\alpha(n-1) \quad \mu_0\end{array}$$

见例 9.12.

3. 两类错误

第一类错误（"弃真"）：若 H_0 为真，按检验法则，否定了 H_0，此时犯了"弃真"的错误，这种错误称为第一类错误，犯第一类错误的概率为 $\alpha=P\{拒绝\ H_0\mid H_0\ 为真\}$.

第二类错误（"取伪"）：若 H_0 不真，按检验法则，接受 H_0，此时犯了"取伪"的错误，这种错误称为第二类错误，犯第二类错误的概率为 $\beta=P\{接受\ H_0\mid H_0\ 为假\}$.

见例 9.13，例 9.14.

例 9.10 设总体 X 服从正态分布 $N(\mu,\sigma^2)$，从总体中抽取容量为 36 的一个样本，样本均值 $\overline{x}=3.5$，样本方差 $s^2=4$.（$\varPhi(1.96)=0.975$，$t_{0.025}(35)=2.03$，$t_{0.05}(35)=1.69$）

（1）已知 $\sigma^2=1$，求 μ 置信度为 0.95 的置信区间；

（2）σ^2 未知，求 μ 置信度为 0.95 的置信区间及单侧置信下限.

【解】（1）已知 $X\sim N(\mu,\sigma^2)$，μ 的点估计为 $\overline{X}$，当 σ^2 已知时，

$$\overline{X}\sim N\left(\mu,\frac{\sigma^2}{n}\right),\ \frac{\sqrt{n}(\overline{X}-\mu)}{\sigma}\sim N(0,1),$$

按标准正态分布的上 α 分位点的定义，有

$$P\left\{\frac{\sqrt{n}(\overline{X}-\mu)}{\sigma}<z_{\frac{\alpha}{2}}\right\}=1-\frac{\alpha}{2},\ \varPhi\left(z_{\frac{\alpha}{2}}\right)=1-\frac{\alpha}{2},$$

即

$$P\left\{-z_{\frac{\alpha}{2}}<\frac{\sqrt{n}(\overline{X}-\mu)}{\sigma}<z_{\frac{\alpha}{2}}\right\}=1-\alpha.$$

从而有

$$P\left\{\overline{X}-\frac{\sigma}{\sqrt{n}}z_{\frac{\alpha}{2}}<\mu<\overline{X}+\frac{\sigma}{\sqrt{n}}z_{\frac{\alpha}{2}}\right\}=1-\alpha.$$

故 μ 置信度为 $1-\alpha$ 的置信区间为 $\left(\overline{X}-\dfrac{\sigma}{\sqrt{n}}z_{\frac{\alpha}{2}},\overline{X}+\dfrac{\sigma}{\sqrt{n}}z_{\frac{\alpha}{2}}\right)$.

当 $1-\alpha=0.95$，$n=36$ 时，$\alpha=0.05$，$\varPhi\left(z_{\frac{0.05}{2}}\right)=1-\dfrac{0.05}{2}=0.975$，$z_{\frac{0.05}{2}}=1.96$，$\overline{x}=3.5$，所求置信区间为

$$\left(3.5-\frac{1}{6}\times1.96,3.5+\frac{1}{6}\times1.96\right)=(3.17,3.83).$$

（2）当 σ^2 未知时，

$$\frac{\sqrt{n}(\overline{X}-\mu)}{S}\sim t(n-1),$$

$$P\left\{\frac{\sqrt{n}(\overline{X}-\mu)}{S}>t_{\frac{\alpha}{2}}(n-1)\right\}=\frac{\alpha}{2}, P\left\{-t_{\frac{\alpha}{2}}(n-1)<\frac{\sqrt{n}(\overline{X}-\mu)}{S}<t_{\frac{\alpha}{2}}(n-1)\right\}=1-\alpha,$$

即

$$P\left\{\overline{X}-\frac{S}{\sqrt{n}}t_{\frac{\alpha}{2}}(n-1)<\mu<\overline{X}+\frac{S}{\sqrt{n}}t_{\frac{\alpha}{2}}(n-1)\right\}=1-\alpha.$$

故 μ 置信度为 $1-\alpha$ 的置信区间为 $\left(\overline{X}-\frac{S}{\sqrt{n}}t_{\frac{\alpha}{2}}(n-1), \overline{X}+\frac{S}{\sqrt{n}}t_{\frac{\alpha}{2}}(n-1)\right)$.

给定 $1-\alpha=0.95, \alpha=0.05, n=36, s=\sqrt{4}=2, \bar{x}=3.5$, 由 $t_{\frac{\alpha}{2}}(35)=t_{0.025}(35)=2.03$, 所求置信区间为

$$\left(3.5-\frac{2}{6}\times 2.03, 3.5+\frac{2}{6}\times 2.03\right)=(2.82, 4.18).$$

同理选取 $t_{\alpha}(35)=t_{0.05}(35)=1.69$ 使 $P\left\{\frac{\sqrt{n}(\overline{X}-\mu)}{S}<1.69\right\}=P\left\{\mu>\overline{X}-\frac{1.69}{\sqrt{n}}S\right\}=0.95$. 由此得

μ 置信度为 0.95 的单侧置信下限为 $3.5-\frac{1.69}{6}\times 2=2.94$.

例 9.11 设总体 X 服从正态分布 $N(\mu, \sigma^2)$, 其中 σ^2 已知, n 是给定的样本容量, μ 为未知参数, 则 μ 的等尾双侧置信区间长度 L 与置信度 $1-\alpha$ 的关系是( ).

(A) 当 $1-\alpha$ 减小时, L 变小   (B) 当 $1-\alpha$ 减小时, L 增大

(C) 当 $1-\alpha$ 减小时, L 不变   (D) 当 $1-\alpha$ 减小时, L 增减不定

【解】 应选(A).

由均值 μ 的等尾双侧置信区间 $\left(\overline{X}-\frac{\sigma}{\sqrt{n}}z_{\frac{\alpha}{2}}, \overline{X}+\frac{\sigma}{\sqrt{n}}z_{\frac{\alpha}{2}}\right)$ 来确定正确选项. 事实上, 此时置信区间长度

$L=\frac{2\sigma}{\sqrt{n}}z_{\frac{\alpha}{2}}$, 其中 σ, n 已知, $\Phi\left(z_{\frac{\alpha}{2}}\right)=1-\frac{\alpha}{2}=\frac{1}{2}+\frac{1-\alpha}{2}, \Phi(x)$ 是 x 的单调增函数. 因此当 $1-\alpha$ 减小时,

$z_{\frac{\alpha}{2}}$ 减小, L 变小, 所以选择(A).

例 9.12 已知某机器生产出的零件长度 X(单位: cm) 服从正态分布 $N(\mu, \sigma^2)$, 现从中随意抽取容量为 16 的一个样本, 测得样本均值 $\bar{x}=10$, 样本方差 $s^2=0.16$. ($t_{0.025}(15)=2.132$)

(1) 求总体均值 μ 置信水平为 0.95 的置信区间;

(2) 在显著性水平为 0.05 下, 检验假设 $H_0: \mu=9.7, H_1: \mu\neq 9.7$.

【解】 (1) 在总体方差 σ^2 未知条件下, 求均值 μ 的置信区间, 即求置信水平为 $1-\alpha$ 的置信区间为

$$\left(\overline{X}-\frac{S}{\sqrt{n}}t_{\frac{\alpha}{2}}(n-1), \overline{X}+\frac{S}{\sqrt{n}}t_{\frac{\alpha}{2}}(n-1)\right).$$

由 $\bar{x}=10, s^2=0.16=0.4^2$, 求得

$$\left(10-\frac{2.132\times 0.4}{4}, 10+\frac{2.132\times 0.4}{4}\right)=(9.7868, 10.2132).$$

(2) 在方差 σ^2 未知的条件下对总体均值进行检验.

① $H_0: \mu=9.7, H_1: \mu\neq 9.7$.

② 拒绝域为

$$\left(-\infty, \mu_0-\frac{S}{\sqrt{n}}t_{\frac{\alpha}{2}}(n-1)\right]\bigcup\left[\mu_0+\frac{S}{\sqrt{n}}t_{\frac{\alpha}{2}}(n-1), +\infty\right),$$

代入数值, 计算得 $(-\infty, 9.4868]\bigcup[9.9132, +\infty)$, 由 $\bar{x}=10$, 落入拒绝域, 故否定 H_0, 即认为 $\mu\neq 9.7$.

例 9.13 设总体 X 的概率密度为

$$f(x;\theta) = \begin{cases} \dfrac{\theta}{x^2}, & x \geqslant \theta, \\ 0, & x < \theta, \end{cases}$$

其中 $\theta > 0$ 为未知参数,$X_1, X_2, \cdots, X_n (n > 1)$ 为来自总体 X 的简单随机样本,$X_{(1)} = \min\{X_1, X_2, \cdots, X_n\}$.

(1) 求 θ 的最大似然估计量 $\hat{\theta}$,并求常数 a,使得 $a\hat{\theta}$ 为 θ 的无偏估计;

(2) 对于原假设 $H_0 : \theta = 2$ 与备择假设 $H_1 : \theta > 2$,若 H_0 的拒绝域为 $V = \{X_{(1)} \geqslant 3\}$,求犯第一类错误的概率 α.

【解】(1) 设 $x_1, x_2, \cdots, x_n$ 为样本值,则似然函数为

$$L(\theta) = \begin{cases} \dfrac{\theta^n}{\prod\limits_{i=1}^{n} x_i^2}, & x_1, x_2, \cdots, x_n \geqslant \theta, \\ 0, & \text{其他}, \end{cases}$$

取对数

$$\ln L(\theta) = n\ln\theta - 2\sum_{i=1}^{n} \ln x_i,$$

由于 $\dfrac{\mathrm{d}\ln L(\theta)}{\mathrm{d}\theta} = \dfrac{n}{\theta} > 0$,故 $\ln L(\theta)$ 是 θ 的单调递增函数,于是 θ 的最大似然估计量为

$$\hat{\theta} = X_{(1)} = \min\{X_1, X_2, \cdots, X_n\},$$

且

$$E\hat{\theta} = EX_{(1)} \xlongequal{(*)} \int_{\theta}^{+\infty} x \cdot n \cdot \left(\frac{\theta}{x}\right)^{n-1} \cdot \frac{\theta}{x^2} \mathrm{d}x$$

$$= \int_{\theta}^{+\infty} n \cdot \frac{\theta^n}{x^n} \mathrm{d}x = n \cdot \theta^n \cdot \frac{1}{-n+1} x^{-n+1} \Big|_{\theta}^{+\infty} = \frac{n}{n-1}\theta.$$

若 $E(a\hat{\theta}) = \theta$,则 $a\dfrac{n}{n-1}\theta = \theta$,所以 $a = \dfrac{n-1}{n}$.

(2) $\alpha = P\{X_{(1)} \geqslant 3 \mid \theta = 2\} = \int_3^{+\infty} n \cdot \left(\frac{2}{x}\right)^{n-1} \cdot \frac{2}{x^2} \mathrm{d}x = \int_3^{+\infty} n \cdot \frac{2^n}{x^{n+1}} \mathrm{d}x = \left(\frac{2}{3}\right)^n.$

【注】 $(*)$ 处来自公式 $EX_{(1)} = \displaystyle\int_{-\infty}^{+\infty} x \cdot n[1 - F(x)]^{n-1} f(x)\mathrm{d}x.$

例 9.14 对正态总体的数学期望 μ 进行假设检验,如果在显著性水平 $\alpha = 0.05$ 下接受 $H_0 : \mu = \mu_0$,$H_1 : \mu > \mu_0$,那么在显著性水平 $\alpha = 0.01$ 下（　　）.

(A) 必接受 H_0

(B) 必拒绝 H_0,接受 H_1

(C) 可能接受也可能拒绝 H_0

(D) 拒绝 H_0,可能接受也可能拒绝 H_1

【解】 应选(A).

直接由 α 的概率意义可以断定正确选项是(A).事实上,$\alpha = P\{$否定 $H_0 \mid H_0$ 成立$\}$,即在 H_0 成立的条件下否定 H_0 的概率,因此 α 越小,否定 H_0 的概率越小,接受 H_0 的概率越大.因此在同样容量、检验统计量及拒绝域形式下,当 $\alpha_1 < \alpha_2$ 时,$\{\alpha_1$ 的拒绝域$\} \subseteq \{\alpha_2$ 的拒绝域$\}$,故 $\{\alpha_2$ 的接受域$\} \subseteq \{\alpha_1$ 的接受域$\}$,所以在 $\alpha = 0.05$ 下接受 H_0,那么在 $\alpha = 0.01$ 下必接受 H_0,选择(A).

习题

9.1 设总体 X 的概率密度为

$$f(x;\theta) = \begin{cases} \mathrm{e}^{-(x-\theta)}, & x \geqslant \theta, \\ 0, & \text{其他}, \end{cases}$$

$X_1, X_2, \cdots, X_n$ 是来自总体 X 的简单随机样本,则未知参数 θ 的最大似然估计量 $\hat{\theta} = $ _____.

9.2 设随机变量 X 在数集 $\{0,1,2,\cdots,N\}$ 上等可能分布,求 N 的最大似然估计量.

9.3 设来自总体 X 的简单随机样本 $X_1, X_2, \cdots, X_n$,总体 X 的概率分布为

$$X \sim \begin{pmatrix} 1 & 2 & 3 \\ \theta^2 & 2\theta(1-\theta) & (1-\theta)^2 \end{pmatrix},$$

其中 $0 < \theta < 1$. 分别以 ν_1, ν_2 表示 $X_1, X_2, \cdots, X_n$ 中 1,2 出现的次数,求:

(1) 未知参数 θ 的最大似然估计量;

(2) 未知参数 θ 的矩估计量;

(3) 当样本值为 $1,1,2,1,3,2$ 时的最大似然估计值和矩估计值.

9.4 某工程师为了解一台天平的精度,用该天平对一物体的质量做 n 次测量,该物体的质量 μ 是已知的,设 n 次测量结果 $X_1, X_2, \cdots, X_n$ 相互独立且均服从正态分布 $N(\mu, \sigma^2)$. 该工程师记录的是 n 次测量的绝对误差 $Z_i = |X_i - \mu|$ $(i = 1, 2, \cdots, n)$,利用 $Z_1, Z_2, \cdots, Z_n$ 估计 σ.

(1) 求 Z_1 的概率密度;

(2) 利用一阶矩求 σ 的矩估计量;

(3) 求 σ 的最大似然估计量.

9.5 设随机变量 X 在区间 $[\theta, \theta+1]$ 上服从均匀分布,其中 θ 未知. $X_1, X_2, \cdots, X_n$ $(n > 7)$ 是来自 X 的简单随机样本,$\overline{X}$ 是样本均值,$X_{(1)} = \min\{X_1, X_2, \cdots, X_n\}$,记

$$\hat{\theta}_1 = \overline{X} - \frac{1}{2}, \quad \hat{\theta}_2 = X_{(1)} - \frac{1}{n+1}.$$

(1) **(仅数学一)** 证明 $\hat{\theta}_1$ 和 $\hat{\theta}_2$ 都是 θ 的无偏估计量;

   (仅数学三) 求 $E\hat{\theta}_1, E\hat{\theta}_2$;

(2) **(仅数学一)** 证明 $\hat{\theta}_2$ 比 $\hat{\theta}_1$ 更有效,即 $D\hat{\theta}_2 < D\hat{\theta}_1$.

   (仅数学三) 求 $D\hat{\theta}_1, D\hat{\theta}_2$.

9.6 设总体 X 的概率密度为

$$f(x;\theta) = \begin{cases} \dfrac{6x}{\theta^3}(\theta - x), & 0 < x < \theta, \\ 0, & \text{其他}, \end{cases}$$

$X_1, X_2, \cdots, X_n$ 是来自总体 X 的简单随机样本. 求 θ 的矩估计量 $\hat{\theta}$,计算 $\hat{\theta}$ 的方差 $D\hat{\theta}$,**(仅数学一)** 讨论 $\hat{\theta}$ 的无偏性、一致性;**(仅数学三)** 求 $E\hat{\theta}$ 并证明 $\hat{\theta} \xrightarrow{P} \theta$.

9.7 **(仅数学一)** 设总体 X 的概率密度为

$$f(x;\theta) = \begin{cases} 2\mathrm{e}^{-2(x-\theta)}, & x \geqslant \theta, \\ 0, & \text{其他,} \end{cases}$$

未知参数 $\theta > 0$，$X_1, X_2, \cdots, X_n (n > 1)$ 是来自总体 X 的一个简单随机样本.

(1) 求未知参数 θ 的矩估计量 $\hat{\theta}_1$，并讨论其无偏性、一致性；

(2) 求 θ 的最大似然估计量 $\hat{\theta}_2$，并讨论其无偏性；

(3) 将 $\hat{\theta}_1, \hat{\theta}_2$ 修正为 $\hat{\theta}_3, \hat{\theta}_4$，使其为 θ 的无偏估计量，并比较 $\hat{\theta}_3, \hat{\theta}_4$ 的有效性.

9.8 (仅数学一) 设总体 X 在区间 $[0, \theta]$ 上服从均匀分布，$X_1, X_2, \cdots, X_n (n > 1)$ 是来自总体 X 的简单随机样本，$\overline{X} = \dfrac{1}{n} \sum\limits_{i=1}^{n} X_i$，$X_{(n)} = \max\{X_1, X_2, \cdots, X_n\}$.

(1) 求 θ 的矩估计量，最大似然估计量；

(2) 求常数 a, b，使 $\hat{\theta}_1 = a\overline{X}$，$\hat{\theta}_2 = bX_{(n)}$ 均为 θ 的无偏估计，并比较其有效性；

(3) 在 (2) 的条件下，应用切比雪夫不等式，证明 $\hat{\theta}_1, \hat{\theta}_2$ 均为 θ 的一致（相合）估计.

9.9 (仅数学一) 从正态总体 $X \sim N(\mu_1, \sigma^2)$ 和 $Y \sim N(\mu_2, \sigma^2)$ 中随机抽取容量分别为 $n_1, n_2 (n_1, n_2 > 1)$ 的两个独立样本，样本方差分别为 S_X^2, S_Y^2. 证明：对任意常数 a, b，只要 $a + b = 1$，统计量 $\hat{\sigma}^2 = aS_X^2 + bS_Y^2$ 都是 σ^2 的无偏估计，并确定 a, b 使 $D(\hat{\sigma}^2)$ 达到最小.

9.10 (仅数学一) 设 $0.50, 1.25, 0.80, 2.00$ 是来自总体 X 的简单随机样本值，已知 $Y = \ln X$ 服从正态分布 $N(\mu, 1)$. $(\Phi(1.96) = 0.975)$

(1) 求 X 的数学期望 EX（记 $EX = b$）；

(2) 求 μ 的置信度为 0.95 的置信区间；

(3) 利用上述结果求 b 的置信度为 0.95 的置信区间.

9.11 (仅数学一) 设总体 X 服从正态分布 $N(\mu, 8)$，μ 为未知参数，$X_1, X_2, \cdots, X_n$ 是来自总体 X 的一个样本，样本均值为 $\overline{X}$，为得到置信水平为 0.95 的长度不超过 2 的 μ 的置信区间，样本容量 n 至少应为多少？当 $n = 36$ 时，若以 $(\overline{X} - 1, \overline{X} + 1)$ 为 μ 的置信区间，其置信水平 $1 - \alpha$ 为多少？$(\Phi(2.12) = 0.983, \Phi(1.96) = 0.975)$

9.12 (仅数学一)(1) 关于总体 X 的统计假设 H_0，属于简单假设的是（　　）.

(A) X 服从正态分布，$H_0 : EX = 0$ 　　　(B) X 服从指数分布，$H_0 : EX \leqslant 1$

(C) X 服从二项分布，$H_0 : DX = 5$ 　　　(D) X 服从泊松分布，$H_0 : DX = 3$

(2) 在假设检验问题中，如果原假设 H_0 的拒绝域是 W，那么样本值 $x_1, x_2, \cdots, x_n$ 只可能有下列四种情况，其中表示拒绝 H_0 且不犯错误的是（　　）.

(A) H_0 成立，$(x_1, x_2, \cdots, x_n) \in W$ 　　　(B) H_0 成立，$(x_1, x_2, \cdots, x_n) \notin W$

(C) H_0 不成立，$(x_1, x_2, \cdots, x_n) \in W$ 　　　(D) H_0 不成立，$(x_1, x_2, \cdots, x_n) \notin W$

9.13 已知总体 X 的概率密度为 $f_X(x;\alpha) = \begin{cases} \alpha, & 0 < x < 1, \\ 1 - \alpha, & 1 \leqslant x < 2, 0 < \alpha < 1, \text{总体 } Y \text{ 的分布函数} \\ 0, & \text{其他,} \end{cases}$

为 $F_Y(y)=\begin{cases}0, & y<0,\\ \dfrac{1}{6}, & 0\leqslant y<1,\\ \dfrac{2}{3}, & 1\leqslant y<\dfrac{3}{2},\\ 1, & y\geqslant \dfrac{3}{2},\end{cases}$ X 与 Y 相互独立. $X_1,X_2,\cdots,X_n$ 为来自总体 X 的简单随机样本,记 N 为

样本值 $x_1,x_2,\cdots,x_n$ 中小于 1 的个数.

(1) 求 α 的最大似然估计量 $\hat{\alpha}$;

(2) 求 $E\hat{\alpha},D\hat{\alpha}$;

(3) 若 $n=6,N=3$,并令 $\alpha=\hat{\alpha}$,求 $Z=XY$ 的分布函数.

解析

9.1 【解】应填 $\min\{X_1,X_2,\cdots,X_n\}$.

当 $x_1,x_2,\cdots,x_n\geqslant\theta$ 时,参数 θ 的似然函数为

$$L(\theta)=\prod_{i=1}^{n}f(x_i;\theta)=\prod_{i=1}^{n}\mathrm{e}^{-(x_i-\theta)}=\mathrm{e}^{-\sum_{i=1}^{n}x_i+n\theta},$$

由此可见,其似然方程无解,需要直接求其似然函数

$$L(\theta)=\begin{cases}\exp\left\{-\sum_{i=1}^{n}x_i+n\theta\right\}, & x_1,x_2,\cdots,x_n\geqslant\theta,\\ 0, & \text{其他}\end{cases}$$

的最大值. 当 $x_1,x_2,\cdots,x_n$ 中有一个小于 θ 时 $L(\theta)=0$,而当 $x_1,x_2,\cdots,x_n$ 全都大于等于 θ 时,即当 $\min\{x_1,x_2,\cdots,x_n\}\geqslant\theta$ 时 $L(\theta)$ 随 θ 的增大而增大,当 $\theta=\min\{x_1,x_2,\cdots,x_n\}$ 时 $L(\theta)$ 取最大值. 故 θ 的最大似然估计量为 $\min\{X_1,X_2,\cdots,X_n\}$.

9.2 【解】这里 N 是所要估计的未知参数. 随机变量 X 的概率分布为

$$P\{X=x\}=\frac{1}{N+1}(x=0,1,2,\cdots,N),$$

则参数 N 的似然函数为

$$L(N)=\prod_{i=1}^{n}P(x_i;N)=\begin{cases}\dfrac{1}{(N+1)^n}, & \max\{x_1,x_2,\cdots,x_n\}\leqslant N,\\ 0, & \max\{x_1,x_2,\cdots,x_n\}>N.\end{cases}$$

由于其似然方程无解,需直接求 $L(N)$ 的最大值. 而且 $L(N)$ 随着 N 的减小而增大. 记

$$\hat{N}=\max\{X_1,X_2,\cdots,X_n\},$$

因为当 $N<\hat{N}$ 时 $L(N)=0$,而当 $N\geqslant\hat{N}$ 时 $L(N)\leqslant L(\hat{N})$,所以当 $N=\hat{N}$ 时 $L(N)$ 达到最大值,即 $\hat{N}$ 就是参数 N 的最大似然估计量.

9.3 【解】(1) 样本 $X_1,X_2,\cdots,X_n$ 中 1,2 和 3 出现的次数分别为 ν_1,ν_2 和 $n-(\nu_1+\nu_2)$,则似然函数为

$$L(\theta) = \theta^{2\nu_1} \left[2\theta(1-\theta) \right]^{\nu_2} (1-\theta)^{2(n-\nu_1-\nu_2)} = 2^{\nu_2} \theta^{2\nu_1+\nu_2} (1-\theta)^{2n-2\nu_1-\nu_2},$$

取对数,
$$\ln L(\theta) = \ln 2^{\nu_2} + (2\nu_1 + \nu_2)\ln \theta + (2n - 2\nu_1 - \nu_2)\ln(1-\theta),$$

令
$$\frac{\mathrm{d}\ln L(\theta)}{\mathrm{d}\theta} = \frac{2\nu_1 + \nu_2}{\theta} - \frac{2n - 2\nu_1 - \nu_2}{1-\theta} = 0,$$

解得似然方程的唯一解就是参数 θ 的最大似然估计量,为 $\hat{\theta}_1 = \dfrac{2\nu_1 + \nu_2}{2n}$.

(2) 总体 X 的数学期望为
$$EX = \theta^2 + 4\theta(1-\theta) + 3(1-\theta)^2 = 3 - 2\theta,$$

用样本均值 $\overline{X}$ 估计数学期望 EX,可得 θ 的矩估计量为 $\hat{\theta}_2 = \dfrac{1}{2}(3 - \overline{X})$.

(3) 对于样本值 $1,1,2,1,3,2$,由(1),(2)得到的一般公式,可得最大似然估计值为
$$\hat{\theta}_1 = \frac{2\nu_1 + \nu_2}{2n} = \frac{2 \times 3 + 2}{12} = \frac{2}{3},$$

矩估计值为
$$\hat{\theta}_2 = \frac{1}{2}(3 - \overline{x}) = \frac{3}{2} - \frac{5}{6} = \frac{2}{3}.$$

9.4 【解】(1) Z_1 的分布函数为
$$F_{Z_1}(z) = P\{Z_1 \leqslant z\} = P\{|X_1 - \mu| \leqslant z\} = P\left\{\left|\frac{X_1 - \mu}{\sigma}\right| \leqslant \frac{z}{\sigma}\right\} = 2\Phi\left(\frac{z}{\sigma}\right) - 1,$$

所以 Z_1 的概率密度为 $f_{Z_1}(z) = F'_{Z_1}(z) = \begin{cases} \dfrac{2}{\sqrt{2\pi}\sigma}\mathrm{e}^{-\frac{z^2}{2\sigma^2}}, & z > 0, \\ 0, & \text{其他.} \end{cases}$

(2)
$$EZ_1 = \int_0^{+\infty} z \frac{2}{\sqrt{2\pi}\sigma} \mathrm{e}^{-\frac{z^2}{2\sigma^2}} \mathrm{d}z = \int_0^{+\infty} \frac{1}{\sqrt{2\pi}\sigma} \mathrm{e}^{-\frac{z^2}{2\sigma^2}} \mathrm{d}(z^2)$$

$$= \frac{-2\sigma^2}{\sqrt{2\pi}\sigma} \int_0^{+\infty} \mathrm{e}^{-\frac{z^2}{2\sigma^2}} \mathrm{d}\left(-\frac{z^2}{2\sigma^2}\right) = \frac{2\sigma}{\sqrt{2\pi}} = \sqrt{\frac{2}{\pi}}\sigma.$$

令 $EZ_1 = \overline{Z}$,又 $\overline{Z} = \dfrac{1}{n}\displaystyle\sum_{i=1}^{n} Z_i = \dfrac{1}{n}\displaystyle\sum_{i=1}^{n} |X_i - \mu|$.由此可得 σ 的矩估计量
$$\hat{\sigma} = \sqrt{\frac{\pi}{2}} \frac{1}{n}\sum_{i=1}^{n} |X_i - \mu|.$$

(3) 记 $Z_1, Z_2, \cdots, Z_n$ 的观测值为 $z_1, z_2, \cdots, z_n$,当 $z_i > 0 (i = 1, 2, \cdots, n)$ 时,似然函数为
$$L(\sigma) = \prod_{i=1}^{n} \frac{2}{\sqrt{2\pi}\sigma} \mathrm{e}^{-\frac{z_i^2}{2\sigma^2}} = 2^n \cdot (2\pi)^{-\frac{n}{2}} \cdot \sigma^{-n} \mathrm{e}^{-\frac{1}{2\sigma^2}\sum_{i=1}^{n} z_i^2},$$

两边取对数,有
$$\ln L(\sigma) = n\ln 2 - \frac{n}{2}\ln(2\pi) - n\ln\sigma - \frac{1}{2\sigma^2}\sum_{i=1}^{n} z_i^2,$$

令 $\dfrac{\mathrm{d}\ln L(\sigma)}{\mathrm{d}\sigma} = -\dfrac{n}{\sigma} + \dfrac{1}{\sigma^3}\displaystyle\sum_{i=1}^{n} z_i^2 = 0$,得 σ 的最大似然估计值为 $\hat{\sigma} = \sqrt{\dfrac{1}{n}\displaystyle\sum_{i=1}^{n} z_i^2}$.

所以 σ 的最大似然估计量为 $\hat{\sigma} = \sqrt{\dfrac{1}{n}\displaystyle\sum_{i=1}^{n} Z_i^2}$.

9.5 (1)(仅数学一)【证】证明 $\hat{\theta}_1$ 的无偏性. 由于 X 在区间 $[\theta, \theta+1]$ 上服从均匀分布,知
$$EX_i = EX = \frac{2\theta + 1}{2} = \theta + \frac{1}{2}, \quad E\overline{X} = EX = \theta + \frac{1}{2},$$

$$E\hat{\theta}_1 = E\left(\overline{X} - \frac{1}{2}\right) = \theta + \frac{1}{2} - \frac{1}{2} = \theta,$$

从而 $\hat{\theta}_1$ 是 θ 的无偏估计量.

下面证明 $\hat{\theta}_2$ 的无偏性. 为此, 先求 $X_{(1)}$ 的概率分布. X 的分布函数和概率密度分别为

$$F(x) = \begin{cases} 0, & x < \theta, \\ x - \theta, & \theta \leqslant x < \theta + 1, \\ 1, & x \geqslant \theta + 1, \end{cases} f(x) = F'(x) = \begin{cases} 1, & \theta < x < \theta + 1, \\ 0, & \text{其他}. \end{cases}$$

易见, $X_{(1)}$ 的分布函数和概率密度为

$$F_{(1)}(x) = P\{\min\{X_1, X_2, \cdots, X_n\} \leqslant x\} = 1 - P\{X_1 > x, X_2 > x, \cdots, X_n > x\}$$

$$= 1 - \prod_{i=1}^{n} P\{X_i > x\} = 1 - \prod_{i=1}^{n} [1 - F(x)] = 1 - [1 - F(x)]^n,$$

$$f_{(1)}(x) = F'_{(1)}(x) = \begin{cases} n(1 + \theta - x)^{n-1}, & \theta < x < \theta + 1, \\ 0, & \text{其他}. \end{cases}$$

所以

$$EX_{(1)} = n\int_\theta^{\theta+1} x(1 + \theta - x)^{n-1} dx = n\left(-\frac{1}{n+1} + \frac{1+\theta}{n}\right) = \frac{1}{n+1} + \theta,$$

$$E\hat{\theta}_2 = E\left(X_{(1)} - \frac{1}{n+1}\right) = \theta,$$

从而 $\hat{\theta}_2$ 也是 θ 的无偏估计量.

(仅数学三)【解】 由于 X 在区间 $[\theta, \theta + 1]$ 上服从均匀分布, 知

$$EX_i = EX = \frac{2\theta + 1}{2} = \theta + \frac{1}{2}, E\overline{X} = EX = \theta + \frac{1}{2},$$

$$E\hat{\theta}_1 = E\left(\overline{X} - \frac{1}{2}\right) = \theta + \frac{1}{2} - \frac{1}{2} = \theta.$$

由题意, 知 X 的分布函数和概率密度分别为

$$F(x) = \begin{cases} 0, & x < \theta, \\ x - \theta, & \theta \leqslant x < \theta + 1, \\ 1, & x \geqslant \theta + 1, \end{cases} f(x) = F'(x) = \begin{cases} 1, & \theta < x < \theta + 1, \\ 0, & \text{其他}. \end{cases}$$

易见, $X_{(1)}$ 的分布函数和概率密度为

$$F_{(1)}(x) = P\{\min\{X_1, X_2, \cdots, X_n\} \leqslant x\} = 1 - P\{X_1 > x, X_2 > x, \cdots, X_n > x\}$$

$$= 1 - \prod_{i=1}^{n} P\{X_i > x\} = 1 - \prod_{i=1}^{n} [1 - F(x)] = 1 - [1 - F(x)]^n,$$

$$f_{(1)}(x) = F'_{(1)}(x) = \begin{cases} n(1 + \theta - x)^{n-1}, & \theta < x < \theta + 1, \\ 0, & \text{其他}. \end{cases}$$

所以

$$EX_{(1)} = n\int_\theta^{\theta+1} x(1 + \theta - x)^{n-1} dx = n\left(-\frac{1}{n+1} + \frac{1+\theta}{n}\right) = \frac{1}{n+1} + \theta,$$

$$E\hat{\theta}_2 = E\left(X_{(1)} - \frac{1}{n+1}\right) = \theta.$$

(2)(仅数学一)【证】 易见

$$DX = \frac{1}{12}, D\overline{X} = \frac{1}{12n}, D\hat{\theta}_1 = D\left(\overline{X} - \frac{1}{2}\right) = D\overline{X} = \frac{1}{12n}.$$

$$E(X_{(1)}^2) = n\int_\theta^{\theta+1} x^2(1+\theta-x)^{n-1}\mathrm{d}x = n\int_0^1 u^{n-1}(1+\theta-u)^2\mathrm{d}u$$

$$= n\int_0^1 \left[(1+\theta)^2 u^{n-1} - 2(1+\theta)u^n + u^{n+1}\right]\mathrm{d}u$$

$$= (1+\theta)^2 - \frac{2n}{n+1}(1+\theta) + \frac{n}{n+2},$$

$$DX_{(1)} = E(X_{(1)}^2) - (EX_{(1)})^2 = \frac{n}{(n+1)^2(n+2)},$$

$$D\hat\theta_2 = D\left(X_{(1)} - \frac{1}{n+1}\right) = DX_{(1)} = \frac{n}{(n+1)^2(n+2)}.$$

于是当 $n > 7$ 时，$D\hat\theta_2 < D\hat\theta_1$.

(仅数学三)【解】 易见

$$DX = \frac{1}{12}, \quad D\overline{X} = \frac{1}{12n}, \quad D\hat\theta_1 = D\left(\overline{X} - \frac{1}{2}\right) = D\overline{X} = \frac{1}{12n}.$$

$$E(X_{(1)}^2) = n\int_\theta^{\theta+1} x^2(1+\theta-x)^{n-1}\mathrm{d}x = n\int_0^1 u^{n-1}(1+\theta-u)^2\mathrm{d}u$$

$$= n\int_0^1 \left[(1+\theta)^2 u^{n-1} - 2(1+\theta)u^n + u^{n+1}\right]\mathrm{d}u$$

$$= (1+\theta)^2 - \frac{2n}{n+1}(1+\theta) + \frac{n}{n+2},$$

$$DX_{(1)} = E(X_{(1)}^2) - (EX_{(1)})^2 = \frac{n}{(n+1)^2(n+2)},$$

$$D\hat\theta_2 = D\left(X_{(1)} - \frac{1}{n+1}\right) = DX_{(1)} = \frac{n}{(n+1)^2(n+2)}.$$

9.6 　**【解】** 由矩法方程 $EX = \overline{X}$，其中 $EX = \int_0^\theta \frac{6x^2(\theta-x)}{\theta^3}\mathrm{d}x = \frac{\theta}{2}$，即由 $\frac{\theta}{2} = \overline{X}$，解得 θ 的矩估计

量 $\hat\theta = 2\overline{X}$，且 $D\hat\theta = 4D\overline{X} = \frac{4DX}{n}$，其中 $DX = E(X^2) - (EX)^2$.

$$E(X^2) = \int_0^\theta \frac{6x^3(\theta-x)}{\theta^3}\mathrm{d}x = \frac{6}{\theta^3}\left(\theta\frac{x^4}{4} - \frac{x^5}{5}\right)\Big|_0^\theta = \frac{3}{10}\theta^2,$$

$$DX = \frac{3}{10}\theta^2 - \frac{\theta^2}{4} = \frac{\theta^2}{20},$$

故 $D\hat\theta = \frac{4\theta^2}{20n} = \frac{\theta^2}{5n}$.

(仅数学一) 由于

$$E\hat\theta = 2E\overline{X} = 2EX = 2 \cdot \frac{\theta}{2} = \theta.$$

又由辛钦大数定律 $\overline{X} \xrightarrow{P} EX = \frac{\theta}{2}$，故 $\hat\theta = 2\overline{X} \xrightarrow{P} 2 \cdot \frac{\theta}{2} = \theta$，所以 $\hat\theta = 2\overline{X}$ 是 θ 的无偏估计、一致估计.

(仅数学三) 由于 $E\hat\theta = 2E\overline{X} = 2EX = 2 \cdot \frac{\theta}{2} = \theta$. 又由辛钦大数定律 $\overline{X} \xrightarrow{P} EX = \frac{\theta}{2}$，故

$$\hat\theta = 2\overline{X} \xrightarrow{P} 2 \cdot \frac{\theta}{2} = \theta.$$

【注】也可以这样证$\hat{\theta} \xrightarrow{P} \theta$. 由于$E\hat{\theta} = \theta, D\hat{\theta} = \dfrac{\theta^2}{5n}$,因此由切比雪夫不等式知:对任意$\varepsilon > 0$,有

$$0 \leqslant P\{|\hat{\theta} - \theta| \geqslant \varepsilon\} = P\{|\hat{\theta} - E\hat{\theta}| \geqslant \varepsilon\} \leqslant \frac{D\hat{\theta}}{\varepsilon^2} = \frac{\theta^2}{5n\varepsilon^2} \to 0(n \to \infty),$$

即$\lim\limits_{n \to \infty} P\{|\hat{\theta} - \theta| \geqslant \varepsilon\} = 0$,所以$\hat{\theta} \xrightarrow{P} \theta$.

9.7　【解】(1) 矩法方程为$EX = \overline{X}$,其中

$$EX = \int_{\theta}^{+\infty} x \cdot 2e^{-2(x-\theta)} dx \xrightarrow{\text{令} x - \theta = t} 2\int_0^{+\infty} (t+\theta)e^{-2t} dt$$

$$= \int_0^{+\infty} t \cdot 2e^{-2t} dt + \theta \int_0^{+\infty} 2e^{-2t} dt = \frac{1}{2} + \theta,$$

故有$\dfrac{1}{2} + \theta = \overline{X}$,解得$\theta$的矩估计量为$\hat{\theta}_1 = \overline{X} - \dfrac{1}{2}$.

由于$E\overline{X} = EX = \dfrac{1}{2} + \theta, \overline{X} \xrightarrow{P} EX = \dfrac{1}{2} + \theta$,所以

$$E\hat{\theta}_1 = E\overline{X} - \frac{1}{2} = \frac{1}{2} + \theta - \frac{1}{2} = \theta,$$

$$\hat{\theta}_1 = \overline{X} - \frac{1}{2} \xrightarrow{P} \frac{1}{2} + \theta - \frac{1}{2} = \theta(n \to \infty),$$

故$\hat{\theta}_1$为θ的无偏、一致估计量.

(2) 样本值$x_1, x_2, \cdots, x_n$的似然函数

$$L(x_1, x_2, \cdots, x_n; \theta) = \prod_{i=1}^n f(x_i; \theta) = \begin{cases} \prod_{i=1}^n 2e^{-2(x_i-\theta)} = 2^n \exp\left\{-2\sum_{i=1}^n x_i + 2n\theta\right\}, & x_i \geqslant \theta, \\ 0, & \text{其他.} \end{cases}$$

由于$L(\theta)$是θ的单调增函数,且当$x_i \geqslant \theta(i = 1, 2, \cdots, n)$,即$\min\{x_1, x_2, \cdots, x_n\} \geqslant \theta$时$L(\theta) > 0$,所以$\theta$的最大似然估计量$\hat{\theta}_2 = \min\{X_1, X_2, \cdots, X_n\} = X_{(1)}$.

为计算$E\hat{\theta}_2$需先求出$\hat{\theta}_2$的概率密度$f_{(1)}(x)$. 易知$f_{(1)}(x) = n[1 - F(x)]^{n-1}f(x)$,其中$F(x), f(x)$分别为总体$X$的分布函数和概率密度,因

$$F(x) = \begin{cases} 1 - e^{-2(x-\theta)}, & x \geqslant \theta, \\ 0, & x < \theta, \end{cases}$$

故

$$f_{(1)}(x) = \begin{cases} 2ne^{-2n(x-\theta)}, & x > \theta, \\ 0, & \text{其他,} \end{cases}$$

$$E\hat{\theta}_2 = EX_{(1)} = \int_{\theta}^{+\infty} x \cdot 2ne^{-2n(x-\theta)} dx \xrightarrow{\text{令} x - \theta = t} \int_0^{+\infty} (t+\theta)2ne^{-2nt} dt = \frac{1}{2n} + \theta \neq \theta,$$

所以$\hat{\theta}_2$不是θ的无偏估计.

(3) 因为$E\hat{\theta}_1 = \theta$,取$\hat{\theta}_3 = \hat{\theta}_1 = \overline{X} - \dfrac{1}{2}, E\hat{\theta}_2 = \dfrac{1}{2n} + \theta$,取$\hat{\theta}_4 = \hat{\theta}_2 - \dfrac{1}{2n}$,则$E\hat{\theta}_4 = E\hat{\theta}_2 - \dfrac{1}{2n} = \theta$,如此便得到了$\theta$的两个无偏估计量$\hat{\theta}_3$与$\hat{\theta}_4$,并且有

$$D\hat{\theta}_3 = D\left(\overline{X} - \frac{1}{2}\right) = D\overline{X} = \frac{DX}{n},$$

又
$$E(X^2) = \int_\theta^{+\infty} x^2 2\mathrm{e}^{-2(x-\theta)}\mathrm{d}x = \frac{1}{2} + \theta + \theta^2,$$

$$DX = E(X^2) - (EX)^2 = \frac{1}{2} + \theta + \theta^2 - \left(\frac{1}{2} + \theta\right)^2 = \frac{1}{4},$$

故 $D\hat{\theta}_3 = \dfrac{1}{4n}$.

同理计算得 $D\hat{\theta}_4 = D\left(\hat{\theta}_2 - \dfrac{1}{2n}\right) = D\hat{\theta}_2 = \dfrac{1}{4n^2} < \dfrac{1}{4n} = D\hat{\theta}_3(n > 1)$，所以当 $n > 1$ 时，$\hat{\theta}_4$ 比 $\hat{\theta}_3$ 有效.

【注】如果 $\hat{\theta}$ 不是 θ 的无偏估计，可以将其修正，使之成为 θ 的无偏估计. 例如 $E\hat{\theta} = a\theta + b$，取 $\hat{\theta}_1 = \dfrac{1}{a}(\hat{\theta} - b)$，则 $E\hat{\theta}_1 = \dfrac{1}{a}(E\hat{\theta} - b) = \theta, \hat{\theta}_1$ 为 θ 的无偏估计.

9.8 (1)【解】已知总体 X 的概率密度、分布函数分别为

$$f(x;\theta) = \begin{cases} \dfrac{1}{\theta}, & 0 \leqslant x \leqslant \theta, \\ 0, & \text{其他}, \end{cases} \quad F(x;\theta) = \begin{cases} 0, & x < 0, \\ \dfrac{x}{\theta}, & 0 \leqslant x < \theta, \\ 1, & x \geqslant \theta, \end{cases}$$

令 $\overline{X} = EX = \dfrac{\theta}{2}$，解得 θ 矩估计量 $\hat{\theta} = 2\overline{X}$.

设 $X_1, X_2, \cdots, X_n$ 的样本值为 $x_1, x_2, \cdots, x_n$，则似然函数

$$L(\theta) = L(x_1, x_2, \cdots, x_n; \theta) = \prod_{i=1}^n f(x_i; \theta) = \begin{cases} \dfrac{1}{\theta^n}, & 0 \leqslant x_i \leqslant \theta, \\ 0, & \text{其他}, \end{cases}$$

对于一切 $x_i \leqslant \theta$，即 θ 取大于等于所有的样本值时，$L(\theta) > 0$，且 $L(\theta)$ 随着 θ 的减小而增大，因此 θ 的最小取值为 $\max\{x_1, x_2, \cdots, x_n\}$，故 θ 的最大似然估计量 $\hat{\theta} = \max\{X_1, X_2, \cdots, X_n\} = X_{(n)}$.

(2)【解】由于 $EX = \dfrac{\theta}{2}, DX = \dfrac{\theta^2}{12}$，所以 $E\hat{\theta}_1 = aE\overline{X} = aEX = \dfrac{a\theta}{2}$，取 $a = 2$，即 $\hat{\theta}_1 = 2\overline{X}, E\hat{\theta}_1 = \theta, \hat{\theta}_1$ 为 θ 的无偏估计，且

$$D\hat{\theta}_1 = D(2\overline{X}) = 4D\overline{X} = 4 \cdot \frac{DX}{n} = \frac{4\theta^2}{12n} = \frac{\theta^2}{3n}.$$

为求得 b，必须求 $X_{(n)}$ 的分布函数 $F_{(n)}(x)$ 及概率密度 $f_{(n)}(x)$. 由 $X_{(n)} = \max\{X_1, X_2, \cdots, X_n\}$ 易得

$$F_{(n)}(x) = P\{X_{(n)} \leqslant x\} = \prod_{i=1}^n P\{X_i \leqslant x\} = [F(x)]^n.$$

$$f_n(x) = n[F(x)]^{n-1}f(x) = \begin{cases} \dfrac{nx^{n-1}}{\theta^n}, & 0 < x < \theta, \\ 0, & \text{其他}, \end{cases}$$

故
$$EX_{(n)} = \int_0^\theta x \cdot \frac{nx^{n-1}}{\theta^n}\mathrm{d}x = \int_0^\theta \frac{nx^n}{\theta^n}\mathrm{d}x = \frac{n\theta}{n+1},$$

$$E(X_{(n)}^2) = \int_0^\theta x^2 \frac{nx^{n-1}}{\theta^n}\mathrm{d}x = \int_0^\theta \frac{nx^{n+1}}{\theta^n}\mathrm{d}x = \frac{n\theta^2}{n+2},$$

$$DX_{(n)} = \frac{n\theta^2}{n+2} - \left(\frac{n\theta}{n+1}\right)^2 = \frac{n\theta^2}{(n+2)(n+1)^2},$$

所以 $E\hat{\theta}_2 = bEX_{(n)} = b \cdot \dfrac{n\theta}{n+1}$. 当 $b = \dfrac{n+1}{n}$ 时，$E\hat{\theta}_2 = \theta$，即 $\hat{\theta}_2 = \dfrac{n+1}{n}X_{(n)}$ 为 θ 的无偏估计，且 $n > 1$ 时，有

$$D\hat{\theta}_2 = \frac{(n+1)^2}{n^2}DX_{(n)} = \frac{\theta^2}{n(n+2)} < \frac{\theta^2}{3n} = D\hat{\theta}_1,$$

故 $\hat{\theta}_2$ 较 $\hat{\theta}_1$ 有效.

(3)【证】由于 $E\hat{\theta}_i = \theta$, 且 $D\hat{\theta}_i \to 0, i = 1, 2(n \to \infty)$, 故由切比雪夫不等式: 对任意 $\varepsilon > 0$, 有

$$0 \leqslant P\{|\hat{\theta}_i - E\hat{\theta}_i| \geqslant \varepsilon\} \leqslant \frac{D\hat{\theta}_i}{\varepsilon^2} \to 0(n \to \infty),$$

即 $\lim\limits_{n \to \infty} P\{|\hat{\theta}_i - \theta| \geqslant \varepsilon\} = 0, \hat{\theta}_i \xrightarrow{P} \theta(i = 1, 2), \hat{\theta}_i$ 为 θ 的一致估计.

【注】无偏、一致估计量不唯一.

9.9　【证】由题设知 $E(S_X^2) = \sigma^2, E(S_Y^2) = \sigma^2, S_X^2$ 与 S_Y^2 相互独立, 且

$$\frac{(n_1-1)S_X^2}{\sigma^2} \sim \chi^2(n_1-1),$$

$$\frac{(n_2-1)S_Y^2}{\sigma^2} \sim \chi^2(n_2-1).$$

若 $a + b = 1$, 则 $E(\hat{\sigma}^2) = aE(S_X^2) + bE(S_Y^2) = a\sigma^2 + b\sigma^2 = \sigma^2$, 故 $\hat{\sigma}^2$ 为 σ^2 的无偏估计. 又

$$D\left[\frac{(n_1-1)S_X^2}{\sigma^2}\right] = \frac{(n_1-1)^2}{\sigma^4}D(S_X^2) = 2(n_1-1), D(S_X^2) = \frac{2\sigma^4}{n_1-1},$$

$$D\left[\frac{(n_2-1)S_Y^2}{\sigma^2}\right] = \frac{(n_2-1)^2}{\sigma^4}D(S_Y^2) = 2(n_2-1), D(S_Y^2) = \frac{2\sigma^4}{n_2-1},$$

$$D(\hat{\sigma}^2) = D(aS_X^2 + bS_Y^2) = a^2 D(S_X^2) + b^2 D(S_Y^2)$$

$$= \left(\frac{a^2}{n_1-1} + \frac{b^2}{n_2-1}\right)2\sigma^4 = \left[\frac{a^2}{n_1-1} + \frac{(1-a)^2}{n_2-1}\right]2\sigma^4.$$

记 $g(a) = \frac{a^2}{n_1-1} + \frac{(1-a)^2}{n_2-1}$. 令 $g'(a) = \frac{2a}{n_1-1} - \frac{2(1-a)}{n_2-1} = 0$, 解得

$$a = \frac{n_1-1}{n_1+n_2-2}, b = 1 - a = \frac{n_2-1}{n_1+n_2-2}.$$

又 $g''(a) = \frac{2}{n_1-1} + \frac{2}{n_2-1} > 0$, 所以当 $a = \frac{n_1-1}{n_1+n_2-2}, b = \frac{n_2-1}{n_1+n_2-2}$ 时, $D(\hat{\sigma}^2)$ 达到最小.

9.10　【解】(1) Y 的概率密度为 $f(y) = \frac{1}{\sqrt{2\pi}}e^{-\frac{1}{2}(y-\mu)^2}, -\infty < y < +\infty$, 于是

$$b = EX = E(e^Y) = \frac{1}{\sqrt{2\pi}}\int_{-\infty}^{+\infty} e^y e^{-\frac{(y-\mu)^2}{2}}dy$$

$$= \frac{1}{\sqrt{2\pi}}\int_{-\infty}^{+\infty} e^{-\frac{y^2-2(\mu+1)y+\mu^2}{2}}dy = \frac{1}{\sqrt{2\pi}}\int_{-\infty}^{+\infty} e^{-\frac{[y-(\mu+1)]^2-(\mu+1)^2+\mu^2}{2}}dy$$

$$\xrightarrow{\text{令 } t = y-\mu-1} \frac{1}{\sqrt{2\pi}}e^{\mu+\frac{1}{2}}\int_{-\infty}^{+\infty} e^{-\frac{t^2}{2}}dt = e^{\mu+\frac{1}{2}}.$$

(2) 当置信度为 $1 - \alpha = 0.95$ 时, $\alpha = 0.05$, 由 $\Phi(1.96) = 0.975$, 知分位数 $z_{\frac{\alpha}{2}} = z_{0.025} = 1.96$, 故由 $\overline{Y} \sim N\left(\mu, \frac{1}{4}\right)$, 可得

$$P\left\{\overline{y} - 1.96 \times \frac{1}{\sqrt{4}} < \mu < \overline{y} + 1.96 \times \frac{1}{\sqrt{4}}\right\} = 0.95,$$

其中
$$\overline{y} = \frac{1}{4}(\ln 0.5 + \ln 0.8 + \ln 1.25 + \ln 2) = \frac{1}{4}\ln 1 = 0.$$

于是有 $$P\{-0.98<\mu<0.98\}=0.95.$$

从而 $(-0.98,0.98)$ 就是 μ 的置信度为 0.95 的置信区间.

(3) 由于 e^x 单调增加,可见

$$0.95=P\left\{-0.48<\mu+\frac{1}{2}<1.48\right\}=P\{\mathrm{e}^{-0.48}<\mathrm{e}^{\mu+\frac{1}{2}}<\mathrm{e}^{1.48}\}.$$

因此 b 的置信度为 0.95 的置信区间为 $(\mathrm{e}^{-0.48},\mathrm{e}^{1.48})$.

9.11 【解】依题意 $\overline{X}\sim N\left(\mu,\dfrac{8}{n}\right)$,$\mu$ 的置信水平为 0.95 的置信区间为 $\left(\overline{X}-\dfrac{\sqrt{8}}{\sqrt{n}}z_{\frac{\alpha}{2}},\overline{X}+\dfrac{\sqrt{8}}{\sqrt{n}}z_{\frac{\alpha}{2}}\right)$,

其中

$$\alpha=1-0.95=0.05,\Phi\left(z_{\frac{\alpha}{2}}\right)=0.975,z_{\frac{\alpha}{2}}=1.96.$$

依题意置信区间长度

$$L=\frac{2\sqrt{8}}{\sqrt{n}}z_{\frac{\alpha}{2}}=\frac{2\sqrt{8}}{\sqrt{n}}\times1.96\leqslant2,$$

所以 $\sqrt{n}\geqslant1.96\sqrt{8},n\geqslant30.7$.故所求样本容量 n 至少为 31.

当 $n=36$ 时,$\overline{X}\sim N\left(\mu,\dfrac{2}{9}\right)$,依题意,有

$$1-\alpha=P\{\overline{X}-1<\mu<\overline{X}+1\}=P\{\mu-1<\overline{X}<\mu+1\}$$
$$=\Phi\left(\frac{3}{\sqrt{2}}\right)-\Phi\left(-\frac{3}{\sqrt{2}}\right)=2\Phi(2.12)-1=0.966.$$

9.12 (1)【解】应选(D).

应用简单假设的定义"该假设成立,总体分布完全确定",即知正确选项是(D),因为泊松分布 $P(\lambda)$ 仅含唯一的未知参数 λ,而且 $EX=DX=\lambda$,因此当 H_0 成立时,$X\sim P(3)$.其他选项相应总体分布不能确定,故不满足简单假设的条件.

(2)【解】应选(C).

从分析题目要求入手确定选项."拒绝 H_0 且不犯错误"意指"样本值落入拒绝域且 H_0 不成立",即"$(x_1,x_2,\cdots,x_n)\in W$ 且 H_0 不成立",所以选择(C).

选项(A)表示"H_0 成立,检验结果拒绝 H_0"犯"弃真"错误即第一类错误;选项(B)表示"H_0 成立,检验结果接受 H_0",即接受 H_0 且不犯错误;选项(D)表示"H_0 不成立,检验结果接受 H_0",因此是犯了"取伪"错误即第二类错误.

9.13 【解】(1) 当 $0<x_1,x_2,\cdots,x_n<2$ 时,似然函数为

$$L(\alpha)=\prod_{i=1}^{n}f_X(x_i;\alpha)=\alpha^N(1-\alpha)^{n-N},$$

两边取对数

$$\ln L(\alpha)=N\ln\alpha+(n-N)\ln(1-\alpha),$$
$$\frac{\mathrm{d}[\ln L(\alpha)]}{\mathrm{d}\alpha}=\frac{N}{\alpha}-\frac{n-N}{1-\alpha}\xrightarrow{\diamondsuit}0,$$

得 α 的最大似然估计量 $\hat{\alpha}=\dfrac{N}{n}$.

(2) 由题意知,N 是一个随机变量,且 $N\sim B(n,p)$,其中

$$p=P\{X<1\}=\int_0^1\alpha\mathrm{d}x=\alpha,$$

于是 $N \sim B(n,\alpha)$,故

$$E\hat{\alpha} = \frac{1}{n}EN = \frac{1}{n}n\alpha = \alpha,$$

$$D\hat{\alpha} = \frac{1}{n^2}DN = \frac{1}{n^2}n\alpha(1-\alpha) = \frac{\alpha(1-\alpha)}{n}.$$

(3) 当 $n=6,N=3$ 时,$\hat{\alpha} = \dfrac{N}{n} = \dfrac{1}{2} \xlongequal{\text{令}} \alpha$,此时

$$f_X(x) = \begin{cases} \dfrac{1}{2}, & 0 < x < 1, \\ \dfrac{1}{2}, & 1 \leqslant x < 2, \\ 0, & \text{其他} \end{cases}$$

$$= \begin{cases} \dfrac{1}{2}, & 0 < x < 2, \\ 0, & \text{其他.} \end{cases}$$

又 $Y \sim \begin{pmatrix} 0 & 1 & \frac{3}{2} \\ \frac{1}{6} & \frac{1}{2} & \frac{1}{3} \end{pmatrix}$,故 $Z = XY$ 的分布函数为

$$\begin{aligned} F_Z(z) &= P\{Z \leqslant z\} = P\{XY \leqslant z\} \\ &= P\{Y=0\}P\{XY \leqslant z \mid Y=0\} + P\{Y=1\}P\{XY \leqslant z \mid Y=1\} + \\ &\quad P\left\{Y=\frac{3}{2}\right\}P\left\{XY \leqslant z \,\Big|\, Y=\frac{3}{2}\right\} \\ &= \frac{1}{6}P\{z \geqslant 0\} + \frac{1}{2}P\{X \leqslant z\} + \frac{1}{3}P\left\{X \leqslant \frac{2}{3}z\right\}. \end{aligned}$$

当 $z < 0$ 时,

$$F_Z(z) = 0;$$

当 $0 \leqslant z < 2$ 时,

$$F_Z(z) = \frac{1}{6} + \frac{1}{2}\int_0^z \frac{1}{2}\mathrm{d}x + \frac{1}{3}\int_0^{\frac{2}{3}z} \frac{1}{2}\mathrm{d}x = \frac{1}{6} + \frac{13}{36}z;$$

当 $2 \leqslant z < 3$ 时,

$$F_Z(z) = \frac{1}{6} + \frac{1}{2} + \frac{1}{3}\int_0^{\frac{2}{3}z} \frac{1}{2}\mathrm{d}x = \frac{2}{3} + \frac{1}{9}z;$$

当 $z \geqslant 3$ 时,

$$F_Z(z) = 1.$$

故

$$F_Z(z) = \begin{cases} 0, & z < 0, \\ \dfrac{1}{6} + \dfrac{13}{36}z, & 0 \leqslant z < 2, \\ \dfrac{2}{3} + \dfrac{1}{9}z, & 2 \leqslant z < 3, \\ 1, & z \geqslant 3. \end{cases}$$

【注】 此题有两处创新点需注意.

(1) N 作为样本值 $x_1, x_2, \cdots, x_n$ 中小于 1 的个数, 是一个随机变量且 $N \sim B(n, p)$, 其中

$$p = P\{X < 1\} = \int_0^1 \alpha \mathrm{d}x = \alpha,$$

即 $N \sim B(n, \alpha)$.

(2) 值得指出的是, α 是 $f_X(x; \alpha)$ 中客观存在的参数, 不会因为 n, N 取不同的值而改变, 如 $n = 6$, $N = 3$, 则 $\hat{\alpha} = \dfrac{1}{2}$, 再如 $n = 8, N = 3$, 则 $\hat{\alpha} = \dfrac{3}{8}$, 但 α 不会变. 第二问中若令 $\alpha = \dfrac{1}{2}$, 则 $E\hat{\alpha} = \dfrac{1}{2}$, $D\hat{\alpha} = \dfrac{1}{4n}$, 第三问中令 $n = 6, N = 3$ 算出 $\hat{\alpha} = \dfrac{1}{2}$, 这两个 $\dfrac{1}{2}$ 就不是同一个含义了. 考研中尚未考过这种题, 考生要理解.